预拌砂浆企业生产技术人员实操培训教材

广州市住房和城乡建设委员会
广州市散装水泥管理办公室　编著
广州市预拌砂浆行业协会

U0283631

中国建材工业出版社

图书在版编目（CIP）数据

预拌砂浆企业生产技术人员实操培训教材/广州市
住房和城乡建设委员会，广州市散装水泥管理办公室，广
州市预拌砂浆行业协会编著. —北京：中国建材工业出
版社，2016.11
　　ISBN 978-7-5160-1679-4

Ⅰ. ①预… Ⅱ. ①广… ②广… ③广…Ⅲ. ①水泥砂
浆-技术培训-教材　Ⅳ. ①TQ177.6

中国版本图书馆 CIP 数据核字（2016）第 245991 号

内 容 简 介

　　本书包括文本、视频两部分，文本部分分为 6 章，系统地介绍了企业生产技术
人员应掌握的实际操作相关内容；视频部分介绍了 12 个实际操作项目，重点演示
了砂浆基本性能试验方法。

　　本书为生产技术人员基础性培训学习所用，具有针对性强、简便易学、侧重实
操等特点。

预拌砂浆企业生产技术人员实操培训教材
广州市住房和城乡建设委员会
广州市散装水泥管理办公室　编著
广州市预拌砂浆行业协会

出版发行：中国建材工业出版社
地　　　址：北京市海淀区三里河路 1 号
邮　　　编：100044
经　　　销：全国各地新华书店
印　　　刷：北京鑫正大印刷有限公司
开　　　本：889mm×1194mm　1/16
印　　　张：15
字　　　数：430 千字
版　　　次：2016 年 11 月第 1 版
印　　　次：2016 年 11 月第 1 次
定　　　价：**128.00 元**
音像制品书号：ISBN 978-7-7900-1610-7

本社网址：www.jccbs.com　　微信公众号：zgjcgycbs
本书如出现印装质量问题，由我社市场营销部负责调换。联系电话：(010)88386906

编辑委员会名单

序　言

预拌砂浆作为散装水泥产业链的组成部分，是继预拌混凝土之后的又一新型建筑原材料，因其具有节约资源、保护环境、确保建筑工程质量、实现资源综合利用等显著的经济和社会效益，被国家列为发展散装水泥"三位一体"的产业组成部分。

使用预拌砂浆是未来实现建筑节能和绿色建筑的必然选择。随着预拌砂浆废弃物综合利用和节能降耗科技水平的提高，以及在建筑工程中使用量的增长，辅以国家税收相关优惠政策的扶持，预拌砂浆将会显现出更加显著的优越性和不可逆转的加速发展态势。目前，国内一些预拌砂浆生产企业在节能降耗及废弃物综合利用方面的科技创新已取得了新的成果。随着散装水泥产业链的不断延伸，散装水泥、预拌商品混凝土、预拌砂浆"三位一体"协调发展的模式业已形成。

从预拌砂浆产业发展的特点看，其构成市场需求的因素比较复杂，由于建筑施工从现场搅拌转变为使用预拌砂浆，不同于一般工业产品的以旧换新，尤其是要改变传统的建筑工程施工的组织模式、转变施工各环节的衔接关系，是一项复杂的系统工程，绝不是一蹴而就的。形成建筑市场对预拌砂浆的应用需求，要有一个引导和培育的过程。

近年来，全国各地的散装水泥管理机构，在落实国家有关砂浆"禁现"工作的文件精神，积极引导和培育预拌砂浆生产企业，衔接供需关系等方面做了大量开创性的工作，在工作实践中总结出了"政府引导、企业跟进、市场化运作"的发展模式，在积极会同各有关部门统筹协调解决供求关系及矛盾方面，探索出了一些好的经验。促使预拌砂浆产业成为节能减排、保护环境、保障建筑工程质量的重要绿色产业之一。

目前预拌砂浆产业的发展仍然存在诸多制约因素，迫切需要各级政府及有关部门对预拌砂浆这一新型的绿色产业给予关注和扶持，切实落实砂浆"禁现"政策，降低预拌砂浆税率，解决预拌砂浆机械化施工技术难题，规范行业发展等是当前促进预拌砂浆产业发展的工作重点。

《预拌砂浆企业生产技术人员实操培训教材》是根据预拌砂浆最新标准、规程，结合企业生产实际而编制的针对企业技术人员的培训教材。教材从原材料入场、生产控制、产品检验和应用等全过程进行了全面阐述，特别在实验室检测技术培训方面更显直观易学，具有创新性；针对湿拌砂浆的生产和应用，进行了技术归纳和总结，在全国具有一定指导作用。出版该教材的意义是为预拌砂浆生产企业人员提供技术指导，规范预拌砂浆生产管理流程，为不断提高产品质量打下坚实的专业基础。

中国散装水泥推广发展协会　丁建一

2016 年 8 月 16 日

前　言

　　预拌砂浆作为一种新型绿色建材产品，在广州得到了广泛的应用。2007 年，广州作为国家第一批"禁现"城市，开始全面禁止建设工程施工现场搅拌砂浆，2008 年出台了《广州市预拌砂浆管理办法》，2014 年成立广州市预拌砂浆行业协会，极大地促进了广州地区砂浆行业的发展。到2015 年，预拌砂浆的产量从 2007 年的 1.8 万吨增长到 316 万吨，企业从 3 家发展到 43 家；特别是适应广州地区的气候特点，预拌湿砂浆发展后来居上，形成了"干湿并举、齐头并进"的良好局面。

　　随着行业的快速发展，人员流动大、技术水平薄弱、企业管理粗放等问题也日益突出，制约了行业水平的进一步提高和发展。"基础不牢、地动山摇"，针对行业发展存在的问题，在中国散装水泥推广发展协会预拌砂浆专业委员会的指导下，广州市住房和城乡建设委员会、广州市散装水泥管理办公室和广州市预拌砂浆行业协会组织行业专家，编写了《预拌砂浆企业生产技术人员实操培训教材》（以下简称《教材》），指导企业提高关键生产环节的实操水平，旨在保障预拌砂浆产品质量。

　　《教材》包括文本、视频两部分，文本部分分为六章，系统地介绍了企业生产技术人员应掌握的实际操作相关内容；视频部分介绍了 12 个实际操作项目，重点演示了砂浆基本性能试验方法。《教材》旨作为生产技术人员基础性培训学习所用，具有针对性强、简便易学、侧重实操等特点。

　　（国家）建筑材料工业干混砂浆产品质量监督检验测试中心朱立德副主任、广州市建筑科学研究院有限公司徐海军所长分别担任主编及副主编，广州市砂浆行业部分专家参与编写工作，衷心感谢各位专家的辛勤劳动和付出以及相关单位的指导和帮助。尽管我们在《教材》的编写过程中尽了很大的努力，但由于条件所限，教材尚存不足之处，恳请读者批评指正。

广州市住房和城乡建设委员会　王宏伟

2016 年 8 月

目　　录

中国建材工业出版社
China Building Materials Press

我们提供

图书出版、图书广告宣传、企业/个人定向出版、设计业务、企业内刊等外包、代选代购图书、团体用书、会议、培训，其他深度合作等优质高效服务。

编辑部
010-88376510

出版咨询
010-68343948

市场销售
010-68001605

门市销售
010-88386906

邮箱：jccbs-zbs@163.com   网址：www.jccbs.com.cn

发展出版传媒　　服务经济建设

传播科技进步　　满足社会需求

第一章 预拌砂浆生产用原材料

1.1 水泥

1.1.1 定义

通用硅酸盐水泥：以硅酸盐水泥熟料和适量的石膏及规定的混合材料制成的水硬性胶凝材料。

1.1.2 分类、标记

通用硅酸盐水泥按混合材料的品种和掺量分为：硅酸盐水泥，代号 P·Ⅰ、P·Ⅱ；普通硅酸盐水泥，代号 P·O；矿渣硅酸盐水泥，代号 P·S·A、P·S·B；火山灰质硅酸盐水泥，代号 P·P；粉煤灰硅酸盐水泥，代号 P·F；复合硅酸盐水泥，代号 P·C。

1.1.3 技术要求

1. 化学指标

通用硅酸盐水泥化学指标应符合表 1-1 的规定。

表 1-1　通用硅酸盐水泥的化学指标　　　　　　　　　　　　　　％

品种	代号	不溶物（质量分数）	烧失量（质量分数）	三氧化硫（质量分数）	氧化镁（质量分数）	氯离子（质量分数）
硅酸盐水泥	P·Ⅰ	≤0.75	≤3.0	≤3.5	≤5.0ᵃ	≤0.06ᶜ
	P·Ⅱ	≤1.50	≤3.5			
普通硅酸盐水泥	P·O	—	≤5.0			
矿渣硅酸盐水泥	P·S·A	—	—	≤4.0	≤6.0ᵇ	
	P·S·B	—	—		—	
火山灰质硅酸盐水泥	P·P	—	—	≤3.5	≤6.0ᵇ	
粉煤灰硅酸盐水泥	P·F	—	—			
复合硅酸盐水泥	P·C	—	—			

a. 如果水泥压蒸试验合格，则水泥中氧化镁的含量（质量分数）允许放宽至 6.0%。

b. 如果水泥中氧化镁的含量（质量分数）大于 6.0% 时，需进行水泥压蒸安定性试验并合格。

c. 当有更低要求时，该指标由买卖双方确定。

2. 碱含量（选择性指标）

水泥中碱含量按 $Na_2O+0.658K_2O$ 计算值表示。若使用活性集料，用户要求提供低碱水泥时，水泥中的碱含量应不大于 0.60% 或由买卖双方协商确定。

3. 物理指标

（1）凝结时间

硅酸盐水泥初凝时间不小于 45min，终凝时间不大于 390min。

普通硅酸盐水泥、矿渣硅酸盐水泥、火山灰质硅酸盐水泥、粉煤灰硅酸盐水泥和复合硅酸盐水泥初凝时间不小于45min，终凝时间不大于600min。

（2）安定性

沸煮法合格。

（3）强度

不同品种不同强度等级的通用硅酸盐水泥，其不同龄期的强度应符合表1-2的规定。

表1-2　不同品种不同强度等级的通用硅酸盐水泥不同龄期强度　　　　　MPa

品种	强度等级	抗压强度		抗折强度	
		3d	28d	3d	28d
硅酸盐水泥	42.5	≥17.0	≥42.5	≥3.5	≥6.5
	42.5R	≥22.0		≥4.0	
	52.5	≥23.0	≥52.5	≥4.0	≥7.0
	52.5R	≥27.0		≥5.0	
	62.5	≥28.0	≥62.5	≥5.0	≥8.0
	62.5R	≥32.0		≥5.5	
普通硅酸盐水泥	42.5	≥17.0	≥42.5	≥3.5	≥6.5
	42.5R	≥22.0		≥4.0	
	52.5	≥23.0	≥52.5	≥4.0	≥7.0
	52.5R	≥27.0		≥5.0	
矿渣硅酸盐水泥 火山灰质硅酸盐水泥 粉煤灰硅酸盐水泥 复合硅酸盐水泥	32.5	≥10.0	≥32.5	≥2.5	≥5.5
	32.5R	≥15.0		≥3.5	
	42.5	≥15.0	≥42.5	≥3.5	≥6.5
	42.5R	≥19.0		≥4.0	
	52.5	≥21.0	≥52.5	≥4.0	≥7.0
	52.5R	≥23.0		≥4.5	

（4）细度（选择性指标）

硅酸盐水泥和普通硅酸盐水泥的细度以比表面积表示，其比表面积不小于$300mm^2/kg$；矿渣硅酸盐水泥、火山灰质硅酸盐水泥、粉煤灰硅酸盐水泥和复合硅酸盐水泥的细度以筛余表示，其$80\mu m$方孔筛筛余不大于10％或$45\mu m$方孔筛筛余不大于30％。

1.1.4　检验规则

1. 编号及取样

水泥出厂前按同品种、同强度等级编号和取样。袋装水泥和散装水泥应分别进行编号和取样。每一编号为一取样单位。水泥出厂编号按年生产能力规定为：

$200×10^4 t$以上，不超过4000 t为一编号；

$120×10^4 t$～$200×10^4 t$，不超过2400t为一编号；

$60×10^4 t$～$120×10^4 t$，不超过1000 t为一编号；

$30×10^4 t$～$60×10^4 t$，不超过600t为一编号；

$10×10^4 t$～$30×10^4 t$，不超过400t为一编号；

$10×10^4 t$以下，不超过200 t为一编号。

取样方法按 GB/T 12573《水泥取样方法》进行。可连续取，亦可从 20 个以上不同部位取等量样品，总量至少 12kg。当散装水泥运输工具的容量超过该厂规定出厂编号吨数时，允许该编号的数量超过取样规定吨数。

2. 水泥出厂

经确认水泥各项技术指标及包装质量符合要求时方可出厂。

3. 出厂检验

出厂检验项目按 1.1.3 节化学指标和物理指标的强制性指标。

4. 检验报告

检验报告内容应包括出厂检验项目、细度、混合材料品种和掺加量、石膏和助磨剂的品种及掺加量、属旋窑或立窑生产及合同约定的其他技术要求。当用户需要时，生产者应在水泥发出之日起 7d 内寄发除 28d 强度以外的各项检验结果，32d 内补报 28d 强度的检验结果。

5. 交货与验收

(1) 交货时水泥的质量验收可抽取实物试样以其检验结果为依据，也可以生产者同编号水泥的检验报告为依据。采取何种方法验收由买卖双方商定，并在合同或协议中注明。卖方有告知买方验收方法的责任。当无书面合同或协议，或未在合同、协议中注明验收方法的，卖方应在发货票上注明"以本厂编号水泥的检验报告为验收依据"字样。

(2) 以抽取实物试样的检验结果为验收依据时，买卖双方应在发货前或交货地共同取样和签封。取样方法按 GB/T 12573《水泥取样方法》进行，取样数量为 20kg，缩分为二等份。一份由卖方保存 40d，一份由买方按本教材规定的项目和方法进行检验。

在 40d 以内，买方检验认为产品质量不符合标准要求，而卖方又有异议时，则双方应将卖方保存的另一份试样送省级或省级以上国家认可的水泥质量监督检验机构进行仲裁检验。水泥安定性仲裁检验时，应在取样之日起 10d 以内完成。

(3) 以生产者同编号水泥的检验报告为验收依据时，在发货前或交货时买方在同编号水泥中取样，双方共同签封后由卖方保存 90d，或认可卖方自行取样、签封并保存 90d 的同编号水泥的封存样。

在 90d 内，买方对水泥质量有疑问时，则买卖双方应将共同认可的试样送省级或省级以上国家认可的水泥质量监督检验机构进行仲裁检验。

1.2　建设用砂

1.2.1　定义

1. 天然砂

自然生成的、经人工开采和筛分的、粒径小于 4.75mm 的岩石颗粒，包括河砂、湖砂、山砂、淡化海砂，但不包括软质、风化的岩石颗粒。

2. 机制砂

经除土处理，由机械破碎、筛分制成的，粒径小于 4.75mm 的岩石、矿山尾矿或工业废渣颗粒，但不包括软质、风化的颗粒，俗称人工砂。

3. 含泥量

天然砂中粒径小于 $75\mu m$ 的颗粒含量。

4. 石粉含量

机制砂中粒径小于 $75\mu m$ 的颗粒含量。

5. 泥块含量

砂中原粒径大于 1.18 mm，经水浸洗、手捏后小于 $600\mu m$ 的颗粒含量。

6. 细度模数

衡量砂粗细程度的指标。

7. 坚固性

砂在自然风化和其他外界物理化学因素作用下抵抗破裂的能力。

8. 轻物质

砂中表观密度小于 $2000 kg/m^3$ 的物质。

9. 碱骨料反应

水泥、外加剂等混凝土组成物及环境中的碱与集料中碱活性矿物在潮湿环境下缓慢发生并导致混凝土开裂破坏的膨胀反应。

10. 亚甲蓝（MB）值

用于判定机制砂中粒径小于 $75\mu m$ 颗粒的吸附性能的指标。

1.2.2 分类、规格

1. 分类

砂按产源分为天然砂、机制砂两类。

2. 规格

砂按细度模数分为粗、中、细三种规格，其细度模数分别为：

——粗：3.7～3.1；

——中：3.0～2.3；

——细：2.2～1.6。

3. 类别

砂按技术要求分为Ⅰ类、Ⅱ类、Ⅲ类。

1.2.3 技术要求

1. 颗粒级配

砂的颗粒级配应符合表 1-3 的规定；砂的级配类别应符合表 1-4 的规定。对于砂浆用砂，4.75 mm 筛孔的累计筛余量应为 0。砂的实际颗粒级配除 4.75mm 和 $600\mu m$ 筛档外，可以略有超出，但各级累计筛余超出值总和应不大于 5%。

表 1-3　砂的颗粒级配

砂的分类	天然砂			机制砂		
级配区	1 区	2 区	3 区	1 区	2 区	3 区
方孔筛	累计筛余/%					
4.75mm	10～0	10～0	10～0	10～0	10～0	10～0
2.36mm	35～5	25～0	15～0	35～5	25～0	15～0
1.18mm	65～35	50～10	25～0	65～35	50～10	25～0
$600\mu m$	85～71	70～41	40～16	85～71	70～41	40～16
$300\mu m$	95～80	92～70	85～55	95～80	92～70	85～55
$150\mu m$	100～90	100～90	100～90	97～85	94～80	94～75

表 1-4　砂的级配类别

类　别	I	II	III
级配区	2 区	1、2、3 区	

2. 砂的含泥量、石粉含量和泥块含量

（1）天然砂的含泥量和泥块含量应符合表 1-5 的规定。

表 1-5　天然砂的含泥量和泥块含量

类　别	I	II	III
含泥量（按质量计）/%	≤1.0	≤3.0	≤5.0
泥块含量（按质量计）/%	0	≤1.0	≤2.0

（2）机制砂 MB 值≤1.4 或快速法试验合格时，石粉含量和泥块含量应符合表 1-6 的规定；机制砂 MB 值＞1.4 或快速法试验不合格时，石粉含量和泥块含量应符合表 1-7 的规定。

表 1-6　机制砂的石粉含量和泥块含量（MB 值≤1.4 或快速法试验合格）

类　别	I	II	III
MB 值	≤0.5	≤1.0	≤1.4 或合格
石粉含量（按质量计）/%		≤10.0	
泥块含量（按质量计）/%	0	≤1.0	≤2.0

a. 此标准根据使用地区和用途，经试验验证，可由供需双方协商确定。

表 1-7　机制砂的石粉含量和泥块含量（MB 值＞1.4 或快速法试验不合格）

类　别	I	II	III
石粉含量（按质量计）/%	≤1.0	≤3.0	≤5.0
泥块含量（按质量计）/%	0	≤1.0	≤2.0

3. 有害物质

砂中如含有云母、轻物质、有机物、硫化物及硫酸盐、氯化物、贝壳，其限量应符合表 1-8 的规定。

表 1-8　有害物质含量

类　别	I	II	III
云母（按质量计）/%	≤1.0	≤2.0	
轻物质（按质量计）/%	≤1.0		
有机物	合格		
硫化物及硫酸盐（按 SO_3 质量计）/%	≤0.5		
氯化物（以氯离子质量计）/%	≤0.01	≤0.02	≤0.06
贝壳（按质量计）/%a	≤3.0	≤5.0	≤8.0

a. 该指标仅适用于海砂，其他砂种不作要求。

4. 坚固性

（1）采用硫酸钠溶液法进行试验，砂的质量损失应符合表 1-9 的规定。

表 1-9　坚固性指标

类　别	I	II	III
质量损失/%	≤8		≤10

（2）机制砂除了要满足表 1-9 中的规定外，压碎指标还应满足表 1-10 的规定。

表 1-10　压碎指标

类　　别	I	II	III
单级最大压碎指标/%	≤20	≤25	≤30

5. 表观密度、松散堆积密度、空隙率

砂的表观密度、松散堆积密度应符合如下规定：

——表观密度不小于 2500kg/m^3；

——松散堆积密度不小于 1400kg/m^3；

——空隙率不大于 44%。

6. 碱骨料反应

经碱骨料反应试验后，试件应无裂缝、酥裂、胶体外溢等现象，在规定的试验龄期膨胀率应小于 0.10%。

7. 含水率和饱和面干吸水率

当用户有要求时，应报告其实测值。

8. 用矿山尾矿、工业废渣生产的机制砂有害物质

除应符合本章有害物质的规定外，还应符合我国环保和安全相关标准和规范，不应对人体、生物、环境及混凝土、砂浆性能产生有害影响。

9. 砂的放射性

应符合 GB 6566《建筑材料放射性核素限量》的规定。

1.2.4　检验规则

1. 检验分类

检验分为出厂检验和型式检验。

（1）出厂检验

① 天然砂的出厂检验项目：颗粒级配、含泥量、泥块含量、云母含量、松散堆积密度。

② 机制砂的出厂检验项目：颗粒级配、石粉含量（含亚甲蓝试验）、泥块含量、压碎指标、松散堆积密度。

（2）型式检验

砂的型式检验项目包括 1.2.3 节第 1～5 款所有技术指标要求，其中碱骨料反应、含水率和饱和面干吸水率可根据需要进行。有下列情况之一时，应进行型式检验：

① 新产品投产时；

② 原材料产源或生产工艺发生变化时；

③ 正常生产时，每年进行一次；

④ 长期停产后恢复生产时；

⑤ 出厂检验结果与型式检验有较大差异时。

2. 组批规则

按同分类、规格、类别及日产量每 600t 为一批，不足 600t 亦为一批；日产量超过 2000t，按 1000t 为一批，不足 1000t 亦为一批。

3. 判定规则

（1）试验结果均符合标准的相应类别规定时，可判为该批产品合格。

　　（2）技术要求 1.2.3 节第 1～5 款若有一项指标不符合标准规定时，则应从同一批产品中加倍取样，对该项进行复验。复验后，若试验结果符合标准规定，可判为该批产品合格；若仍然不符合标准要求时，判为不合格。若有两项及以上试验结果不符合标准规定时，则判该批产品不合格。

1.3　再生细集料

1.3.1　定义

　　1. 混凝土和砂浆用再生细集料

　　由建（构）筑废物中的混凝土、砂浆、石、砖瓦等加工而成，用于配制混凝土和砂浆的、粒径不大于 4.75mm 的颗粒。

　　2. 微粉含量

　　再生细集料中粒径小于 $75\mu m$ 的颗粒含量。

　　3. 泥块含量

　　再生细集料中原粒径大于 1.18mm，经水浸洗、手捏后变成小于 $600\mu m$ 的颗粒含量。

　　4. 细度模数

　　衡量再生细集料粗细程度的指标。

　　5. 坚固性

　　再生细集料在自然风化和其他物理、化学因素作用下抵抗破裂的能力。

　　6. 轻物质

　　再生细集料中表观密度小于 $2000kg/m^3$ 的物质。

　　7. 亚甲蓝值（MB 值）

　　用于确定再生细集料中粒径小于 $75\mu m$ 的颗粒中高岭土含量的指标。

　　8. 再生胶砂

　　按照本教材规定的方法，用再生细集料、水泥和水制备的砂浆。

　　9. 基准胶砂

　　按照本教材规定的方法，用标准砂、水泥和水制备的砂浆。

　　10. 再生胶砂需水量

　　流动度为 (130 ± 5)mm 的再生胶砂用水量。

　　11. 基准胶砂需水量

　　流动度为 (130 ± 5)mm 的基准胶砂用水量。

　　12. 再生胶砂需水量比

　　再生胶砂需水量与基准胶砂需水量之比。

　　13. 再生胶砂强度比

　　再生胶砂与基准胶砂的抗压强度之比。

1.3.2　分类、规格

　　1. 分类

　　混凝土和砂浆用再生细集料（以下简称再生细集料）按性能要求分为Ⅰ类、Ⅱ类、Ⅲ类。

　　2. 规格

　　再生细集料按细度模数分为粗、中、细三种规格，其细度模数 M_x 分别为：

粗：$M_X = 3.7 \sim 3.1$

中：$M_X = 3.0 \sim 2.3$

细：$M_X = 2.2 \sim 1.6$

1.3.3 技术要求

1. 颗粒级配

再生细集料的颗粒级配应符合表 1-11 的规定。

表 1-11 再生细集料的颗粒级配

方孔筛筛孔边长	累计筛余/%		
	1 级配区	2 级配区	3 级配区
9.50mm	0	0	0
4.75mm	10～0	10～0	10～0
2.36mm	35～5	25～0	15～0
1.18mm	65～35	50～10	25～0
600μm	85～71	70～41	40～16
300μm	95～80	92～70	85～55
150μm	100～85	100～80	100～75

注：再生细集料的实际颗粒级配与表中所列数字相比，除 4.75 mm 和 600μm 筛档外，可以略有超出，但是超出总量应小于 5%。

2. 微粉含量和泥块含量

根据亚甲蓝试验结果的不同，再生细集料的微粉含量和泥块含量应符合表 1-12 的规定。

表 1-12 再生细集料的微粉含量和泥块含量

项 目		I 类	II 类	III 类
微粉含量（按质量计）/%	MB<1.40 或合格	<5.0	<7.0	<10.0
	MB≥1.40 或不合格	<1.0	<3.0	<5.0
泥块含量（按质量计）/%		<1.0	<2.0	<3.0

3. 有害物质含量

再生细集料中如含有云母、轻物质、有机物、硫化物及硫酸盐或氯盐等有害物质，其含量应符合表 1-13 的规定。

表 1-13 再生细集料中的有害物质含量

项 目	I 类	II 类	III 类
云母含量（按质量计）/%		<2.0	
轻物质含量（按质量计）/%		<1.0	
有机物含量（比色法）		合格	
硫化物及硫酸盐含量（按 SO_3 质量计）/%		<2.0	
氯化物含量（以氯离子质量计）/%		<0.06	

4. 坚固性

应采用硫酸钠溶液法进行试验。再生细集料经 5 次循环后，其指标应符合表 1-14 的规定。

表 1-14　再生细集料的坚固性指标

项　目	Ⅰ类	Ⅱ类	Ⅲ类
饱和硫酸钠溶液中质量损失/%	<8.0	<10.0	<12.0

5. 压碎指标

再生细集料压碎指标应符合表 1-15 的规定。

表 1-15　再生细集料的压碎指标

项　目	Ⅰ类	Ⅱ类	Ⅲ类
单级最大压碎指标值/%	<20	<25	<30

6. 再生胶砂需水量比

再生胶砂需水量比应符合表 1-16 的规定。

表 1-16　再生胶砂需水量比

项目	Ⅰ类			Ⅱ类			Ⅲ类		
	细	中	粗	细	中	粗	细	中	粗
需水量比	<1.35	<1.30	<1.20	<1.55	<1.45	<1.35	<1.80	<1.70	<1.50

7. 再生胶砂强度比

再生胶砂强度比应符合表 1-17 的规定。

表 1-17　再生胶砂强度比

项目	Ⅰ类			Ⅱ类			Ⅲ类		
	细	中	粗	细	中	粗	细	中	粗
强度比	>0.80	>0.90	>1.00	>0.70	>0.85	>0.95	>0.60	>0.75	>0.90

8. 表观密度、堆积密度和空隙率

再生细集料的表观密度、堆积密度和空隙率应符合表 1-18 的规定。

表 1-18　再生细集料的表观密度、堆积密度和空隙率

项　目	Ⅰ类	Ⅱ类	Ⅲ类
表观密度/（kg/m³）	>2450	>2350	>2250
堆积密度/（kg/m³）	>1350	>1300	>1200
空隙率/%	<46	<48	<52

9. 碱骨料反应

经碱骨料反应试验后，由再生细集料制备的试件应无裂缝、酥裂或胶体外溢等现象，膨胀率应小于 0.10%。

1.3.4　检验规则

1. 检验分类

（1）出厂检验

检验项目包括：颗粒级配、细度模数、微粉含量、泥块含量、再生胶砂需水量比、表观密度、堆积密度和空隙率。

（2）型式检验

型式检验项目包括本章表 1-11 至表 1-18 的所有项目，碱骨料反应可根据需要进行。

有下列情况之一时，应进行型式检验：

① 新产品投产时；

② 生产工艺发生重大变化时；

③ 原材料发生重大变化时；

④ 正常生产时，每年一次；

⑤ 国家质量监督机构要求检验时。

2. 组批规则

按同分类、同规格每 600t 为一批，不足 600t 亦为一批。

3. 判定规则

（1）检验后（含复检），各项指标都符合本教材的相应类别规定时，可判为合格品。

（2）若有一项性能指标不符合本教材要求时，则应从同一批产品中加倍取样，对不符合要求的项目进行复检，复检结果符合本教材者，判定为合格品。复检结果仍不符合本教材者，则判定为不合格者。

（3）仲裁检验应采用基准水泥。

1.4　拌合用水

1.4.1　定义

1. 砂浆用水

砂浆拌合用水和砂浆养护用水的总称，包括：饮用水、地表水、地下水、再生水、砂浆企业设备洗刷水和海水等。

2. 地表水

存在于江、河、湖、塘、沼泽和冰川等中的水。

3. 地下水

存在于岩石缝隙或土壤孔隙中可以流动的水。

4. 再生水

指污水经适当再生工艺处理后具有使用功能的水。

5. 不溶物

在规定的条件下，水样经过滤，未通过滤膜部分干燥后留下的物质。

6. 可溶物

在规定的条件下，水样经过滤，通过滤膜部分干燥蒸发后留下的物质。

1.4.2　技术要求

1. 拌合用水

表 1-19　拌合用水水质要求

项　　目	拌合用水
pH 值	≥4.5
不溶物/（mg/L）	≤5000

续表

项　目	拌合用水
可溶物/（mg/L）	≤10000
Cl⁻/（mg/L）	≤3500
SO_4^{2-}/（mg/L）	≤2700
碱含量/（rag/L）	≤1500

注：碱含量按 $Na_2O+0.658K_2O$ 计算值来表示。采用非碱活性集料时，可不检验碱含量。

（1）地表水、地下水、再生水的放射性应符合现行国家标准 GB 5749《生活饮用水卫生标准》的规定。

（2）被检验水样应与饮用水样进行水泥凝结时间对比试验。对比试验的水泥初凝时间差及终凝时间差均不应大于 30min；同时，初凝和终凝时间应符合现行国家标准 GB 175《通用硅酸盐水泥》的规定。

（3）被检验水样应与饮用水样进行水泥胶砂强度对比试验，被检验水样配制的水泥胶砂 3d 和 28d 强度不应低于饮用水配制的水泥胶砂 3d 和 28d 强度的 90%。

（4）拌合用水不应有漂浮明显的油脂和泡沫，不应有明显的颜色和异味。

2．养护用水

（1）养护用水可不检验不溶物和可溶物。

（2）养护用水可不检验水泥凝结时间和水泥胶砂强度。

1.4.3　检验规则

1．水质检验水样不应少于 5L；用于测定水泥凝结时间和胶砂强度的水样不应少于 3L。

2．采集水样的容器应无污染；容器应用待采集水样冲洗三次再灌装，并应密封待用。

3．地表水宜在水域中心部位、距水面 100mm 以下采集，并应记载季节、气候、雨量和周边环境的情况。

4．地下水应在放水冲洗管道后接取，或直接用容器采集；不得将地下水积存于地表后再从中采集。

5．再生水应在取水管道终端接取。

6．砂浆企业设备洗刷水应沉淀后，在池中距水面 100mm 以下采集。

1.5　粉煤灰

1.5.1　定义

1．粉煤灰：电厂煤粉炉烟道气体中收集的粉末称为粉煤灰。

2．强度活性指数：试验胶砂抗压强度与对比胶砂抗压强度之比，以百分数表示。

1.5.2　分类

按煤种分为 F 类和 C 类

1．F 类粉煤灰：由无烟煤或烟煤煅烧收集的粉煤灰。

2．C 类粉煤灰：由褐煤或次烟煤煅烧收集的粉煤灰，其氧化钙含量一般大于 10%。

1.5.3 等级

拌制混凝土和砂浆用粉煤灰分为三个等级：Ⅰ级、Ⅱ级、Ⅲ级。

1.5.4 技术要求

1. 拌制混凝土和砂浆用粉煤灰应符合表 1-20 中的技术要求

表 1-20 拌制混凝土和砂浆用粉煤灰技术要求

项　　目		技术要求		
		Ⅰ级	Ⅱ级	Ⅲ级
细度（45μm 方孔筛筛余），不大于/%	F 类粉煤灰	12.0	25.0	45.0
	C 类粉煤灰			
需水量比，不大于/%	F 类粉煤灰	95	105	115
	C 类粉煤灰			
烧失量，不大于/%	F 类粉煤灰	5.0	8.0	15.0
	C 类粉煤灰			
含水量，不大于/%	F 类粉煤灰	1.0		
	C 类粉煤灰			
三氧化硫，不大于/%	F 类粉煤灰	3.0		
	C 类粉煤灰			
游离氧化钙，不大于/%	F 类粉煤灰	1.0		
	C 类粉煤灰	4.0		
安定性：雷氏夹沸煮后增加距离，不大于/mm	C 类粉煤灰	5.0		

2. 水泥活性混合材料用粉煤灰应符合表 1-21 中的技术要求

表 1-21 水泥活性混合材料用粉煤灰技术要求

项　　目		技术要求
烧失量，不大于/%	F 类粉煤灰	8.0
	C 类粉煤灰	
含水量，不大于/%	F 类粉煤灰	1.0
	C 类粉煤灰	
三氧化硫，不大于/%	F 类粉煤灰	3.5
	C 类粉煤灰	
游离氧化钙，不大于/%	F 类粉煤灰	1.0
	C 类粉煤灰	4.0
安定性：雷氏夹沸煮后增加距离，不大于/mm	C 类粉煤灰	5.0
强度活性指数，不小于/%	F 类粉煤灰	70.0
	C 类粉煤灰	

3. 放射性

合格。

4. 碱含量

粉煤灰中的碱含量按 $Na_2O + 0.658K_2O$ 计算值表示，当粉煤灰用于活性集料混凝土，要限制掺合料的碱含量时，由买卖双方协商确定。

5. 均匀性

以细度（45μm 方孔筛筛余）为考核依据，单一样品的细度不应超过前 10 个样品细度平均值的最大偏差，最大偏差范围由买卖双方协商确定。

1.5.5　检验规则

1. 编号与取样

（1）编号

以连续供应的200t相同等级、相同种类的粉煤灰为一编号。不足200t按一个编号论，粉煤灰质量按干灰（含水量小于1%）的质量计算。

（2）取样

① 每一编号为一取样单位，当散装粉煤灰运输工具的容量超过该厂规定出厂编号吨数时，允许该编号的数量超过取样规定吨数。

② 取样方法按GB/T 12573《水泥取样方法》进行。取样应有代表性，可连续取，也可从10个以上不同部位取等量样品，总量至少3kg。

③ 拌制混凝土和砂浆用粉煤灰，必要时，买方可对粉煤灰的技术要求进行随机抽样检验。

2. 出厂检验

（1）拌制混凝土和砂浆用粉煤灰，出厂检验项目为表1-20中的全部技术要求。

（2）水泥活性混合材料用粉煤灰，出厂检验项目为表1-21中烧失量、含水量、三氧化硫、游离氧化钙、安定性。

3. 型式检验

（1）拌制混凝土和砂浆用粉煤灰型式检验项目为表1-20及1.5.4节中3的技术要求。

（2）水泥活性混合材料用粉煤灰型式检验项目为表1-21及1.5.4节中3的技术要求。

（3）有下列情况之一应进行型式检验：

① 原料、工艺有较大改变，可能影响产品性能时；

② 正常生产时，每半年检验一次（放射性除外）；

③ 产品长期停产后，恢复生产时；

④出厂检验结果与上次型式检验有较大差异时。

4. 判定规则

（1）拌制混凝土和砂浆用粉煤灰，试验结果符合本教材表1-20技术要求时为等级品。若其中任何一项不符合要求，允许在同一编号中重新加倍取样进行全部项目的复检，以复检结果判定，复检不合格可降级处理。凡低于本教材表1-20最低级别要求的为不合格品。

（2）水泥活性混合材料用粉煤灰

① 出厂检验结果符合本教材表1-21技术要求时，判为出厂检验合格。若其中任何一项不符合要求，允许在同一编号中重新加倍取样进行全部项目的复检，以复检结果判定。

② 型式检验结果符合本教材表1-21技术要求时，以复检结果判定。只有当活性指数小于70.0%时，该粉煤灰可作为水泥生产中的非活性混合材料。

1.6　石灰

1.6.1　定义

1. 石灰

不同化学组成和物理形态的生石灰、消石灰、水硬性石灰与气硬性石灰的统称。石灰可分为高钙的、镁质的和白云质的。

2. 石灰石（石灰岩）

主要由碳酸钙组成的沉积岩石。

3. 白云石（白云岩）

碳酸钙与碳酸镁的复盐组成的沉积岩石。

4. 石灰水

应用于粉刷面层的消化生石灰水或消石灰水和其他材料的混合物。

5. 石灰浆（石灰乳）

生石灰或消石灰在水中形成的悬浊液。

6. 石灰膏

用水消化生石灰或将消石灰和水拌合而成达到一定稠度的膏状物。

7. 石灰砂浆

用石灰膏或消石灰粉细集料与水拌制而成的建筑砂浆。

1.6.2 分类、标记

1. 分类

建筑消石灰分类按扣除游离水和结合水后（CaO＋MgO）的百分含量加以分类，见表 1-22。

表 1-22 建筑消石灰的分类

类　　别	名　　称	代　　号
钙质消石灰	钙质消石灰 90	HCL90
	钙质消石灰 85	HCL85
	钙质消石灰 75	HCL75
镁质消石灰	镁质消石灰 85	HML85
	镁质消石灰 80	HML80

2. 标记

消石灰的识别标志由产品名称和产品依据标准编号组成。

示例：符合 JC/T 481—2013 的钙质消石灰 90 标记为：

HCL 90 JC/T 481—2013

说明：

HCL——钙质消石灰；

90——（CaO＋MgO）含量；

JC/T 481—2013——产品依据标准。

1.6.3 技术要求

1. 建筑消石灰的化学成分应符合表 1-23 的要求。

表 1-23 建筑消石粉的化学成分

名称	（氧化钙＋氧化镁）（CaO＋MgO）	氧化镁（MgO）	三氧化硫（SO₃）
HCL 90	≥90		
HCL 85	≥85	≤5	≤2
HCL 75	≥75		

名称	（氧化钙＋氧化镁）（CaO＋MgO）	氧化镁（MgO）	三氧化硫（SO₃）
HML 85	≥85	>5	≤2
HML 80	≥80		

注：表中数值以试样扣除游离水和化学结合水后的干基为基准。

2. 建筑消石灰的物理性质应符合表 1-24 的要求

表 1-24 建筑消石灰的物理性质

名 称	游离水/%	细度		安定性
		0.2mm 筛余量/%	90μm 筛余量/%	
HCL 90	≤2	≤2	≤2	合格
HCL 85				
HCL 75				
HML 85				
HML 80				

1.6.4 检验规则

1. 出厂检验

每批产品出厂前按本章 1.6.3 节要求进行检验。

2. 批量

以班产量或日产量为一个批量。

3. 取样

取样按 JC/T 620《石灰取样方法》的规定。

4. 判定规则

检验结果均达到本章 1.6.3 节相应等级的要求时，则判定为合格产品。

1.7 石膏

1.7.1 定义

1. 建筑石膏

天然石膏或工业副产石膏经脱水处理制得的，以 β 半水硫酸钙（β-CaSO₄·1/2H₂O）为主要成分，不预加任何外加剂或添加物的粉状胶凝材料。

2. 工业副产石膏

工业生产过程中产生的富含二水硫酸钙的副产品。

（1）烟气脱硫石膏

采用石灰或石灰石湿法脱除烟气中二氧化硫时产生的，以二水硫酸钙为主要成分的副产品。

（2）磷石膏

采用磷石膏为原料，湿法制取磷酸时所得的，以二水硫酸钙为主要成分的副产品。

3. 天然建筑石膏

以天然石膏为原料制取的建筑石膏。

4. 工业副产建筑石膏

以工业副产石膏为原料制取的建筑石膏。

（1）脱硫建筑石膏

以烟气脱硫石膏为原料制取的建筑石膏。

（2）磷建筑石膏

以磷石膏为原料制取的建筑石膏。

5. 限制成分

建筑石膏中对石膏制品的生产和应用有不良影响，需加以限制的成分。

1.7.2 分类、标记

1. 分类

（1）按原材料种类分为三类，见表 1-25。

表 1-25 石膏的分类

类　　别	天然建筑石膏	脱硫建筑石膏	磷建筑石膏
代　号	N	S	P

（2）按 2h 强度（抗折）分为 3.0、2.0、1.6 三个等级。

2. 标记

按产品名称、代号、等级及标准编号的顺序标记。

示例：等级为 2.0 的天然建筑石膏标记如下：建筑石膏 N 2.0 GB/T 9776 2008。

1.7.3 技术要求

1. 组成

建筑石膏组成中 β 半水硫酸钙（$\beta\text{-}CaSO_4 \cdot 1/2H_2O$）的含量（质量分数）应不小于 60.0%。

2. 物理力学性能

建筑石膏的物理力学性能应符合表 1-26 的要求。

表 1-26 建筑石膏的物理力学性能

等级	细度（0.2mm 方孔筛筛余）/%	凝结时间/min		2h 强度/MPa	
		初凝	终凝	抗折	抗压
3.0				≥3.0	≥6.0
2.0	≤10	≥3	≤30	≥2.0	≥4.0
1.6				≥1.6	≥3.0

3. 放射性核素限量

工业副产建筑石膏的放射性核素限量应符合 GB 6566《建筑材料放射性核素限量》的要求。

4. 限制成分

工业副产建筑石膏中限制成分氧化钾（K_2O）、氧化镁（MgO）、五氧化二磷（P_2O_5）和氟（F）的含量由供需双方商定。

1.7.4 检验规则

1. 检验分类

产品检验分出厂检验与型式检验。

（1）出厂检验

产品出厂前应进行出厂检验。出厂检验项目包括细度、凝结时间和抗折强度。

（2）型式检验

遇有下列情况之一者，应对产品进行型式检验。

① 原材料、工艺、设备有较大改变时；

② 产品停产半年以上恢复生产时；

③ 正常生产满一年时；

④ 新产品投产或产品定型鉴定时；

⑤ 国家技术监督机构提出监督检查时。

型式检验项目包括本教材 1.7.3 节第 1～3 中所有项目。

2. 批量和抽样

（1）批量：对于年产量小于 15 万吨的生产厂，以不超过 60t 产品为一批；对于年产量等于或大于 15 万吨的生产厂，以不超过 120t 产品为一批。产品不足一批时以一批计。

（2）抽样：产品袋装时，从一批产品中随机抽取 10 袋，每袋抽取约 2kg 试样，总共不少于 20kg。将抽取的试样搅拌均匀，一分为二，一份做试验，另一份密封保存三个月，以备复验用。

3. 判定

抽取做试验的试样（应在标准试验条件下密闭放置 24 h，然后再行试验）处理后分为三等份，以其中一份试样进行试验。检验结果若均符合本教材 1.7.3 节相应的技术要求时，则判为该批产品合格。若有一项以上指标不符合要求，即判该批产品不合格。若只有一项指标不合格，则可用其他两份试样对不合格指标进行重新检验。重新检验结果，若两份试样均合格，则判该批产品合格；如仍有一份试样不合格，则判该批产品不合格。

1.8　粒化高炉矿渣粉

1.8.1　定义

以粒化高炉矿渣为主要原料，可掺加少量石膏磨制成一定细度的粉体，称作粒化高炉矿渣粉，简称矿渣粉。

1.8.2　技术要求

矿渣粉应符合表 1-27 的技术指标规定。

表 1-27　矿渣粉的技术指标

项　　目			级　别		
			S105	S95	S75
密度/（g/cm³）		≥	2.8		
比表面积/（m²/kg）		≥	500	400	300
活性指数/%	≥	7d	95	75	55
		28d	105	95	75

项　　目		级　　别		
		S105	S95	S75
流动度比/%	$\geqslant$	95		
含水量（质量分数）/%	$\leqslant$	1.0		
三氧化硫（质量分数）/%	$\leqslant$	4.0		
氯离子（质量分数）/%	$\leqslant$	0.06		
烧失量（质量分数）/%	$\leqslant$	3.0		
玻璃体含量（质量分数）/%	$\geqslant$	85		
放射性		合格		

1.8.3 检验规则

1. 编号及取样

（1）编号

矿渣粉出厂前按同级别进行编号和取样。每一编号为一个取样单位。矿渣粉出厂编号按矿渣粉单线年生产能力规定为：

$60 \times 10^4 t$ 以上，不超过 2000t 为一编号；

$30 \times 10^4 t \sim 60 \times 10^4 t$，不超过 1000t 为一编号；

$10 \times 10^4 t \sim 30 \times 10^4 t$，不超过 600t 为一编号；

$10 \times 10^4 t$，不超过 200t 为一编号。

当散装运输工具容量超过该厂规定出厂编号吨数时，允许该编号数量超过该厂规定出厂编号吨数。

（2）取样方法

取样按 GB/T 12573《水泥取样方法》规定进行，取样应有代表性，可连续取样，也可以在 20 个以上部分取等量样品，总量至少 20kg。试样应混合均匀，按四分法缩取出比试验需要量大一倍的试样。

2. 出厂检验

（1）经确认矿渣粉各项技术指标及包装符合要求时方可出厂。

（2）出厂检验项目为密度、比表面积、活性指数、流动度比、含水量、三氧化硫等技术要求（如掺有石膏则出厂检验项目中还应增加烧失量）。

3. 型式检验

有下列情况之一应进行型式检验：

（1）原料、工艺有较大改变，可能影响产品性能时；

（2）正常生产时，每年检验一次；

（3）产品长期停产后，恢复生产时；

（4）出厂检验结果与上次型式检验有较大差异时；

（5）国家质量监督机构提出型式检验要求时。

4. 判定规则

（1）检验结果符合表 1-27 中的密度、比表面积、活性指数、流动度比、含水量、三氧化硫等技术要求的为合格品。

（2）检验结果不符合表1-27密度、比表面积、活性指数、流动度比、含水量、三氧化硫等技术要求的为不合格品。若其中任何一项不符合要求，应重新加倍取样，对不合格的项目进行复检，评定时以复检结果为准。

（3）型式检验结果不符合表1-27中任何一项要求的为型式检验不合格。若其中任何一项不符合要求，应重新加倍取样，对不合格的项目进行复检，评定时以复检结果为准。

（4）检验报告

检验报告内容应包括出厂检验项目、石膏和助磨剂的品种和掺量及合同约定的其他技术要求。当用户需要时，生产厂应在矿渣粉发出之日起11d内寄发除28d活性指数以外的各项试验结果。28d活性指数应在矿渣粉发出之日起32d内补报。

5. 交货与验收

（1）交货时矿渣粉的质量验收可抽取实物试样以其检验结果为依据，也可以生产者同编号矿渣粉的检验报告为依据，采取何种方法验收由买卖双方商定，并在合同或协议中注明，卖方有告知买方验收方法的责任。当无书面合同或协议，或未在合同、协议中注明验收方法的，卖方应在发货票上注明"以本厂同编号矿渣粉的检验报告为验收依据"字样。

（2）以抽取实物试样的检验结果为验收依据时，买卖双方应在发货前或交货地共同取样和签封。取样方法按GB/T 12573《水泥取样方法》进行。取样数量为10kg，缩分为二等份。一份由卖方保存40d，一份由买方按本教材的项目和方法进行检验。

在40d以内，买方检验认为产品质量不符合本教材要求，而卖方又有异议时，则双方应将卖方保存的另一份试样送省级或省级以上国家认可的建材产品质量监督检验机构进行仲裁检验。

（3）以生产厂同编号矿渣粉的检验报告为验收依据时，在发货前或交货时买方（或委托卖方）同编号矿渣粉中抽取试样，双方共同签封后保存三个月。

在三个月内，买方对矿渣粉质量有疑问时，则买卖双方应将共同签封的试样送省级或省级以上国家认可的建材产品质量监督检验机构进行仲裁检验。

1.9　硅灰

1.9.1　定义

1. 硅灰：在冶炼硅铁合金或工业硅时，通过烟道排出的粉尘，经收集得到的以无定形二氧化硅为主要成分的粉体材料。

2. 硅灰浆：以水为载体的含有一定数量硅灰的匀质性浆料。

1.9.2　分类、标记

1. 分类：硅灰按其使用时的状态，可分为硅灰（代号SF）和硅灰浆（代号SF-S）。

2. 产品标记：产品标记由分类代号和标准号组成。

示例：硅灰浆，标记为：

SF-S GB/T 27690—2011

1.9.3　技术要求

硅灰的技术要求应符合表1-28的规定。

表 1-28　硅灰的技术要求

项　目	指　标
固含量（液料）	按生产控制值的±2%
总碱量	≤1.5%
SiO_2含量	≥85.0%
氯含量	≤0.1%
含水率（粉体）	≤3.0%
烧失量	≤4.0%
需水量比	≤125%
比表面积（BET法）	≥15m^2/g
活性指数（7d快速法）	≥105%
放射性	Ira≤1.0 和 Ir≤1.0
抑制碱骨料反应性	14d 膨胀率降低值≥35%
抗氯离子渗透性	28d 电通量之比≤40%

注：1. 硅灰浆折算为固体含量按此表进行检验。

　　2. 抑制碱骨料反应性和抗氯离子渗透性为选择性试验项目，由供需双方协定决定。

1.9.4　检验规则

1. 批号、取样

（1）批号

以 30t 相同种类的硅灰/硅灰浆为一个检验批，不足 30t 计一个检验批。

（2）取样

取样按 GB/T 12573《水泥取样方法》进行，取样应有代表性，可连续取，也可以从 10 个以上不同部位取等量样品，总量至少 5kg，硅灰浆至少 15kg，试样应混合均匀。

2. 检验

（1）出厂检验

每一批号硅灰出厂检验项目包括 SiO_2含量、含水率（固含量）、需水量比、烧失量。

（2）型式检验

型式检验项目包括表 1-28 的全部性能指标。有下列情况之一者，应进行型式检验。

① 新产品或老产品转厂生产的试制定型鉴定；

② 正式生产后，如材料、工艺有较大改变，可能影响产品性能时；

③ 正常生产时，一年至少进行一次检验；

④ 产品长期停产后，恢复生产时；

⑤ 出厂检验结果与上次型式检验有较大差异时；

⑥ 国家质量监督机构提出进行型式试验要求时。

3. 判定规则

（1）出厂检验

SiO_2含量、含水率（固含量）、需水量比和烧失量的检验结果均应符合表 1-28 要求，若有一项的检验结果不符合要求，为不合格品，不能出厂。

（2）型式检验

产品所检验的项目均符合表 1-28 规定的，判为合格品；若有一项指标不符合标准要求，则判为不合格品。

4. 复验

在产品贮存期内，用户对产品质量提出异议时，可进行复验。复验可以用同一编号封存样品进行。如果使用方要求现场取样，应事先在供货合同中规定。生产厂应在接到用户通知 7 日内会同用户共同取样，送质量监督检验机构检验；生产厂在规定时间内不去现场，用户可会同质检机构取样检验，结果同等有效。

1.10　滑石粉

1.10.1　定义

1. 滑石：一种含水的镁硅酸盐矿物，质软，具滑腻感。理论化学式为 $Mg_3(Si_4O_{10})(OH)_2$ 或 $3MgO \cdot 4SiO_2 \cdot H_2O$。

2. 滑石粉：滑石矿石经机械加工而成的一定细度的粉体产品。

3. 磨细滑石粉：用试验筛筛分，试验筛孔径在 $1000 \sim 38\mu m$ 范围内、通过率在 95% 以上的滑石粉。

4. 微细滑石粉：用仪器测定，粒径在 $30\mu m$ 以下的累积含量在 90% 以上的滑石粉。

5. 超细滑石粉：用仪器测定，粒径在 $10\mu m$ 以下的累积含量在 90% 以上的滑石粉。

1.10.2　分类、标记

1. 产品分类

滑石粉依其粉碎粒度的大小，划分为磨细滑石粉、微细滑石粉和超细滑石粉三类。

2. 产品品种

滑石粉按其用途，分为 9 个品种，详见表 1-29。

表 1-29　滑石粉产品品种及用途

代号	产品品种	用　途
HZ	化妆品用滑石粉	用于各种润肤粉、美容粉、爽身粉等
TL	涂料-油漆用滑石粉	用于白色体质颜料和各类水基、油基、树脂基工业涂料，底漆、保护漆等
ZZ	造纸用滑石粉	用于各类纸张和纸板的填料，木沥青控制剂
SL	塑料用滑石粉	用于聚丙烯、尼龙、聚氯乙烯、聚乙烯、聚苯乙烯和聚脂类等塑料的填料
XJ	橡胶用滑石粉	用于橡胶填料和橡胶制品防粘剂
DL	电缆用滑石粉	用于电缆橡胶增强剂、电缆隔离剂
TC	陶瓷用滑石粉	用于制造电瓷、无线电瓷、各种工业陶瓷、建筑陶瓷、日用陶瓷和瓷釉等
FS	防水材料用滑石粉	用于防水卷材、防水涂料、防水油膏等
TY	通用滑石粉	用于各种工业产品的填料、隔离剂、补强剂等

3. 产品分级

化妆品用滑石粉不分级，其他工业用滑石粉按理化性能划分为一级品、二级品、三级品三个等级，分别用英文字母 A、B、C 表示。

4. 产品标记

滑石粉的产品标记，由产品名称、本教材代号、用途代号、白度数值、细度数值、等级字母组成。

标记示例：

例 1：白度 90％以上、细度 45μm 筛通过率为 98％以上的化妆品用磨细滑石粉

产品标记为：滑石粉 GB 15342-HZ90-45

例 2：白度 85％以上、细度小于 20μm 的产率大于等于 90％的二级通用微细滑石粉

产品标记为：滑石粉 GB 15342-TY85-20-B

例 3：白度 75％以上、细度小于 2.5μm 的产率大于或等于 90％的三级涂料-油漆用超细滑石粉

产品标记为：滑石粉 GB 15342-TL75-2.5-C

1.10.3 技术要求

1. 涂料-油漆用滑石粉性能要求

涂料-油漆用滑石粉的理化性能应符合表 1-30 的规定。

表 1-30 涂料-油漆用滑石粉的理化性能要求

理化性能		一级品	二级品	三级品
白度/％	≥	80.0	75.0	70.0
细度	磨细滑石粉	明示粒径相应试验筛通过率≥98.0％		
	微细滑石粉和超细滑石粉	小于明示粒径的含量≥90.0％		
水分/％	≤	0.50		1.00
烧失量（1000℃）/％	≤	7.00	8.00	18.00
水溶物/％	≤	0.50		

注：其他质量要求，如刮板细度、吸油量等，由供需双方商定。

2. 陶瓷用滑石粉性能要求

陶瓷用滑石粉的理化性能应符合表 1-31 的规定。

表 1-31 陶瓷用滑石粉的理化性能要求

理化性能		一级品	二级品	三级品
白度/％	≥	90.0	85.0	75.0
细度	磨细滑石粉	明示粒径相应试验筛通过率≥98.0％		
	微细滑石粉和超细滑石粉	小于明示粒径的含量≥90.0％		
二氧化硅/％	≥	60.0	57.0	45.0
氧化镁/％	≥	30.0	29.0	23.0
三氧化二铝/％	≤	1.00	2.00	4.00
氧化钙/％	≤	0.50	1.00	1.50
全铁（以 Fe_2O_3 计）/％	≤	0.50	1.00	1.50
氧化钾+氧化钠/％	≤	0.40		0.50
烧失量（1000℃）/％	≤	6.00	7.00	13.0
酸溶钙（以 CaO 计）/％	≤	1.00		

3. 防水材料用滑石粉性能要求

防水材料用滑石粉的理化性能应符合表 1-32 的规定。

表 1-32　防水材料用滑石粉的理化性能要求

理化性能		二级品	三级品
白度/%	≥	75.0	60.0
细度（75μm 通过率）/%	≥	98.0	95.0
水分/%	≤	0.50	1.00
二氧化硅＋氧化镁/%	≥	77.0	65.0
烧失量（1000℃）/%	≤	15.0	18.0
水萃取液 pH 值	≤	10.0	—

4. 通用滑石粉性能要求

通用滑石粉的理化性能应符合表 1-33 的规定。

表 1-33　通用滑石粉理化性能要求

理化性能		一级品	二级品	三级品
白度/%	≥	90.0	85.0	75.0
细度	磨细滑石粉	明示粒径相应试验筛通过率≥98.0%		
	微细滑石粉和超细滑石粉	小于明示粒径的含量≥90.0%		
水分/%	≤	0.50	1.00	
二氧化硅＋氧化镁/%	≥	90.0	80.0	65.0
全铁（以 Fe_2O_3 计）/%	≤	1.50	2.00	—
三氧化二铝/%	≤	1.50	3.00	—
氧化钙/%	≤	1.00	1.80	—
烧失量（1000℃）/%	≤	7.00	10.0	20.0

1.10.4　检验规则

1. 检验分类

滑石粉检验分为出厂检验与型式检验两类。出厂检验项目见表 1-34，型式检验项目为表 1-30～表 1-33 规定的所有项目。

表 1-34　滑石粉出厂检验项目

产品名称	出厂检验项目
涂料-油漆用滑石粉	白度、细度、水分、烧失量
陶瓷用滑石粉	细度、二氧化硅、氧化镁、三氧化二铁
防水材料用滑石粉	细度、密度、水分、水萃取液 pH 值
通用滑石粉	白度、细度、烧失量、水分

2. 有下列情况之一时，应进行型式检验：

（1）产品正式投产或定型时；

（2）正常生产时，每 6 个月进行一次；

（3）矿山资源、生产工艺等发生较大变化，可能影响产品性能时；

（4）出厂检验结果与上次型式检验结果有较大差异时；

（5）产品停产 6 个月以上恢复生产时。

1.11 建筑干混砂浆用纤维素醚

1.11.1 定义

1. 纤维素醚

以天然纤维素为原料，在一定条件下经过碱化、醚化反应生成的一系列纤维素衍生物的总称，是纤维素分子链上羟基被醚基团取代的产品。

2. 粘度

指纤维素醚水溶液流动或受外力作用移动时分子间产生的内摩擦力的量度，与纤维素醚的聚合度直接相关。

3. 标注粘度

纤维素醚产品所标注的名义粘度值。

4. 保水率

在规定的吸水性基材上，新拌制的湿砂浆中的水分不易被基材吸收或者向空气蒸发的能力，以原始含水量的百分数表示。

1.11.2 分类、代号和标记

1. 分类、代号

（1）表1-35给出了常用的纤维素醚的分类和代号。

表1-35 纤维素醚的分类和代号

分 类	代 号
甲基纤维素醚	MC
羟乙基纤维素醚	HEC
羟丙基甲基纤维素醚	HPMC
羟乙基甲基纤维素醚	HEMC

（2）表1-36给出了羟丙基甲基纤维素醚基团含量、凝胶温度和代号。

表1-36 羟丙基甲基纤维素醚基团含量、凝胶温度和代号

基团含量		凝胶温度/℃	代号
甲氧基含量/%	羟丙氧基含量/%		
28.0～30.0	7.5～12.0	58.0～64.0	E
27.0～30.0	4.0～7.5	62.0～68.0	F
16.5～20.0	23.0～32.0	68.0～75.0	J
19.0～24.0	4.0～12.0	70.0～90.0	K

2. 标记

纤维素醚产品按产品名称代号、粘度值、基团含量及凝胶温度代号、标准号的顺序标记。

例1：粘度为10000mPa·s的甲基纤维素醚标记如下：

MC 10000 JC/T 2190—2013

例2：粘度为40000mPa·s、甲氧基含量为27.0%～30.0%、羟丙氧基含量为4.0%～7.5%、

凝胶温度为 62～68℃的羟丙基甲基纤维素醚标记如下：

HPMC40000 F JC/T 2190—2013

1.11.3 技术要求

1. 纤维素醚的技术要求应符合表 1-37 的规定。

表 1-37 纤维素醚的技术要求

项目		技术要求						
		MC	HPMC				HEMC	HEC
			E	F	J	K		
外观		白色或微黄色粉末，无明显颗粒、杂质						
细度/%	≤	8.0						
干燥失重率/%	≤	6.0						
硫酸盐灰分/%	≤	2.5						10.0
粘度ᵃ/mPa·s		标注粘度值（−10%，＋20%）						
pH 值		5.0～9.0						
透光率/%	≥	80						
凝胶温度/℃		50.0～55.0	58.0～64.0	62.0～68.0	68.0～75.0	70.0～90.0	≥75.0	—
a. 本教材规定的粘度值适用于粘度范围在 1000～100000 mPa·s 之间的纤维素醚。								

2. 纤维素醚改性干混砂浆的技术要求应符合表 1-38 的规定。

表 1-38 纤维素醚改性干混砂浆的技术要求

项 目		技术要求			
		MC	HPMC	HEMC	HEC
保水率/%	≥	90.0			
滑移值/mm	≤	0.5			
终凝时间差/min	≤	360			—
拉伸粘结强度比/%	≥	100			

1.11.4 检验规则

1. 组批与取样

（1）组批

同一型号产品以 10t 为一批，不足 10t 时亦按一批计。日产量小于 10t 时，以每日的产量为一批。

（2）取样

每一批为一个取样单位，按 GB/T 6679《固体化工产品采样通则》中规定的采样方法进行取样。使用取样器从包装袋上部插入 200～300mm 深，每袋等量取样，取样总量不少于 1000g。

（3）留样

每一批取得的试样应充分拌匀，分为两等份，分别保存在干燥、密封的容器中。一份试样按本教材规定的项目和方法进行检验；另一份留样，以备复检和仲裁。

2. 出厂检验

出厂检验项目为：外观、细度、干燥失重率、硫酸盐灰分、粘度和保水率。

3. 型式检验

型式检验项目包括表1-26和表1-27规定的全部技术要求。在下列情况下进行型式检验：

（1）新产品投产或老产品转厂生产的试制定型鉴定时；

（2）原材料、配方或工艺发生变化时；

（3）正常生产时，每年进行一次；

（4）产品停产三个月以上恢复生产时；

（5）出厂检验结果与上次型式检验结果有较大差异时。

4. 判定规则

（1）出厂检验

经检验，全部检验项目合格，则判定该批产品为合格品。若有指标不合格时，则判定该批产品为不合格品。

（2）型式检验

经检验，全部检验项目合格，则判定该产品为合格品。若有指标不合格时，应对同一批产品的不合格项目加倍取样进行复检，如该项指标仍不合格，则判定该产品为不合格品。

1.12 砂浆用可再分散乳胶粉

1.12.1 定义

可再分散乳胶粉是由聚合物乳液通过加入其他物质改性，经喷雾干燥而成，以水作为分散介质可再形成乳液，具有可再分散性的聚合物粉末。

1.12.2 分类、代号和标记

1. 常用的可再分散乳胶粉按聚合物种类进行分类，分类和代号如表1-39所示：

表1-39 可再分散乳胶粉的分类和代号

聚合物种类	代 号
醋酸乙烯酯均聚物	PVAc
丙烯酸酯类	AC
乙烯-醋酸乙烯酯共聚物	E/VAc
醋酸乙烯酯-叔碳酸乙烯共聚物	VAc/VeoVa
丙烯酸酯-苯乙烯共聚物	A/S
苯乙烯-丁二烯共聚物	SBR
乙烯-氯乙烯-月桂酸乙烯酯三元共聚物	E/VC/VL
醋酸乙烯酯-乙烯-叔碳酸乙烯酯共聚物	VAc/E/VeoVa
醋酸乙烯酯-丙烯酸酯-叔碳酸乙烯酯共聚物	VAc/A/VeoVa
醋酸乙烯酯-乙烯-丙烯酸酯共聚物	VAc/E/A
醋酸乙烯酯-乙烯-甲基丙烯酸甲酯共聚物	VAc/E/MMA

2. 标记

可再分散乳胶粉按产品名称、聚合物代号（产品序列号）和标准号的顺序标记。

示例：符合 JC/T 2189—2013，聚合物种类为乙烯-醋酸乙烯酯共聚物，产品序列号为××××的可再分散乳胶粉，标记如下：

可再分散乳胶粉 E/VAc（××××）JC/T 2189—2013

注：产品序列号由可再分散乳胶粉生产厂自行标明。

1.12.3　技术要求

1. 可再分散乳胶粉的技术要求应符合表 1-40 的规定。

表 1-40　可再分散乳胶粉的技术要求

项　目		指　标
外观		无色差、无杂质、无结块
堆积密度/（kg/m³）		标注值±50
不挥发物含量/%	≥	98.0
灰分/%		标注值±2
细度/%	≤	10.0
pH 值		5～9
最低成膜温度/℃		标注值±2

2. 可再分散乳胶粉改性干混砂浆的技术要求应符合表 1-41 的规定

表 1-41　可再分散乳胶粉的技术要求

项　目		指　标	
凝结时间差/min		初凝	−60～+210 ᵃ
		终凝	−60～+210 ᵃ
抗压强度比/%	≥	70	
拉伸粘结强度比（与混凝土板）/%	≥	原强度	140
		耐水	120
		耐冻融	120
拉伸粘结强度ᵇ（与模塑聚苯板）/MPa	≥	原强度	0.10，且聚苯板破坏
		耐水	0.10，且聚苯板破坏
		耐冻融	0.10，且聚苯板破坏
收缩率/%	≤	0.15	

a. "−"表示提前；"＋"表示延缓。

b. 用于配制模塑聚苯板专用砂浆时，检验此项目。

1.12.4　检验规则

1. 出厂检验

出厂检验项目为：外观、堆积密度、不挥发物含量、灰分、细度、pH 值和拉伸粘结强度比（与混凝土板）。

2. 型式检验

型式检验项目包括表 1-40 和表 1-41 规定的全部技术要求。在下列情况下进行型式检验：

（1）新产品投产或老产品转厂生产的试制定型鉴定时；

（2）原材料、配方或工艺发生变化时；

（3）正常生产时，每年进行一次；

（4）产品停产三个月以上恢复生产时；

（5）出厂检验结果与上次型式检验结果有较大差异时。

1.12.5　组批、取样

1. 组批

同一型号产品以 10t 为一批，不足 10t 时亦按一批计。日产量小于 10t 时，以每日的产量为一批。

2. 取样

每一批为一个取样单位，按 GB/T 6679《固体化工产品采样通则》中规定的采样方法进行取样。使用取样器从包装袋上部插入 200～300mm 深，每袋等量取样，取样总量不少于 1000g。

3. 留样

每一批号取得的试样应充分拌匀，分为两等份，分别保存在干燥、密封的容器中。一份试样按本教材规定的项目和方法进行检验；另一份留样，以备复检和仲裁。

1.12.6　判定规则

1. 出厂检验

经检验，全部检验项目合格，则判定该批产品为合格品。若有指标不合格时，则判定该批产品为不合格品。

2. 型式检验

经检验，全部检验项目合格，则判定该产品为合格品。若有指标不合格时，应对同一批产品的不合格项目加倍取样进行复检，如该项指标仍不合格，则判定该产品为不合格品。

1.13　砂浆减水剂

1.13.1　定义

高性能减水剂是比高效减水剂具有更高减水率、更好坍落度保持性能、较小干燥收缩，且具有一定引气性能的减水剂。

1.13.2　技术要求

1. 受检混凝土性能指标

掺减水剂混凝土的性能应符合表 1-42 的要求

表 1-42　受检混凝土性能指标

项　　目	减水剂品种							
	高性能减水剂 HPWR			高效减水剂 HWR		普通减水剂 WR		
	早强型 HPWR-A	标准型 HPWR-S	缓凝型 HPWR-R	标准型 HWR-S	缓凝型 HWR-R	早强型 WR-A	标准型 WR-S	缓凝型 WR-R
减水率/%，不小于	25	25	25	14	14	8	8	8
泌水率比/%，不大于	50	60	70	90	100	95	100	100

续表

项 目		减水剂品种							
		高性能减水剂 HPWR			高效减水剂 HWR		普通减水剂 WR		
		早强型 HPWR-A	标准型 HPWR-S	缓凝型 HPWR-R	标准型 HWR-S	缓凝型 HWR-R	早强型 WR-A	标准型 WR-S	缓凝型 WR-R
含气量/%		≤6.0	≤6.0	≤6.0	≤3.0	≤4.5	≤4.0	≤4.0	≤5.5
凝结时间之差/min	初凝	−90~	−90~	>+90	−90~	>+90	−90~	−90~	>+90
	终凝	+90	+120	—	+120	—	+90	+120	—
1h经时变化量	坍落度/mm	—	≤80	≤60	—	—	—	—	—
抗压强度比/%，不小于	1d	180	170	—	140	—	135	—	—
	3d	170	160	—	130	—	130	115	—
	7d	145	150	140	125	125	110	115	110
	28d	130	140	130	120	120	100	110	110
收缩率比/%，不大于	28d	110	110	110	135	135	135	135	135

注：1. 表中抗压强度比、收缩率比为强制性指标，其余为推荐性指标。
　　2. 表中所列数据为掺外加剂混凝土与基准混凝土的差值或比值。
　　3. 凝结时间之差性能指标中的"−"号表示提前，"+"号表示延缓。

2. 匀质性指标

匀质性指标应符合表 1-43 的要求

表 1-43　匀质性指标

项 目	指 标
氯离子含量/%	不超过生产厂控制值
总碱量/%	不超过生产厂控制值
含固量/%	$S>25\%$时，应控制在 $0.95S\sim1.05S$ $S\leq25\%$时，应控制在 $0.95S\sim1.10S$
含水率/%	$W>5\%$时，应控制在 $0.90W\sim1.10W$ $W\leq5\%$时，应控制在 $0.80W\sim1.20W$
密度/（g/cm³）	$D>1.1$时，应控制在 $D\pm0.03$ $D\leq1.1$时，应控制在 $D\pm0.02$
细度	应在生产厂控制范围内
pH 值	应在生产厂控制范围内
硫酸钠含量/%	不超过生产厂控制值

注：1. 生产厂应在相关的技术资料中明示产品匀质性指标的控制值；
　　2. 对相同和不同批次之间的匀质性和等效性的其他要求，可由供需双方商定；
　　3. 表中的 S、W 和 D 分别为含固量、含水率和密度的生产厂控制值。

1.13.3　检验规则

1. 取样及批号

（1）点样和混合样

点样是在一次生产产品时所取得的一个试样。混合样是三个或更多的点样等量均匀混合而取得的试样。

（2）批号

生产厂应根据产量和生产设备条件，将产品分批编号。掺量大于1%（含1%）同品种的减水剂每一批号为100t，掺量小于1%的减水剂每一批号为50t。不足100t或50t的也应按一个批量计，同一批号的产品必须混合均匀。

（3）取样数量

每一批号取样量不少于0.2t水泥所需用的减水剂量。

2. 试样及留样

每一批号取样应充分混匀，分为两等份，其中一份按表1-42和表1-43规定的项目进行试验，另一份密封保存半年，以备有疑问时，提交国家指定的检验机关进行复验或仲裁。

3. 检验分类

（1）出厂检验

每批号减水剂的出厂检验项目，根据其品种不同按表1-44规定的项目进行检验。

表 1-44　减水剂测定项目

测定项目	减水剂品种								备注
	高性能减水剂			高效减水剂 HWR		普通减水剂 WR			
	早强型 HPWR-A	标准型 HPWR-S	缓凝型 HPWP-R	标准型 HWR-S	缓凝型 HWR-R	早强型 WR-A	标准型 WR-S	缓凝型 WR-R	
含固量									液体外加剂必测
含水率									粉状外加剂必测
密度									液体外加剂必测
细度									粉状外加剂必测
pH 值	√	√	√	√	√	√	√	√	
氯离子含量	√	√	√	√	√	√	√	√	每 3 个月至少一次
硫酸钠含量				√	√	√			每 3 个月至少一次
总碱量	√	√	√	√	√	√	√	√	每年至少一次

（2）型式检验

型式检验项目包括表1-42和表1-43全部性能指标。有下列情况之一者，应进行型式检验：

① 新产品或老产品转厂生产的试制定型鉴定；

② 正式生产后，如材料、工艺有较大改变，可能影响产品性能时；

③ 正常生产时，一年至少进行一次检验；

④ 产品长期停产后，恢复生产时；

⑤ 出厂检验结果与上次型式检验结果有较大差异时；

⑥ 国家质量监督机构提出进行型式检验要求时。

4. 判定规则

（1）出厂检验判定

型式检验报告在有效期内，且出厂检验结果符合表1-43的要求，可判定为该批产品检验合格。

（2）型式检验判定

产品经检验，匀质性检验结果符合表1-43的要求；各种类型减水剂受检混凝土性能指标中，高性能减水剂减水率和坍落度的经时变化量，其他减水剂的减水率、缓凝型减水剂的凝结时间差、硬化混凝土的各项性能符合表 1-42 的要求，则判定该批号减水剂合格。如不符合上述要求时，则判该批号减水剂不合格。其余项目可作为参考指标。

  5. 复验

  复验以封存样进行。如使用单位要求现场取样，应事先在供货合同中规定，并在生产和使用单位人员在场的情况下于现场取混合样，复验按照型式检验项目检验。

1.14 砂浆防水剂

1.14.1 定义

  砂浆防水剂是能降低砂在静水压力下的透水性的外加剂。

1.14.2 技术要求

  1. 防水剂匀质性指标

  匀质性指标应符合表 1-45 的要求。

表 1-45   匀质性指标

实验项目	指标	
	液体	粉状
密度（g/cm³）	$D>1.1$ 时，要求为 $D\pm0.03$ $D\leqslant1.1$ 时，要求为 $D\pm0.02$ D 是生产厂提供的密度值	—
氯离子含量/%	应小于生产厂最大控制值	应小于生产厂最大控制值
总碱量/%	应小于生产厂最大控制值	应小于生产厂最大控制值
细度/%	—	0.315mm 筛筛余应小于 15%
含水率/%	—	$W\geqslant5\%$ 时，$0.90W\leqslant X<1.10W$； $W<5\%$ 时，$0.80W\leqslant X<1.20W$ W 是生产厂提供的含水率（质量%） X 是测试的含水率（质量%）
固体含量/%	$S\geqslant20\%$ 时，$0.95S\leqslant X<1.05S$； $S<20\%$ 时，$0.90S\leqslant X<1.10S$ S 是生产厂提供的固体含量（质量%）， X 是测试的固体含量（质量%）	—

注：生产厂应在产品说明书中明示产品匀质性指标的控制值。

  2. 受检砂浆的性能指标

  受检砂浆的性能应符合表 1-46 的要求。

表 1-46　受检砂浆的性能

试验项目		性能指标	
		一等品	合格品
安定性		合格	合格
凝结时间	初凝/min ≥	45	45
	终凝/h ≤	10	10
抗压强度比/%≥	7d	100	85
	28d	90	80
透水压力比/%　　　　≥		300	200
吸水量比（48h）/%　　≤		65	75
收缩率比（28d）/%　　≤		125	135

注：安全性和凝结时间为受检净浆的试验结果，其他项目数据均为受检砂浆与基准砂浆的比值。

1.14.3　检验规则

1. 检验分类

（1）检验分为出厂检验和型式检验两种。

（2）出厂检验项目包括表 1-45 规定的项目。

（3）型式检验项目包括表 1-45 和表 1-46 全部性能指标。有下列情况之一时，应进行型式检验：

① 新产品或老产品转厂生产的试制定型鉴定；

② 正式生产后，如材料、工艺有较大改变，可能影响产品性能时；

③ 正常生产时，一年至少进行一次检验；

④ 产品长期停产后，恢复生产时；

⑤ 出厂检验结果与上次型式检验有较大差异时；

⑥ 国家质量监督机构提出进行型式检验要求时。

2. 组批与抽样

（1）试样分点样和混合样。点样是在一次生产的产品中所得的试样，混合样是三个或更多点样等量均匀混合而取得的试样。

（2）生产厂应根据产量和生产设备条件，将产品分批编号。年产不小于 500t 的每 50t 为一批；年产 500t 以下的每 30t 为一批；不足 50t 或者 30t 的，也按照一个批量计。同一批号的产品必须混合均匀。

（3）每一批取样量不少于 0.2t 水泥所需用的外加剂量。

（4）每一批取样应充分混合均匀，分为两等份，其中一份按照表 1-39 规定的方法与项目进行试验。另一份密封保存半年，以备有疑问时，提交国家指定的检验机构进行复验或仲裁。

3. 判定规则

（1）出厂检验判定

型式检验报告在有效期内，且出厂检验结果符合表 1-45 的技术要求，可判定出厂检验合格。

（2）型式检验判定

砂浆防水剂各项性能指标符合表 1-45 和表 1-46 中硬化砂浆的技术要求，可判定为相应等级的产品。如不符合上述要求时，则判该批号防水剂不合格。

1.15　砂浆添加剂

1.15.1　抹灰砂浆添加剂

1. 定义

（1）抹灰砂浆

涂抹在建（构）筑物表面的砂浆。

（2）抹灰砂浆添加剂

用于改善抹灰砂浆的工作性、保水性、粘结性、抗开裂性等性能的材料。

2. 分类、标记

（1）分类

① 按照产品性能分类：分为标准型（S）和缓凝型（R）。

② 按照产品状态分类：分为固体和液体。

（2）标记

按产品分类和标准编号的顺序标记。

例1：标准型抹灰砂浆添加剂标记为：

抹灰砂浆添加剂 JC/T 2380—2016S

例2：缓凝型抹灰砂浆添加剂标记为：

抹灰砂浆添加剂 JC/T 2380—2016R

3. 技术要求

（1）添加剂匀质性指标

匀质性指标应符合表 1-47 的要求。

表 1-47　匀质性指标

试验项目	指　　标	
	固　　体	液　　体
外观质量	均匀无结块	均匀无沉淀
堆积密度/(kg/m³)	$D^a \pm 50$	—
密度/(kg/m³)	—	$D>1100$ 时，要求为 $X_D^b = D \pm 30$ $D \leqslant 1100$ 时，要求为 $X_D = D \pm 20$
含水率/%	$W^c \geqslant 5\%$ 时，$0.90W \leqslant X_W^d < 1.10W$； $W < 5\%$ 时，$0.80W \leqslant X_W < 1.20W$	—
固体含量/%	—	$C^e \geqslant 20\%$ 时，$0.95C \leqslant X_C^f < 1.05C$； $C < 20\%$ 时，$0.90C \leqslant X_C < 1.10C$
pH 值	7 ± 2	7 ± 2

a. D 是生产厂提供的密度值。

b. X_D 是测试的密度值。

c. W 是生产厂提供的含水率。

d. X_W 是测试的含水率。

e. C 是生产厂提供的固体含量。

f. X_C 是测试的固体含量(质量％)。

注：总碱量应小于生产厂最大控制值。

（2）受检砂浆的性能指标

受检砂浆的性能应符合表 1-48 的要求。

表 1-48　受检砂浆的性能

试验项目		性能指标	
		标准型（S）	缓凝型（R）
真空保水率/%		$\geqslant 50$	
凝结时间（T）/h		$4 \leqslant T < 12$	$12 \leqslant T \leqslant 48$
稠度损失率/%	2h	$\leqslant 15$	
	12h	—	$\leqslant 30$
抗压强度/MPa	7d	$\geqslant 20$	
	28d	$\geqslant 30$	
拉伸粘结强度/MPa	14d	$\geqslant 0.5$	
收缩率/%	28d	$\leqslant 0.08$	

4. 检验规则

（1）组批与取样

同一型号产品以 10t 为一批，不足 10t 时亦按一批计。日产量小于 10t 时，以每日的产量为一批。

① 取样

每一批为一个取样单位，每袋等量取样，取样总量不少于 1000g。

② 留样

每一批取得的试样应充分拌匀，分为两等份。一份试样按本教材规定的项目和方法进行检验；另一份留样，以备复检和仲裁。

（2）出厂检验

出厂检验项目为包括表 1-47 和表 1-48 规定的项目。

（3）型式检验

型式检验项目包括表 1-47 和表 1-48 规定的全部技术要求。在下列情况下进行型式检验：

① 新产品投产或老产品转厂生产的试制定型鉴定时；

② 原材料、配方或工艺发生变化时；

③ 正常生产时，每年进行一次；

④ 产品停产三个月以上恢复生产时；

⑤ 出厂检验结果与上次型式检验结果有较大差异时。

（4）判定规则

① 出厂检验

经检验，全部检验项目合格，则判定该批产品为合格品。若有指标不合格时，则判定该批产品为不合格品。

② 型式检验

经检验，全部检验项目合格，则判定该产品为合格品。若有指标不合格时，应对同一批产品的不合格项目加倍取样进行复检，如该项指标仍不合格，则判定该产品为不合格品。

1.15.2 砌筑砂浆增塑剂

1. 定义

（1）砌筑砂浆增塑剂（以下简称增塑剂）

砌筑砂浆拌制过程中掺入的用以改善砂浆和易性的非石灰类外加剂。

（2）掺增塑剂水泥砂浆

用水泥、增塑剂、砂和水拌制而成的砌筑砂浆。其砌体性能类同于水泥石灰混合砂浆。

2. 技术要求

（1）匀质性指标

增塑剂的匀质性指标应符合表 1-49 的要求。

表 1-49　增塑剂的匀质性指标

序号	试验项目	性能指标
1	固体含量	对液体增塑剂，不应小于生产厂最低控制值
2	含水量	对固体增塑剂，不应大于生产厂最低控制值
3	密度	对液体增塑剂，应在生产厂所控制值的 $\pm 0.02\text{g/cm}^3$ 以内
4	细度	0.315mm 筛的筛余量应不大于 15%

（2）氯离子含量

增塑剂中氯离子含量不应超过 0.1%。无钢筋配置的砌体使用的增塑剂，不需检验氯离子含量。

（3）受检砂浆性能指标

受检砂浆性能指标应符合表 1-50 的要求。

表 1-50　受检砂浆性能指标

序号	试验项目		单位	性能指标
1	分度层		mm	10～30
2	含气量	标准搅拌	%	≤20
		1h 静置		≥（标准搅拌时的含气量－4）
3	凝结时间差		min	＋60～－60
4	抗压强度比	7d	%	≥75
		28d		
5	抗冻性（25 次冻融循环）	抗压强度损失率	%	≤25
		质量损失率		≤5

注：有抗冻性要求的寒冷地区应进行抗冻性试验；无抗冻性要求的地区可不进行抗冻性试验。

（4）受检砂浆砌体强度指标

受检砂浆砌体强度应符合表 1-51 的要求。

表 1-51　受检砂浆砌体强度

序号	试验项目	性能指标
1	砌体抗压强度比	≥95%
2	砌体抗剪强度比	≥95%

注：1. 试验报告中应说明试验结果仅适用于所试验的块体材料砌成的砌体。当增塑剂用于其他块体材料砌成的砌体时应另行检测，检测结果应满足本表的要求。块体材料的种类按烧结普通砖、烧结多孔砖、蒸压灰砂砖、蒸压粉煤灰砖，混凝土砌块，毛料石和毛石分为四类。

　　2. 用于砌筑非承重墙的增塑剂可不作砌体强度性能的要求。

3. 检验规则

（1）取样及编号

① 试样分点样和混合样。点样是在一次生产的产品中所取试样，混合样是三个或更多的点样等量均匀混合而取得的试样。

② 生产厂应根据产量和生产设备条件，将产品分批编号。掺量大于 5% 的增塑剂，每 200t 为一批号；掺量小于 5% 并大于 1% 的增塑剂，每 100t 为一批号；掺量小于 1% 并大于 0.05% 的增塑剂，每 50t 为一批号；掺量小于 0.05% 的增塑剂，每 10t 为一批号。不足一个批号的应按一个批号计。同一编号的产品必须混合均匀。

③ 每一编号取样量不少于试验所需数量的 2.5 倍。

④ 取样地点可在生产厂或使用现场。必要时，取样应由供需双方及供需双方同意的其他方面的代表参加。

（2）试样及留样

每一编号取得的试样应充分混匀，分为两等份，一份按本节规定的项目进行试验。另一份应密封保存 6 个月，以备有疑问时提交国家指定的检验机关进行复验或仲裁。

（3）检验分类

① 出厂检验：每编号增塑剂应按表 1-50 中的分层度和含气量项目进行检验。

② 型式检验：型式检验项目包括本节的全部性能指标。有下列情况之一者，应进行型式检验。

a. 新产品或老产品转厂生产的试制定型鉴定；

b. 正式生产后，如材料、工艺有较大改变，可能影响产品性能时；

c. 正常生产时，一年至少进行一次检验；

d. 产品长期停产后，恢复生产时；

e. 出厂检验结果与上次型式检验有较大差异时；

f. 国家质量监督机构提出进行型式试验要求时。

（4）判定规则

产品经检验，符合规定检验项目指标的，则判定为合格品。若有不合格项，允许加倍重做一次。第二次复检合格的，则判定该产品为合格品；第二次复检仍不合格的，则判定该产品为不合格品。

（5）复验

复验应采用封存样。如使用单位要求现场取样，应事先在供货合同中规定，并在生产和使用单位人员及第三方人员在场的情况下于现场取混合样。复验应按照型式检验项目进行检验。

第二章 预拌砂浆产品

2.1 预拌普通砂浆

2.1.1 定义

1. 预拌砂浆

专业生产厂生产的湿拌砂浆或干混砂浆。

2. 湿拌砂浆

水泥、细集料、矿物掺合料、外加剂、添加剂和水，按一定比例，在搅拌站经计量、拌制后，运至使用地点，并在规定时间内使用的拌合物。

3. 干混砂浆

水泥、干燥集料或粉料、添加剂以及根据性能确定的其他组分，按一定比例，在专业生产厂经计量、混合而成的混合物，在使用地点按规定比例加水或配套组分拌和使用。

4. 砌筑砂浆

将砖、石、砌块等块材砌筑成为砌体的预拌砂浆。

5. 普通砌筑砂浆

灰缝厚度大于 5mm 的砌筑砂浆。

6. 薄层砌筑砂浆

灰缝厚度不大于 5mm 的砌筑砂浆。

7. 抹灰砂浆

涂抹在建（构）筑物表面的预拌砂浆。

8. 普通抹灰砂浆

砂浆层厚度大于 5mm 的抹灰砂浆。

9. 薄层抹灰砂浆

砂浆层厚度不大于 5mm 的抹灰砂浆。

10. 地面砂浆

用于建筑地面及屋面找平层的预拌砂浆。

11. 防水砂浆

用于有抗渗要求部位的预拌砂浆。

12. 添加剂

改善砂浆性能的材料。

13. 保水增稠材料

改善砂浆可操作性及保水性能的添加剂。

14. 填料

起填充作用的矿物材料。

2.1.2 分类、标记

1. 分类

（1）湿拌砂浆分类

① 按用途分为湿拌砌筑砂浆、湿拌抹灰砂浆、湿拌地面砂浆和湿拌防水砂浆，并采用表 2-1 的代号。

表 2-1 湿拌砂浆代号

品 种	湿拌砌筑砂浆	湿拌抹灰砂浆	湿拌地面砂浆	湿拌防水砂浆
代号	WM	WP	WS	WW

② 按强度等级、抗渗等级、稠度和凝结时间的分类应符合表 2-2 的规定。

表 2-2 湿拌砂浆分类

项目	湿拌砌筑砂浆	湿拌抹灰砂浆	湿拌地面砂浆	湿拌防水砂浆
强度等级	M5、M7.5、M10、M15、M20、M25、M30	M5、M10、M15、M20	M15、M20、M25	M10、M15、M20
抗渗等级	—	—	—	P6、P8、P10
稠度/mm	50、70、90	70、90、110	50	50、70、90
凝结时间/h	≥8、≥12、≥24	≥8、≥12、≥24	≥4、≥8	≥8、≥12、≥24

（2）干混砂浆分类

① 按用途分为：干混砌筑砂浆、干混抹灰砂浆、干混地面砂浆、干混普通防水砂浆、干混陶瓷砖粘结砂浆、干混界面砂浆、干混保温板粘结砂浆、干混保温板抹面砂浆、干混聚合物水泥防水砂浆、干混自流平砂浆、干混耐磨地坪砂浆和干混饰面砂浆，并采用表 2-3 的代号。

表 2-3 干混砂浆代号

品种	干混砌筑砂浆	干混抹灰砂浆	干混地面砂浆	干混普通防水砂浆	干混陶瓷砖粘结砂浆	干混界面砂浆
代号	DM	DP	DS	DW	DTA	DIT
品种	干混保温板粘结砂浆	干混保温板抹面砂浆	干混聚合物水泥防水砂浆	干混自流平砂浆	干混耐磨地坪砂浆	干混饰面砂浆
代号	DEA	DBI	DWS	DSL	DFH	DDR

② 干混砌筑砂浆、干混抹灰砂浆、干混地面砂浆和干混普通防水砂浆按强度等级、抗渗等级的分类应符合表 2-4 的规定。

表 2-4 干混砂浆分类

项目	干混砌筑砂浆		干混抹灰砂浆		干混地面砂浆	干混普通防水砂浆
	普通砌筑砂浆	薄层砌筑砂浆	普通抹灰砂浆	薄层抹灰砂浆		
强度等级	M5、M7.5、M10、M15、M20、M25、M30	M5、M10	M5、M10、M15、M20	M5、M10	M15、M20、M25	M10、M15、M20
抗渗等级	—	—	—	—	—	P6、P8、P10

2. 标记

(1) 湿拌砂浆

① 标记

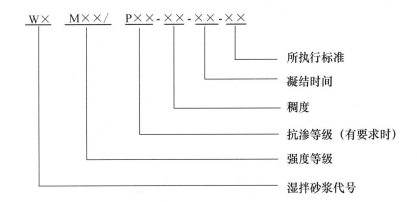

② 标记示例

示例1：湿拌砌筑砂浆的强度等级为 M10，稠度为 70mm，凝结时间为 12h，其标记为：

WM．M10-70-12-GB/T 25181—2010。

示例2：湿拌防水砂浆的强度等级为 M15，抗渗等级为 P8，稠度为 70mm，凝结时间为 12h，其标记为：

WW　M15/P8－70－12－GB/T25181—2010。

(2) 干混砂浆

① 标记

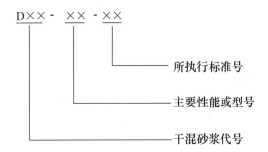

② 标记示例

示例1：干混砌筑砂浆的强度等级为 M10，其标记为：

DM　M10-GB/T 25181—2010。

示例2：用于混凝土界面处理的干混界面砂浆的标记为：

DI　T-C-GB/T 25181—2010。

2.1.3 技术要求

1. 湿拌砂浆

(1) 湿拌砌筑砂浆的砌体力学性能应符合 GB 50003—2011《砌体结构设计规范》的规定，湿拌砌筑砂浆拌合物的表观密度不应小于 1800kg/m³。

(2) 湿拌砂浆性能应符合表 2-5 的规定。

表 2-5 湿拌砂浆性能指标

项目		湿拌砌筑砂浆	湿拌抹灰砂浆	湿拌地面砂浆	湿拌防水砂浆
保水率/%		≥88	≥88	≥88	≥88
14d 拉伸粘结强度/MPa		—	M5：≥0.15 >M5：≥0.20	—	≥0.20
28d 收缩率/%		—	≤0.20	—	≤0.15
抗冻性[a]	强度损失率/%	≤25			
	质量损失率/%	≤5			

a. 有抗冻性要求时，应进行抗冻性试验。

（3）湿拌砂浆抗压强度应符合表 2-6 的规定。

表 2-6 预拌砂浆抗压强度　　　　　　　　　　　　　　　　　MPa

强度等级	M5	M7.5	M10	M15	M20	M25	M30
28d 抗压强度	≥5.0	≥7.5	≥10.0	≥15.0	≥20.0	≥25.0	≥30.0

（4）湿拌防水砂浆抗渗压力应符合表 2-7 的规定。

表 2-7 预拌砂浆抗渗压力　　　　　　　　　　　　　　　　　MPa

抗渗等级	P6	P8	P10
28d 抗渗压力	≥0.6	≥0.8	≥1.0

（5）湿拌砂浆稠度实测值与合同规定的稠度值之差应符合表 2-8 的规定。

表 2-8 湿拌砂浆稠度允许偏差　　　　　　　　　　　　　　　mm

规定稠度	允许偏差
50、70、90	±10
110	−10～+5

2. 干混砂浆

干混砂浆的外观：

（1）粉状产品应均匀、无结块。

（2）双组分产品液料组分经搅拌后应呈均匀状态、无沉淀；粉料组分应均匀、无结块。

（3）干混砌筑砂浆的砌体力学性能应符合 GB 50003—2011《砌体结构设计规范》的规定，干混普通砌筑砂浆拌合物的表观密度不应小于 1800kg/m³。

（4）干混砌筑砂浆、干混抹灰砂浆、干混地面砂浆、干混普通防水砂浆的性能应符合表 2-9 的规定。

表 2-9 干混砂浆性能指标

项 目	干混砌筑砂浆		干混抹灰砂浆		干混 地面砂浆	干混普通 防水砂浆
	普通 砌筑砂浆	薄层 砌筑砂浆[a]	普通 抹灰砂浆	薄层 抹灰砂浆[a]		
保水率/%	≥88	≥99	≥88	≥99	≥88	≥88
凝结时间/h	3～9	—	3～9	—	3～9	3～9
2h 稠度损失率/%	≤30	—	≤30	—	≤30	≤30

项 目		干混砌筑砂浆		干混抹灰砂浆		干混地面砂浆	干混普通防水砂浆
		普通砌筑砂浆	薄层砌筑砂浆ᵃ	普通抹灰砂浆	薄层抹灰砂浆ᵃ		
14d 拉伸粘结强度/MPa		—	—	M5：≥0.15	≥0.30	—	≥0.20
28d 收缩率/%		—	—	≤0.20	≤0.20	—	≤0.15
抗冻性ᵇ	强度损失率/%	≤25					
	质量损失率/%	≤5					

a. 干混薄层砌筑砂浆宜用于灰缝厚度不大于 5mm 的砌筑；干混薄层抹灰砂浆宜用于砂浆层厚度不大于 5mm 的抹灰。

b. 有抗冻性要求时，应进行抗冻性试验。

干混砌筑砂浆、干混抹灰砂浆、干混地面砂浆、干混普通防水砂浆的抗压强度应符合表 2-6 的规定；干混普通防水砂浆的渗压力应符合表 2-7 的规定。

3. 检验规则

（1）预拌砂浆产品检验分型式检验、出厂检验和交货检验。

（2）在下列情况下应进行型式检验：

① 新产品投产或产品定型鉴定时；

② 正常生产时，每一年至少进行一次；

③ 主要材料、配合比或生产工艺有较大改变时；

④ 出厂检验结果与上次型式检验结果有较大差异时；

⑤ 停产六个月以上恢复生产时；

⑥ 国家质量监督检验机构提出型式检验要求时。

（3）预拌砂浆出厂前应进行出厂检验。出厂检验的取样试验工作应由供方承担。

（4）交货检验应按下列规定进行：

① 供需双方应在合同规定的交货地点对湿拌砂浆质量进行检验。湿拌砂浆交货检验的取样试验工作应由需方承担。当需方不具备试验条件时，供需双方可协商确定承担单位，其中包括委托供需双方认可的有检验资质的检验单位，并应在合同中予以明确。

② 干混砂浆交货时的质量验收可抽取实物试样，以其检验结果为依据，或以同批号干混砂浆的检验报告为依据。采取的验收方法由供需双方商定并应符合国家相关标准的要求，同时在合同中注明。

（5）当判定预拌砂浆质量是否符合要求时，交货检验项目以交货检验结果为依据；其他检验项目按合同规定执行。

（6）交货检验的结果应在实验结束后 7d 内通知供方。

2.2 聚合物防水砂浆

2.2.1 定义

以水泥、细集料为主要组分，以聚合物乳液或可再分散乳胶粉为改性剂，添加适量助剂混合制成的防水砂浆。

2.2.2 分类、标记

1. 分类

（1）产品按组分分为单组分（S类）和双组分（D类）两类。

单组分（S类）：由水泥、细集料和可再分散乳胶粉、添加剂等组成。

双组分（D类）：由粉料（水泥、细集料等）和液料（聚合物乳液、添加剂等）组成。

（2）产品按物理力学性能分为Ⅰ型和Ⅱ型两种。

2. 标记

（1）产品按下列顺序标记：名称、类别、标准号。

（2）示例：符合 JC/T 984—2011，单组分，Ⅰ型聚合物水泥防水砂浆标记为：

JF 防水砂浆 S Ⅰ JC/T 984—2011

2.2.3 技术要求

1. 外观

液体经搅拌后均匀无沉淀；粉料为均匀、无结块的粉末。

2. 物理力学性能

聚合物水泥防水砂浆的物理力学性能应符合表 2-10 的要求。

表 2-10 聚合物水泥防水砂浆的物理力学性能

序号	项 目				技术要求	
					Ⅰ 型	Ⅱ 型
1	凝结时间[a]	初凝/min		≥	45	
		终凝//h		≤	24	
2	抗渗压力[b]/MPa	涂层试件	≥	7d	0.4	0.5
		砂浆试件	≥	7d	0.8	1.0
				28d	1.5	1.5
3	抗压强度/MPa			≥	18.0	24.0
4	抗折强度/MPa			≥	6.0	8.0
5	柔韧性（横向变形能力）/mm			≥	1.0	
6	粘结强度/MPa		≥	7d	0.8	1.0
				28d	1.0	1.2
7	耐碱性				无开裂、剥落	
8	耐热性				无开裂、剥落	
9	抗冻性				无开裂、剥落	
10	收缩率/%			≤	0.30	0.15
11	吸收率/%			≤	6.0	4.0

a. 凝结时间可根据用户需要及季节变化进行调整。

b. 当产品使用的厚度不大于 5mm 时测定涂层试件抗渗压力；当产品使用的厚度大于 5mm 时测定砂浆试件抗渗压力。亦可根据产品用途，选择测定涂层或砂浆试件的抗渗压力。

2.2.4　检验规则

1. 检验分类

产品检验分出厂检验和型式检验。

2. 出厂检验

外观、凝结时间、抗渗压力（7d）、柔韧性、粘结强度（7d）。

3. 型式检验

（1）包括表 2-10 中规定的全部项目。

（2）在下列情况下，应进行型式检验：

① 新产品的试制定型鉴定；

② 正常生产时，每年检验一次；

③ 配方、生产工艺或原材料有较大改变；

④ 出厂检验与上次型式检验有较大差异。

2.2.5　组批与抽样

1. 组批

对同一类别产品，每 50t 为一批，不足 50t 也按一批计。

2. 抽样

在每批产品或生产线中不少于六个（组）取样点随机抽取。样品总质量不少于 20kg。样品分为两份，一份试验，一份备用。试验前应将所取样品充分混合均匀，先进行外观检验，外观合格后再按表 2-10 进行物理力学性能试验。

2.3　保温砂浆

2.3.1　定义

建筑保温砂浆以膨胀珍珠岩或膨胀蛭石、胶凝材料为主要成分，掺加其他功能组分制成的用于建筑物墙体绝热的干拌混合物。使用时需加适当面层。

2.3.2　分类、标记

1. 分类

产品按其干密度分为Ⅰ型和Ⅱ型。

2. 产品标记

（1）产品标记的组成

产品标记由三部分组成：型号、产品名称、本标准号。

（2）标记示例

示例 1：Ⅰ型建筑保温砂浆的标记为：

　　　　Ⅰ建筑保温砂浆 GB/T 20473—2006

示例 2：Ⅱ型建筑保温砂浆的标记为：

　　　　Ⅱ建筑保温砂浆 GB/T 20473—2006

2.3.3　技术要求

1. 外观质量

外观应为均匀、干燥无结块的颗粒状混合物。

2. 堆积密度

Ⅰ型应不大于 250kg/m³，Ⅱ型应不大于 350kg/m³。

3. 石棉含量

应不含石棉纤维。

4. 放射性

天然放射性核素镭-266、钍-232、钾-40 的放射性比活度应同时满足 $I_{RA} \leqslant 1.0$ 和 $I_Y \leqslant 1.0$。

5. 分层度

加水后拌合物的分层度应不大于 20mm。

6. 硬化后的物理力学性能

硬化后的物理力学性能应符合表 2-11 的要求。

表 2-11　硬化后的物理力学性能

项　目	技术要求	
	Ⅰ型	Ⅱ型
干密度/（kg/m³）	240~300	301~400
抗压强度/MPa	≥0.20	≥0.40
导热系数（平均温度 25℃）/[W/（m·K）]	≤0.070	≤0.085
线收缩率/%	≤0.30	≤0.30
压剪粘接强度/kPa	≥50	≥50
燃烧性能级别	应符合 GB 8624 规定的 A 级要求	应符合 GB 8624 规定的 A 级要求

7. 抗冻性

当用户有抗冻性要求时，15 次冻融循环后质量损失率应不大于 5%，抗压强度损失率应不大于 25%。

8. 软化系数

当用户有耐水性要求时，软化系数应不小于 0.50。

2.3.4　检验规则

1. 检验分类

建筑保温砂浆的检验分出厂检验和型式检验。

2. 出厂检验

产品出厂时，必须进行出厂检验。出厂检验项目为外观质量、堆积密度、分层数。

3. 型式检验

有下列情况之一时，应进行型式检验。型式检验项目包括本节 2.2.3 中 1~6 全部项目。

(1)新产品投产或产品定型鉴定时；

(2)正式生产后，原材料、工艺有较大的改变，可能影响产品性能时；

(3)正常生产时，每年至少进行一次，压剪粘接强度每半年至少进行一次，燃烧性能级别每两年至少进行一次；

(4)出厂检验结果与上次型式检验有较大差异时；

(5)产品停产 6 个月后恢复生产时；

(6)国家质量监督机构提出进行型式检验要求时。

2.3.5 组批与抽样

1. 组批

与相同原料、相同生产工艺、同一类型、稳定连续生产的产品 300m³ 为一个检验批。稳定连续生产三天产量不足 300m³ 亦为一个检验批。

2. 抽样

抽样应有代表性，可连续抽样，也可以 20 个以上不同堆放部位的包装袋中取等量产品并混合，总量不少于 40L。

2.4 保温系统砂浆

2.4.1 定义

1. 模塑聚苯板薄抹灰外墙外保温系统

置于建筑物外墙外侧，与基层墙体采用粘结方式固定的保温系统。系统由模塑聚苯板、胶粘剂、厚度为 3～6mm 的抹面胶浆、玻璃纤维网布及饰面材料等组成，系统还包括必要时采用的锚栓、护角、托架等配件以及防火构造措施。

2. 基层墙体

建筑物中起承重或围护作用的外墙墙体，可以是混凝土墙体或各种砌体墙体。

3. 模塑聚苯板

绝热用阻燃型模塑聚苯乙烯泡沫塑料制作的保温板材。

4. 胶粘剂

由水泥基胶凝材料、高分子聚合物材料以及填料和添加剂等组成，专用于将模塑聚苯板（以下简称模塑板）粘贴在基层墙体上的粘结材料。

5. 抹面层

采用抹面胶浆复合玻纤网薄抹在模塑板外表面，保护模塑板并起防裂、防火、防水和抗冲击等作用的薄抹灰构造层。

6. 抹面胶浆

由水泥基胶凝材料、高分子聚合物材料以及填料和添加剂等组成，具有一定变形能力和良好粘结性能的抹面材料。

7. 玻纤网

表面经高分子材料涂覆处理的、具有耐碱功能的玻璃纤维网布，作为增强材料内置于抹面胶浆中，用以提高抹面层的抗裂性。

8. 饰面层

模塑聚苯板薄抹灰外墙外保温系统（以下简称模塑板外保温系统）的外装饰构造层，对模塑板外保温系统起装饰和保护作用。当采用涂装材料做饰面层时，涂装材料包括建筑涂料、饰面砂浆、柔性面砖等。

9. 防护层

由抹面层和饰面层共同组成的对模塑板起保护作用的面层，用以保证模塑板外保温系统的机械强度和耐久性。

10. 锚栓

由膨胀件和膨胀套管组成，或仅由膨胀套管构成，依靠膨胀产生的摩擦力或机械锁定作用连接保温系统与基层墙体的机械固定件。

11. 配件

与模塑板外保温系统配套使用的附件，如密封膏、密封条、包角条、包边条、盖口条、护角、托架等。

2.4.2 胶粘剂

胶粘剂的产品形式主要有两种：一种是在工厂生产的液状胶粘剂，在施工现场按使用说明加入一定比例的水泥或由厂商提供的干粉料，搅拌均匀即可使用。另一种是在工厂里预混合好的干粉状胶粘剂，在施工现场只需按使用说明与一定比例的拌和用水混合，搅拌均匀即可使用。

胶粘剂的性能应符合表 2-12 的要求。

表 2-12　胶粘剂性能指标

项　目			性能指标
拉伸粘结强度/MPa（与水泥砂浆）		原强度	≥0.6
	耐水强度	浸水 48h，干燥 2h	≥0.3
		浸水 48h，干燥 7d	≥0.6
拉伸粘结强度/MPa（与模塑板）		原强度	≥0.10，破坏发生在模塑板中
	耐水强度	浸水 48h，干燥 2h	≥0.06
		浸水 48h，干燥 7d	≥0.10
可操作时间/h			1.5～4.0

2.4.3　模塑板

模塑板的性能、允许偏差应分别符合表 2-13、表 2-14 的要求。

表 2-13　模塑板性能指标

项　目	性能指标	
	039 级	033 级
导热系数/[W/(m·K)]	≤0.039	≤0.033
表观密度/(kg/m³)	18～22	
垂直于板面方向的抗拉强度/MPa	≥0.10	
尺寸稳定性/%	≤0.3	
弯曲变形/mm	≥20	
水蒸气渗透系数/[ng/(Pa·m·s)]	≤4.5	
吸水率，V/V/%	≤3	
燃烧性能等级	不低于 B₂ 级	B₁ 级

表 2-14　模塑板允许偏差　　　　　　　　　　mm

项　目	允许偏差
厚度	±1.5 / 0.0
长度	±2
宽度	±1
对角线差	3
板边平直度	2
板面平直度	1

注：本表的允许偏差以 1200 长×600 宽的模塑板为基准。

2.4.4　抹面胶浆

抹面胶浆的性能应符合表 2-15 的要求，水泥基抹面胶浆的产品形式同胶粘剂，非水泥基抹面胶浆的产品形式主要为膏状。

表 2-15　抹面胶浆性能指标

项　目			性能指标
拉伸粘结强度/MPa（与模塑板）	原强度		≥0.10，破坏发生在模塑板中
	耐水强度	浸水 48h，干燥 2h	≥0.06
		浸水 48h，干燥 7d	≥0.10
	耐冻融强度		≥0.10
柔韧性	压折比（水泥基）		≤3.0
	开裂应变（非水泥基）/%		≥1.5
抗冲击性			3J 级
吸水量/（g/m²）			≤500
不透水性			试样抹面层内侧无水渗透
可操作时间（水泥基）/h			1.5～4.0

2.4.5　玻纤网

玻纤网的主要性能应符合表 2-16 的要求。

表 2-16　玻纤网主要性能指标

项　目	性能指标
单位面积质量/（g/m²）	≥130
耐碱断裂强力（经向，纬向）/（N/50mm）	≥750
耐碱断裂强力保留率（经向，纬向）/%	≥50
断裂伸长率（经向、纬向）/%	≤5.0

2.4.6　检验规则

1. 检验项目

产品检验分出厂检验和型式检验。

2. 出厂检验

正常生产时，出厂检验应每批进行一次。出厂检验项目见下列规定：

（1）胶粘剂：拉伸粘结强度原强度、可操作时间；

（2）模塑板：允许偏差、表观密度、垂直于板面方向的抗拉强度；

（3）抹面胶浆：拉伸粘结强度原强度、可操作时间；

（4）玻纤网：单位面积质量、耐碱断裂强力。

3. 型式检验

模塑板外保温系统及其组成材料的型式检验项目为 2.4.2～2.4.5 规定的全部项目。

有下列情况之一时，应进行型式检验：

（1）正常生产时，模塑板外保温系统应每两年进行一次型式检验，模塑板外保温系统组成材料应每年进行一次型式检验；

（2）新产品定型鉴定时；

（3）当产品主要原材料及用量或生产工艺有重大变更时；

（4）停产一年以上恢复生产时。

2.4.7 组批与抽样

1. 组批

系统组成材料检验批如下：

（1）模塑板：同一材料、同一工艺、同一规格每 500m³ 为一批，不足 500m³ 时也为一批；

（2）胶粘剂：同一材料、同一工艺、同一规格每 100t 为一批，不足 100t 时也为一批；

（3）抹面胶浆：同一材料、同一工艺、同一规格每 100t 为一批，不足 100t 时也为一批；

（4）玻纤网：同一材料、同一工艺、同一规格每 20000m² 为一批，不足 20000m² 时也为一批。

2. 抽样

在检验批中随机抽取，抽样数量应满足检验项目所需样品数量。

2.4.8 产品合格证和使用说明书

1. 产品合格证

系统及组成材料应有产品合格证，产品合格证应于产品交付时提供。产品合格证应包括下列内容：

（1）产品名称、标准编号、商标；

（2）生产企业名称、地址；

（3）产品规格、类型；

（4）模塑板的导热系数级别及燃烧性能等级；

（5）生产日期、质量保证期；

（6）检验部门印章、检验人员代号。

2. 使用说明书

使用说明书是交付产品的组成部分，生产厂家可根据产品特点编制施工技术规程，若施工技术规程能满足用户对使用说明书的需要时，可用其代替使用说明书。

使用说明书应包括下列主要内容：

（1）产品用途及使用范围；

（2）产品特点及选用方法；

（3）产品结构及组成材料；

（4）使用环境条件；

（5）使用方法；

（6）材料贮存方式；

（7）成品保护措施；

（8）验收标准；

（9）安全及其他注意事项；

（10）出厂日期。

2.5 陶瓷墙地砖胶粘剂

2.5.1 定义

1. 基面

陶瓷砖粘贴的固定表面。

2. 陶瓷砖

由粘土或其他无机非金属原料制造的用于覆盖墙面或地面的薄板制品，陶瓷砖是在室温下通过挤压或干压或其他方法成型，干燥后，在满足性能要求的温度下烧制而成。砖是有釉（GL）或无釉（UGL）的，而且是不可燃、不怕光的。

3. 水泥基胶粘剂（C）

由水硬性胶凝材料、集料、添加剂等组成的粉状混合物，使用时需与水或其他液体混合物拌和。

4. 膏状乳液基胶粘剂（D）

由水性聚合物乳液、添加剂和矿物填料等组成的有机粘合剂，拌合后可直接使用。

5. 反应型树脂胶粘剂（R）

由合成树脂、矿物填料和添加剂组成的单组分或多组分混合物，通过化学反应固化的胶粘剂，拌和均匀后使用。

6. 齿状抹刀

可使胶粘剂以均匀厚度的梳条状涂抹在基面和陶瓷砖背面的齿状工具。

7. 单面抹胶

仅在基面涂抹，由齿状抹刀梳理得到的均匀厚度的胶粘剂层。

8. 双面抹胶

在基面和陶瓷砖背面涂抹，由齿状抹刀梳理得到的均匀厚度的胶粘剂层。

9. 贮存期

在规定贮存条件下，胶粘剂使用性质不发生改变的贮存时间。

10. 熟化时间

水泥基胶粘剂从加水拌和到可以使用的时间。

11. 可使用时间

胶粘剂搅拌后可使用的时间。

12. 晾置时间

在基面涂胶后至粘贴的陶瓷砖可达到规定的拉伸粘结强度的最大时间间隔。

13. 滑移

陶瓷砖在梳理好的胶粘剂层垂直面上的向下滑动。

14. 调整时间

调整陶瓷砖在胶粘剂层的位置而没有明显的粘结强度损失的规定时间。

15. 粘结强度

由剪切或拉伸试验测定的单位面积上的最大作用力。

16. 可变形能力

硬化后的胶粘剂可承受由陶瓷砖和基面间的应力引起的变形而不破坏其表面的能力。

17. 横向变形

承受三点载荷的条状硬化胶粘剂出现破损时对中心的最大位移。

18. 基本性能

胶粘剂必须具有的性能。

19. 附加性能

在特定的使用环境下胶粘剂所需的增强性能。

20. 特殊性能

除基本性能外，胶粘剂可提供的其他性能。

2.5.2 分类、代号和标记

1. 分类、代号

（1）陶瓷砖胶粘剂分为三种类型，用英文字母表示：

——水泥基胶粘剂（C）；

——膏状乳液基胶粘剂（D）；

——反应型树脂胶粘剂（R）。

（2）陶瓷砖胶粘剂根据不同性能有不同的分类，这些分类的代号采用下列的数字、字母表示：

——普通型胶粘剂（1）；

——增强型胶粘剂（2）；

——快凝型胶粘剂（F）；

——加速干燥胶粘剂（A）；

——抗滑移型胶粘剂（T）；

——加长晾置时间胶粘剂（E）；

——特殊变形性能的水泥基胶粘剂（S，其中S1：柔性；S2：高柔性）；

——外墙基材为胶合板时的胶粘剂（P）。

（3）陶瓷砖胶粘剂根据基本性能、附加性能和特殊性能可以组合成不同类型的产品。产品代号由三部分组成，第一部分用字母表示产品的类型；第二部分用数字表示产品的性能；第三部分用字母表示不同的特殊性能；其中第3部分允许空缺，表示没有特殊性能。表2-17给出了目前比较常用的胶粘剂的分类和代号。

表 2-17　胶粘剂的分类与代号

代号			胶粘剂的类型
类型	性能	特殊性能	
C	1		普通型水泥基胶粘剂
C	1	F	快凝型水泥基胶粘剂

代号			胶粘剂的类型
类型	性能	特殊性能	
C	1	T	抗滑移普通型水泥基胶粘剂
C	1	FT	快凝抗滑移水泥基胶粘剂
C	2		增强型水泥基胶粘剂
C	2	E	加长晾置时间增强型水泥基胶粘剂
C	2	F	快凝增强型水泥基胶粘剂
C	2	T	抗滑移增强型水泥基胶粘剂
C	2	TE	抗滑移加长晾置时间增强型水泥基胶粘剂
C	2	FT	快凝抗滑移增强型水泥基胶粘剂
D	1		普通型膏状乳液基胶粘剂
D	1	T	抗滑移普通型膏状乳液基胶粘剂
D	2		增强型膏状乳液基胶粘剂
D	2	A	增强型加速干燥胶粘剂
D	2	T	抗滑移增强型膏状乳液基胶粘剂
D	2	TE	抗滑移加长晾置时间增强型膏状乳液基胶粘剂
R	1		普通反应树脂型胶粘剂
R	1	T	抗滑移普通反应树脂型胶粘剂
R	2		增强型反应树脂型胶粘剂
R	2	T	抗滑移增强型反应树脂型胶粘剂

注：附加性能的命名可由插入代表不同性能符号的组合来实现。

2. 标记

产品按下列顺序标记：标准号、产品分类和代号。

（1）符合本教材要求的抗滑移普通水泥基胶粘剂标记为：

JC/T 547—2017　C1T　（暂定）

（2）柔性加长晾置时间增强型和外墙基材为胶合板时的胶粘剂：

JC/T 547—2017　C2ES1P1（暂定）

2.5.3 技术要求

1. 水泥基胶粘剂（C）

水泥基胶粘剂应符合表 2-18 中（C1）所要求的基本性能。在水泥基胶粘剂性能试验时，用水量或液态混合物用量应保持一致。C2（增强性能）产品的附加性能应符合表 2-19 的要求。表 2-19 给出了水泥基型胶粘剂特定的使用环境下可能被选用的特殊性能。

表 2-18　水泥基胶粘剂（C）的技术要求

分　类	性　能	指　标
C1-普通型水泥基胶粘剂	拉伸粘结强度/MPa	≥0.5
	浸水后拉伸粘结强度/MPa	≥0.5
	热老化后拉伸粘结强度/MPa	≥0.5
	冻融循环后拉伸粘结强度/MPa	≥0.5
	晾置时间≥20min，拉伸粘结强度/MPa	≥0.5

分类	性能	指标
C2-增强型水泥基胶粘剂	拉伸粘结强度/MPa	≥1.0
	浸水后拉伸粘结强度/MPa	≥1.0
	热老化后拉伸粘结强度/MPa	≥1.0
	冻融循环后拉伸粘结强度/MPa	≥1.0
	晾置时间≥20min, 拉伸粘结强度/MPa	≥0.5

表 2-19 水泥基胶粘剂（C2）的技术要求——特殊性能

分类	特殊性能	指标
T	滑移/mm	≤0.5
F	6h 拉伸粘结强度/MPa	≥0.5
	晾置时间≥10min：拉伸粘结强度/MPa	≥0.5
	所有其他的要求应不低于表 2-17 中列出的 C1 型胶粘剂的粘结强度要求	C1 的技术要求
S	柔性胶粘剂（S1）/mm	≥2.5，<5
	高柔性胶粘剂（S2）/mm	≥5
E	加长晾置时间≥30min，拉伸粘结强度/MPa	≥0.5
P	普通型粘结剂（P1）/MPa	≥0.5
	增强型粘结剂（P2）/MPa	≥1.0

2. 膏状乳液基胶粘剂（D）要求

所有膏状乳液基胶粘剂应符合表 2-20 中 D1 给出的基本性能要求与 D2 给出的（增强性能）产品的附加性能。表 2-21 给出了在特定的使用环境下胶粘剂所需的特殊性能。

表 2-20 膏状乳液基胶粘剂（D）技术要求

分类	性能	指标
D1-普通型胶粘剂	剪切粘结强度/MPa	≥1.0
	热老化后剪切粘结强度/MPa	≥1.0
	晾置时间≥20min，拉伸粘结强度/MPa	≥0.5
D2-增强型胶粘剂	21d 空气中，7d 浸水后的剪切粘结强度/MPa	≥0.5
	高温下的剪切粘结强度/MPa	≥1.0

表 2-21 膏状乳液基胶粘剂（D2）技术要求——特殊性能

分类	特殊性能	指标
T	滑移/mm	≤0.5
A	7d 空气中，7d 浸水后的剪切粘结强度/MPa	≥0.5
	高温下的剪切粘结强度/MPa	≥1.0
E	加长晾置时间≥30min，拉伸粘结强度/MPa	≥0.5

3. 反应型树脂胶粘剂（R）要求

所有的反应型树脂胶粘剂应符合表 2-22 R1 规定的基本性能要求与 R2（增强型）产品的附加性能。表 2-23 列出了在特定的使用环境下胶粘剂所需的特殊性能。

表 2-22 反应型树脂胶粘剂（R）技术要求

分类	性能	指标
R1-普通型胶粘剂	剪切粘结强度/MPa	≥2.0
	浸水后的剪切粘结强度/MPa	≥2.0
	晾置时间≥20min，拉伸粘结强度/MPa	≥0.5
R2-增强型胶粘剂	热冲击后剪切粘结强度/MPa	≥2.0

表 2-23 反应型树脂胶粘剂（R2）技术要求——特殊性能

分类	特殊性能	指标
T	滑移/mm	≤0.5

2.5.4 检验规则

1. 检验分类

按检验类型分为出厂检验和型式检验。

2. 出厂检验

胶粘剂出厂检验项目见表 2-24。

表 2-24 胶粘剂出厂检验项目

性能	胶粘剂种类		
	水泥基胶粘剂（C）	膏状乳液基胶粘剂（D）	反应型树脂胶粘剂（R）
晾置时间	Y	Y	Y
滑移	（Y）	（Y）	（Y）
拉伸粘结强度	Y	—	—
剪切粘结强度	—	Y	Y
横向变形	（Y）	—	—

注：Y 表示"是"；（Y）表示"根据供需双方合同商定，是否需要试验"。

3. 型式检验

型式检验项目包括表 2-24 中相应类别的基本性能和供需双方合同中商定的特殊性能。在下列情况下进行型式检验：

（1）新产品投产或产品定型鉴定时；

（2）正常生产时，每年进行一次；

（3）原材料、配方等发生较大变化，可能影响产品质量时；

（4）出厂检验结果与上次型式检验结果有较大差异时；

（5）产品停产六个月以上恢复生产时。

4. 组批与抽样

（1）组批

连续生产，同一配料工艺条件制得的产品为一批。C 类产品 100t 为一批，D 类和 R 类产品 10t 为一批。不足上述数量时亦作为一批。

（2）抽样

每批产品随机抽样，C 类取 20kg 样品，D 类和 R 类取 5kg 样品，充分混匀。取样后，将样品一分为二。一份检验，一份留样。

2.6 水泥基填缝剂

2.6.1 定义

1. 墙地砖

由陶瓷或天然和人造石材制成的砖。

2. 填缝

填充墙地砖间接缝的过程，但不包括填充伸缩缝。

3. 填缝剂

所有适用于填充墙地砖间接缝的材料。

4. 水泥基填缝剂

由水硬性胶凝材料、矿物集料、有机和无机外加剂等组成的粉状混合物。使用时需与水或液态外加剂混合。

2.6.2 分类、代号和标记

1. 分类、代号

（1）产品按组成分为两类，用英文字母作代号。.

水泥基填缝剂，用 CG 表示。

（2）水泥基填缝剂的产品还可以分成以下品种：

① 根据产品的性能分为两个型号，用阿拉伯数字作代号。

a. 普通型填缝剂：用 1 表示。

b. 改进型填缝剂：用 2 表示。

② 根据产品的附加性能分为三种，用英文字母作代号。

a. 快硬性填缝剂：用 F 表示。

b. 低吸水性填缝剂：用 W 表示。

c. 高耐磨性填缝剂：用 A 表示。

2. 填缝剂的品种

水泥基填缝剂，可以根据不同的附加性能任意组合成不同的品种。填缝剂的这些品种用不同的代号来表示。产品代号由三部分组成，第一部分用字母表示产品的分类，第二部分用数字表示产品的性能，第三部分用字母表示不同的附加性能，其中第三部分允许空缺，表示没有附加性能。表 2-25 给出了目前比较常用的填缝剂品种的分类和代号。

表 2-25 填缝剂的分类和代号

分类	代号	说　明
CG	1	普通型—水泥基填缝剂
CG	1F	快硬性—普通型—水泥基填缝剂
CG	2A	高耐磨—改进型—水泥基填缝剂
CG	2W	低吸水—改进型—水泥基填缝剂
CG	2WA	低吸水—高耐磨—改进型—水泥基填缝剂
CG	2AF	高耐磨—快硬性—改进型—水泥基填缝剂
CG	2WF	低吸水—快硬性—改进型—水泥基填缝剂
CG	2WAF	低吸水—高耐磨—快硬性—改进型—水泥基填缝剂

注：改进型水泥基填缝剂是指至少具有低吸水性和高耐磨性两项性能中一项的水泥基填缝剂。

3. 标记

产品按下列顺序标记：产品分类、代号和标准号。

示例1：普通型水泥基填缝剂标记为：

CG1 JC/T 1004—2006

示例2：高耐磨改进型水泥基填缝剂标记为：

CG2A JC/T 1004—2006

2.6.3 技术要求

水泥基填缝剂应满足表2-26中的技术要求。表2-27给出了在特殊使用场合需要的填缝剂的附加性能的要求。在所有的试验项目中，水泥基填缝剂的拌合水或者液态外加剂的比例必须保持一致。

表2-26 水泥基填缝剂（CG）的技术要求

项 目			指 标	
			CG1	CG1F
耐磨损性/mm³		<	2000	
收缩值（mm/m）		<	3.0	
抗折强度 MPa	标准试验条件	>	2.50	
	冻融循环后	>	2.50	
抗压强度 MPa	标准试验条件	>	15.0	
	冻融循环后	>	15.0	
吸水量/g	30min	<	5.0	
	240min	<	10.0	
标准试验条件 24h 抗压强度/MPa		>	—	15.0

表2-27 水泥基填缝剂的附加性能要求

项 目		指 标
高耐磨性/mm³	≤	1000
30min 低吸水量/g	≤	2.0
240min 低吸水量/g	≤	5.0

2.6.4 检验规则

1. 检验分类

按检验类型分为出厂检验和型式检验。

2. 出厂检验

出厂检验项目包括标准试验条件下的抗折强度、抗压强度和收缩值。

产品出厂必须有产品合格证。若用户需要，应提供产品的型式检验报告并在28d后提供该批产品的出厂检验结果。

3. 型式检验

型式检验包括表2-26中的技术要求，以及根据产品品种的不同，需要测定的相应附加性能。在下列情况下进行型式检验：

（1）新产品投产或产品定型鉴定时；

（2）正常生产时，每一年进行一次。

（3）出产检验结果与上次型式检验结果有较大差异时；

（4）产品停产六个月以上恢复生产时；

（5）原材料和生产过程发生变化时；

（6）国家质量监督检验机构提出型式检验要求时。

2.6.5 组批与抽样

1. 组批

连续生产，同一配料工艺条件制得的产品为一批。CG 类产品 50t 为一批，RG 类产品 10t 为一批。不足上述数量时亦作为一批。

2. 抽样

每批产品随机抽样，抽取 12kg 样品，充分混匀。取样后，将样品一分为二。一份检验，一份留样复检。

2.7 建筑室内用腻子

2.7.1 定义

1. 建筑室内用腻子

装饰工程前，施涂于建筑物室内，以找平为主要目的的基层表面处理材料。

2. 薄型室内用腻子

单道施工厚度小于 2mm 的室内用腻子。

3. 厚型室内用腻子

单道施工厚度大于或等于 2mm 的室内用腻子。

2.7.2 分类、标记

1. 分类

按室内用腻子适用特点分为三类：

一般型：一般型室内用腻子，适用于一般室内装饰工程，用符号 Y 表示。

柔韧型：柔韧型室内用腻子，适用于有一定抗裂要求的室内装饰工程，用符号 R 表示。

耐水型：耐水型室内用腻子，适用于要求耐水、高粘结强度场所的室内装饰工程，用符号 N 表示。

2. 标记

（1）室内用腻子型号由名称代号和特性代号组成。

分类

名称代号；SZ室内用腻子

（2）标记示例

示例 1：一般型室内用腻子表示为：SZ Y；

示例 2：柔韧型室内用腻子表示为：SZ R；

示例 3：耐水型室内用腻子表示为：SZ N。

2.7.3 技术要求

1. 物理性能

室内用腻子的物理性能技术要求应符合表 2-28 的规定。

表 2-28 室内用腻子的物理性能技术要求

项 目			技术要求[a]		
			一般型（Y）	柔韧型（R）	耐水型（N）
容器中状态			无结块、均匀		
低温贮存稳定性[b]			三次循环不变质		
施工性			刮涂无障碍		
干燥时间 （表干）/h	单道施工 厚度/mm	<2	≤2		
		≥2	≤5		
初期干燥抗裂性（3h）			无裂纹		
打磨性			手工可打磨		
耐水性			—	4h 无起泡、 开裂及明显掉粉	48h 无起泡、 开裂及明显掉粉
粘结强度/MPa	标准状态		>0.30	>0.40	>0.50
	浸水后		—	—	>0.30
柔韧性			—	直径 100mm，无裂纹	—

a. 在报告中给出 pH 实测值。

b. 液态组分或膏状组分需测试此指标。

2. 有害物质限量

应符合 GB 18582《室内装饰装修材料 内墙涂料中有害物质限量》中水性墙面腻子产品的规定。

2.7.4 检验规则

1. 检验分类

产品检验分出厂检验和型式检验。

2. 抽样方法

按色漆、清漆和色漆与清漆用原材料的规定进行取样。组批以每 15t 同类产品为一批，不足 15t 亦按一批计。

3. 检验项目

（1）出厂检验项目包括 5 项：容器中状态、施工性、干燥时间（表干）、初期干燥抗裂性及柔韧性。容器中状态、施工性、干燥时间（表干）为每批检验一次，初期干燥抗裂性及柔韧性为每 450t 检验一次。

（2）型式检验项目包括表 2-28 所列的全部技术要求。

（3）在正常生产情况下，型式检验项目为一年检验一次。

（4）有下列情况之一时应进行型式检验：

① 新产品试生产的定型鉴定时；

② 产品主要原材料及用量或生产工艺有重大变更时；

③ 停产半年以上恢复生产时；

④ 国家质量技术监督机构提出型式检验要求时。

2.8 建筑外墙用腻子

2.8.1 定义

1. 建筑外墙用腻子

涂饰工程前，施涂于建筑物外墙，以找平、抗裂为主要目的的基层表面处理材料。

2. 动态抗开裂性

表层材料抵抗基层裂缝扩展的能力。

3. 薄涂腻子

单道施工厚度小于等于1.5mm的外墙腻子。

4. 厚涂腻子

单道施工厚度大于1.5mm的外墙腻子。

2.8.2 分类、标记

1. 分类

按腻子膜柔韧性或动态抗开裂性指标分为三种类别：

普通型：普通型建筑外墙用腻子，适用于普通建筑外墙涂饰工程（不适宜用于外墙外保温涂饰工程）。

柔性：柔性建筑外墙用腻子，适用于普通外墙、外墙外保温等有抗裂要求的建筑外墙涂饰工程。

弹性：弹性建筑外墙用腻子，适用于抗裂要求较高的建筑外墙涂饰工程。

2. 标记

（1）外墙用腻子型号由名称代号和特性代号组成。

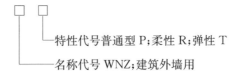

特性代号普通型 P；柔性 R；弹性 T

名称代号 WNZ；建筑外墙用

（2）标记示例

示例1：普通型外墙用腻子　　　 WNZ　P

示例2：柔性外墙用腻子　　　　 WNZ　R

示例3：弹性外墙用腻子　　　　 WNZ　T

2.8.3 技术要求

外墙用腻子的技术要求应符合表2-29的规定。

表 2-29　外墙用腻子的技术要求

项　目		技术要求[a]		
		普通型（P）	柔性（R）	弹性（T）
容器中状态		无结块、均匀		
施工性		刮涂无障碍		
干燥时间（表干）/h		≤5		
初期干燥抗裂性（6h）	单道施工厚度≤1.5mm 的产品	1mm 无裂痕		
	单道施工厚度＞1.5mm 的产品	2mm 无裂痕		
打磨性		手工可打磨	—	
吸水量/（g/10min）		≤2.0		
耐碱性（48h）		无异常		
耐水性		无异常		
粘结强度/MPa	标准状态	≥0.60		
	冻融循环（5 次）	≥0.40		
腻子膜柔韧性[b]		直径 100mm，无裂纹	直径 50mm，无裂纹	—
动态抗裂性/mm	基层裂缝	≥0.04，＜0.08	≥0.08，＜0.3	≥0.3
低温贮存稳定性[c]		三次循环不变质		

a. 对于复合层腻子，复合制样后的产品应符合上述技术要求。

b. 低柔性及高柔性产品通过腻子膜柔韧性或动态抗开裂性两项之一即可。

c. 液态组分或膏状组分需测试此项指标。

2.8.4　检验规则

1. 检验分类

产品检验分出厂检验和型式检验。

2. 出厂检验项目

容器中状态、施工性、干燥时间、打磨性、初期干燥抗裂性。

3. 型式检验项目

（1）包括表 2-29 所列的全部技术要求。

（2）在正常生产情况下，型式检验项目为一年检验一次。

（3）有下列情况之一时应进行型式检验：

① 新产品试生产的定型鉴定时；

② 产品主要原材料及用量或生产工艺有重大变更时；

③ 停产半年以上恢复生产时；

④ 国家质量技术监督机构提出型式检验要求时。

2.9　界面砂浆

2.9.1　定义

界面砂浆又称界面处理剂、粘结剂、界面剂，由水泥、集料、高分子聚合物粘结材料及各种助剂配制而成,是一种由高聚物改性后的新型结合层处理材料,经水化反应后能形成与混凝土有较大黏附力并具有一定韧性的高强硬化体,是应用于增强混凝土表面性能或赋予混凝土表面所需要功能的一种表面处理材料。

2.9.2 分类、标记

1. 分类

按组成分为两种类别:

(1) P类:由水泥等无机胶凝材料、填料和有机外加剂等组成的干粉状产品。

(2) D类:含聚合物分散液的产品,分为单组分和多组分界面剂。

注:D类产品需与水泥等无机胶凝材料和水等按比例拌和后使用。

2. 型号

按适用的基面分为两种型号:

(1) Ⅰ型:适用于水泥混凝土的界面处理。

(2) Ⅱ型:适用于加气混凝土的界面处理。

3. 标记

(1) 由产品名称、类别、型号和标准号构成。

(2) 示例:干粉状用于水泥混凝土界面的界面处理剂标记为

混凝土界面处理剂 P Ⅰ JC/T 907—2002

2.9.3 技术要求

1. 外观

干粉状产品应均匀一致,不应有结块。液状产品经搅拌后应呈均匀状态,不应有块状沉淀。

2. 物理力学性能

P类、D类界面剂的物理力学性能应符合表 2-30 的规定。

表 2-30 界面剂的物理力学性能

项　目			指标	
			Ⅰ型	Ⅱ型
剪切粘结强度/MPa	7d		≥1.0	≥0.7
	14d		≥1.5	≥1.0
拉伸粘结强度/MPa	未处理	7d	≥0.4	≥0.3
		14d	≥0.6	≥0.5
	浸水处理		≥0.5	≥0.3
	热处理			
	冻融循环处理			
	碱处理			
晾置时间/min			—	≥10

注:Ⅰ型产品的晾置时间,根据工程需要由供需双方确定。

2.9.4 检验规则

1. 检验分类

产品检验分出厂检验和型式检验。

2. 出厂检验项目

包括外观、7d 剪切粘结强度和 7d 未处理的拉伸粘结强度。

3. 型式检验项目

包括表 2-30 中全部要求的项目。有下列情况之一，应进行型式检验：

（1）新产品投产或产品定型鉴定时；

（2）正常生产时，每一年进行一次；

（3）正式生产后，如机构、材料、工艺有较大改变，可能影响产品性能时；

（4）产品停产六个月以上恢复生产时；

（5）出厂检验结果与上次型式检验结果有较大差异时；

（6）国家质量监督检验机构提出型式检验要求时。

2.9.5 组批与抽样

1. 组批

用同一类型的界面剂作为一批，每批数量 P 类为 300t，D 类为 30t。若不足上述数量亦按一批计。

2. 抽样

P 类产品按 GB/T 12573《水泥取样方法》中袋装水泥的规定进行抽样。D 类产品中液状组分按 GB 3186《涂料产品的取样》的规定进行取样；固体组分按 GB/T 12573《水泥取样方法》的规定取样。抽取 4kg 样品，将样品一分为二，一份用于检验，一份备复检用。

2.10 水泥基自流平砂浆

2.10.1 定义

由水泥基胶凝材料、细集料、填料及添加剂等组成，与水（或乳液）组成搅拌后具有流动性或稍加辅助性铺摊就能流动找平的地面用材料。

2.10.2 分类、标记

1. 分类

地面用水泥基自流平砂浆（代号 CLSM），按其组成分为：

单组分（代号 S）：由工厂预制的包括水泥基胶凝材料、细集料和填料以及其他粉状添加剂等原料拌合而成的单组分产品，使用时按生产商的使用说明加水搅拌均匀后使用。

双组分（代号 D）：由工厂预制的包括由水泥基胶凝材料、细集料、填料以及其他添加剂和聚合物乳液等组成的双组分材料，使用时按生产商的使用说明将两个组分搅拌均匀后使用。

地面用水泥基自流平砂浆按其抗压强度等级分为 C16、C20、C25、C30、C35、C40；按其抗折强度等级分为：F4、F6、F7、F10。

2. 标记

产品按下列顺序标记：产品名称、组分、强度等级、标准号。

示例：单组分抗压强度等级为 C30、抗折强度等级为 F6 的地面用水泥基自流平砂浆标记为

CLSM S C30 F6 JC/T 985—2005

2.10.3 技术要求

1. 外观

单组分产品外观应均匀、无结块。

双组分产品液料组分经搅拌后应呈均匀状态；粉料组分应均匀、无结块。

2. 物理力学性能

产品物理力学性能应符合表 2-31 的要求。

表 2-31 物理力学性能

序 号	项 目			技术要求
1	流动度/mm	初始流动度	≥	130
		20min 流动度[a]	≥	130
2	拉伸粘结强度/MPa		≥	1.0
3	耐磨性[b]/g		≤	0.50
4	尺寸变化率/%			−0.15～+0.15
5	抗冲击性			无开裂或脱离底板
6	24h 抗压强度/MPa		≥	6.0
7	24h 抗折强度/MPa		≥	2.0

a. 用户若有特殊要求由供需双方协商解决。

b. 适用于耐磨要求的地面。

抗压强度等级应符合表 2-32 的要求。

表 2-32 抗压强度等级

强度等级		C16	C20	C25	C30	C35	C40
28d 抗压强度/MPa	≥	16	20	25	30	35	40

抗折强度等级应符合表 2-33 的要求。

表 2-33 抗折强度等级

强度等级		F4	F6	F7	F10
28d 抗折强度/MPa	≥	4	6	7	10

2.10.4 检验规则

1. 检验分类

产品检验分出厂检验和型式检验。

2. 检验项目

（1）出厂检验项目包括：外观，流动度，抗压、抗折强度（24h、28d）。

（2）型式检验项目按照表 2-31 的技术要求检验。

3. 型式检验

有下列情况之一时应进行型式检验：

（1）正常生产条件下，每半年至少进行一次；

（2）新产品投产或产品定型鉴定时；

（3）产品主要原料、配比或生产工艺有重大变更时；

（4）停产半年以上恢复生产时；

（5）出厂检验结果与上次型式检验有较大差异时；

（6）国家技术监督检验机构提出要求时。

2.10.5　批量与抽样

1. 批量：同一类别同一强度等级的 100t 产品为一批，不足 100t 产品亦可按一批计。

2. 单组分抽样：从一批中按一定时间间隔从生产线取样；或从交付产品中随机抽取 5 袋，每袋取约 4kg，总计不少于 20kg。抽取样品分为两份：一份试验，一分备用。

3. 双组分的粉料可从交付产品中随机抽取 5 袋，每袋抽取约 4kg，总计不少于 20kg。液料部分抽样按 GB 3186《涂料产品的取样》进行。抽取样品分为两份：一份试验，一份备用。

2.11　灌浆砂浆

2.11.1　定义

由水泥为基本材料，适量的细集料加入少量的混凝土外加剂及其他材料组成的干混材料，加水拌合后具有大流动度，早强、高强、微膨胀的性能。

2.11.2　技术要求

水泥基灌浆材料的性能应符合表 2-34 的要求。

表 2-34　水泥基灌浆材料的技术性能要求

项　目		技术要求
粒径	4.75mm 方孔筛筛余/%	≤2.0
凝结时间	初凝/min	≥120
泌水率/%		≤1.0
流动度/mm	初始流动度	≥260
	30min 流动度保留值	≥230
抗压强度/MPa	1d	≥22.0
	3d	≥40.0
	28d	≥70.0
竖向膨胀率/%	1d	≥0.020
钢筋握裹强度（圆钢）/MPa	28d	≥4.0
对钢筋锈蚀作用		应说明对钢筋有无锈蚀作用

2.11.3　检验规则

1. 编号及取样

每一编号为一取样单位，每 200t 为一编号，不足 200t 亦可为一编号。

取样方法按 GB/T 12573《水泥取样方法》进行。

取样应有代表性，可连续取，亦可从 20 个以上不同部位取等量样品，总数至少 30kg。

2. 检验分类

产品检验分出厂检验和型式检验。

3. 出厂检验

出厂检验项目包括：粒径、流动度、抗压强度、竖向膨胀率。

4. 型式检验

型式检验项目包括表 2-34 的全部要求。

有下列情况之一者，应进行型式检验：

（1）在正常生产情况下，型式检验项目为一年一次检验。

（2）新产品试生产的定型鉴定时；

（3）正式生产后，如材料、工艺有较大改变，可能影响产品性能时；

（4）产品停产半年以上恢复生产时；

（5）国家质量监督检验机构提出要求时。

2.12 饰面砂浆

2.12.1 定义

以无机胶凝材料、填料、添加剂或集料所组成的用于建筑墙体表面及顶棚装饰的材料，使用厚度不大于 6mm。代号为 DRP。

2.12.2 分类、标记

1. 分类

按主要胶凝材料分为：

（1）水泥基墙体饰面砂浆（C）；

（2）石膏基墙体饰面砂浆（G）。

按适用部位分为：

（1）外墙饰面砂浆（E）；

（2）内墙（包括顶棚）饰面砂浆（I）。

2. 标记

产品按下列顺序标记：产品名称、代号、类别、标准号。

示例：水泥基外墙饰面砂浆标记为

DRP C E   JC/T 1024—2007

2.12.3 技术要求

1. 外观

应为干粉状物，且均匀、无结块、无杂物。

2. 物理力学性能

饰面砂浆的物理力学性能应符合表 2-35 的要求。

表 2-35 饰面砂浆的物理力学性能

序号	项 目			技术要求	
				E	I
1	可操作时间	30min		刮涂无障碍	
2	初期干燥抗裂性			无裂纹	
3	吸水量/g	30min	≤	2.0	
		240min	≤	5.0	
4	强度/MPa	抗折强度	≥	2.50	
		抗压强度	≥	4.50	
		拉伸粘结原强度	≥	0.5	
		老化循环拉伸粘结强度	≥	0.5	—
5	抗泛碱性			无可见泛碱，不掉粉	—
6	耐玷污性（白色或浅色）	立体状/级	≤	2	—
7	耐候性（750h）		≤	1 级	—

注：抗泛碱性、耐候性、耐玷污性试验仅适用于外墙饰面砂浆。

2.12.4 检验规则

1. 检验分类

产品检验分出厂检验和型式检验。

2. 出厂检验

出厂检验项目包括：外观、可操作时间、初期干燥抗裂性。

3. 型式检验

型式检验项目包括表 2-35 规定的项目，有下列情况之一时应进行型式检验：

（1）新产品投产或产品定型鉴定时；

（2）正常生产时，每半年至少进行一次，耐候性两年一次；

（3）产品主要原料及用量或生产工艺有重大变更；

（4）产品停产六个月以上恢复生产时；

（5）出厂检验结果与上次型式检验结果有较大差异时；

（6）国家质量监督检验机构提出型式检验要求时。

2.12.5 批量与抽样

1. 批量

同一类别的 50t 产品为一批，不足 50t 产品也以一批计。

2. 抽样

从同一批量中随机抽取样品 10kg 混合均匀。抽取样品等分为两份：一份试验，一份备用。

2.13 修补砂浆

2.13.1 定义

1. 修补砂浆

由水泥、矿物掺合料、细集料、添加剂等按适当比例组成，使用时需与一定比例的水或者其他液料搅拌均匀，用于构筑物及建筑物修补的水泥砂浆。

2. 界面弯拉强度

新旧材料界面单位面积承受弯矩时的极限折断应力。

2.13.2 分类、标记

1. 分类

（1）按照产品变形能力分类：柔性修补砂浆（F）和刚性修补砂浆（R）。

（2）按照产品功能分类：普通型（N）；防水型（W）；耐腐蚀型（C）；耐磨型（A）；快凝型（Q）；自密实型（S）。

2. 标记

按标准编号和产品分类顺序标记。

示例 1：防水型刚性修补砂浆标记为

修补砂浆 JC/T 2381—2016 WR

示例 2：快凝防水型柔性修补砂浆标记为

修补砂浆 JC/T 2381—2016 QWF

2.13.3 技术要求

1. 修补砂浆基本性能应符合表 2-36 的规定。

表 2-36 修补砂浆基本性能要求

序号	分类	项 目		技术指标
1	普通柔性修补砂浆（NF）	抗压强度/MPa	28d	≥20.0
		抗折强度/MPa	28d	≥5.0
		压折比	28d	≤4.0
		拉伸粘结强度/MPa	未处理（14d）	≥0.80
			浸水	≥0.70
			热老化[a]	≥0.60
			25 次冻融循环[a]	≥0.60
		干缩率/%	28d	≤0.10
		界面弯拉强度/MPa		≥1.50
2	普通刚性修补砂浆（NS）	抗压强度/MPa	28d	≥30，且高于基体强度
		抗折强度/MPa	28d	≥6.0
		压折比	28d	≤7.0
		拉伸粘结强度/MPa	未处理（14d）	≥1.00
			浸水	≥0.90
			热老化[a]	≥0.70
			25 次冻融循环[a]	≥0.70
		干缩率/%	28d	≤0.10
		界面弯拉强度/MPa		≥2.0
		氯离子含量[b]/%		≤0.06

a 室内修补可不测此指标。

b 对无钢筋的修补，可不测此指标。

2. 功能修补砂浆除应满足表 2-36 外，还应符合表 2-37 相对应的指标要求。

表 2-37 修补砂浆功能性指标要求

序号	分类	项 目		技术指标
1	防水型（W）	抗渗压力ᵃ/MPa	28d	≥1.5，且高于基体抗渗强度
		吸水量/（kg/m²）	6h	≤1.20
			72h	≤2.00
2	耐腐蚀型（C）	抗蚀系数（K）		≥0.85
		膨胀系数（E）		≤1.50
3	耐磨型（A）	耐磨性/g	28d	≤0.50
4	快凝型（Q）	凝结时间/min	初凝	≤30
			终凝	≤50
		抗压强度/MPa	6h	≥15.0
			24h	≥20.0
		拉伸粘结强度/MPa	未处理（1d）	≥0.6
5	自密实型（S）	流动度/mm	初始流动度	≥260
			20min 流动度保留值	≥230
		抗压强度/MPa	24h	≥20.0

a 对无水压要求的修补，可不测此指标。

2.13.4 检验规则

修补砂浆砂浆的检验分出厂检验和型式检验。

1. 出厂检验

出厂检验项目包括：抗压强度、抗折强度、拉伸粘结强度（未处理）。快凝型还应包括：凝结时间。自密实型还应包括：流动度。

2. 型式检验

型式检验项目包括表 2-36 和表 2-37 中的性能要求。有下列情况之一时，应进行型式检验。

（1）新产品投产或产品定型鉴定时；

（2）正式生产后，原材料、工艺有较大的改变，可能影响产品性能时；

（3）正常生产时，每年至少进行一次，强度每半年至少进行一次；

（4）出厂检验结果与上次型式检验有较大差异时；

（5）产品停产六个月以上恢复生产时。

2.13.5 组批与抽样

1. 组批

以相同原料、相同生产工艺、同一类型、稳定连续生产的产品 50t 为一个检验批。稳定连续生产三天产量不足 50t 亦为一个检验批。

2. 抽样

（1）单组分抽样：从一批中按一定时间间隔从生产线取样，或从交付产品中随机抽取 5 袋，每袋抽取约 4kg，总计不少于 20kg。抽取样品分为两份：一份试验，一份备用。

（2）双组分抽样：双组分的粉料可从交付产品中随机抽取 5 袋，每袋抽取约 4kg，总计不少于 20kg。液料部分抽样按 GB 3186《色漆、清漆和色漆与清漆用原材料取样》进行。抽取样品分为两份：一份试验，一份备用。

3. 判定规则

出厂检验或型式检验的所有项目若全部合格则判定为该批产品合格；若有一项以上指标不符合要求，即判该批产品不合格。若只有一项不合格，则用备用试样对不合格项目进行复检。复检结果符合标准规定，则判该批产品为合格；若仍不符合标准规定，则判该批产品为不合格。

第三章　原材料质量检验操作

3.1　水泥检验操作细则

3.1.1　水泥标准稠度用水量、凝结时间、安定性检验方法

1. 仪器设备

（1）水泥净浆搅拌机

符合 JC/T 729《水泥净浆搅拌机》的要求。

（2）标准法维卡仪

图 3-1 测定水泥标准稠度和凝结时间用维卡仪及配件示意图中包括：

图 3-1（a）为测定初凝时间时维卡仪和试模示意图；

图 3-1（b）为测定终凝时间反转试模示意图；

图 3-1（c）为标准稠度试杆；

图 3-1（d）为初凝用试针；

图 3-1（e）为终凝用试针等。

标准稠度试杆由有效长度为 50mm±1mm，直径为 $\phi 10mm \pm 0.05mm$ 的圆柱形耐腐蚀金属制成。

初凝用试针由钢制成，其有效长度为：初凝针 50mm±1mm、终凝针（30±1）mm，直径为 ϕ（1.13±0.05）mm。滑动部分的总质量为（300±1）g。与试杆、试针联结的滑动杆表面应光滑，能靠重力自由下落，不得有紧涩和旷动现象。

盛装水泥净浆的试模由耐腐蚀的、有足够硬度的金属制成。试模为深（40±0.2）mm、顶内径 ϕ（65±0.5）mm、底内径 ϕ（75±0.5）mm 的截顶圆锥体。每个试模应配备一个边长或直径约 100mm、厚度 4~5mm 的平板玻璃底板或金属底板。

（3）雷氏夹

由铜质材料制成，其结构如图 3-2 所示。将一根指针的根部先悬挂在一根金属丝或尼龙丝上，另一根指针的根部再挂上 300g 质量的砝码时，两根指针针尖的距离增加应在（17.5±2.5）mm 范围内，即 $2\chi＝$（17.5±2.5）mm（图 3-3），当去掉砝码后针尖的距离能恢复至挂砝码前的状态。

（4）沸煮箱

符合 JC/T 955《水泥安定性试验用沸煮箱》的要求。

（5）雷氏夹膨胀测定仪

如图 3-4 所示，标尺最小刻度为 0.5mm。

（6）量筒或滴定管

精度±0.5mL。

（7）天平

最大称量不小于 1000g，分度值不大于 1g。

2. 标准稠度用水量测定方法（标准法）

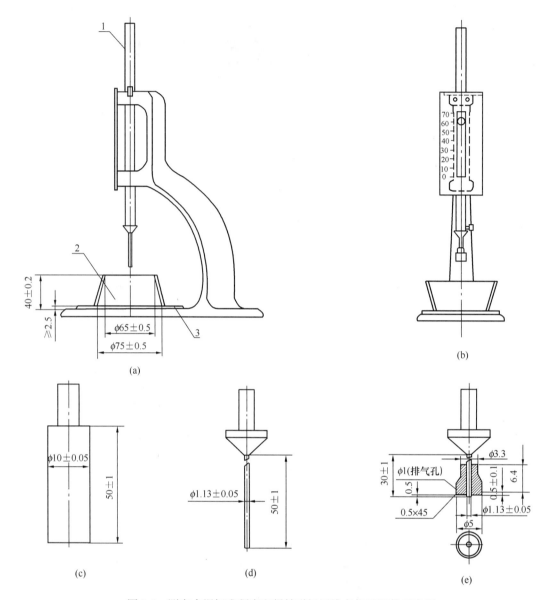

图 3-1　测定水泥标准稠度和凝结时间用维卡仪及配件示意图

（a）初凝时间测定用立式试模的侧视图；（b）终凝时间测定用反转试模的前视图；

（c）标准调度试杆；（d）初凝用试针；（e）终凝用试针

（1）试验前准备工作

① 维卡仪的滑动杆能自由滑动。试模和玻璃底板用湿布擦拭，将试模放在底板上。

② 调整至试杆接触玻璃板时指针对准零点。

③ 搅拌机运行正常。

（2）水泥净浆的拌制

用水泥净浆搅拌机搅拌，搅拌锅和搅拌叶片先用湿布擦过，将拌和水倒入搅拌锅内，然后在 5～10s 内小心地将称好的 500g 水泥加入水中，防止水和水泥溅出；拌和时，先将锅放在搅拌机的锅座上，升至搅拌位置，启动搅拌机，低速搅拌 120s，停 15s，同时将叶片和锅壁上的水泥浆刮入锅中间，接着高速搅拌 120s 停机。

（3）标准稠度用水量的测定步骤

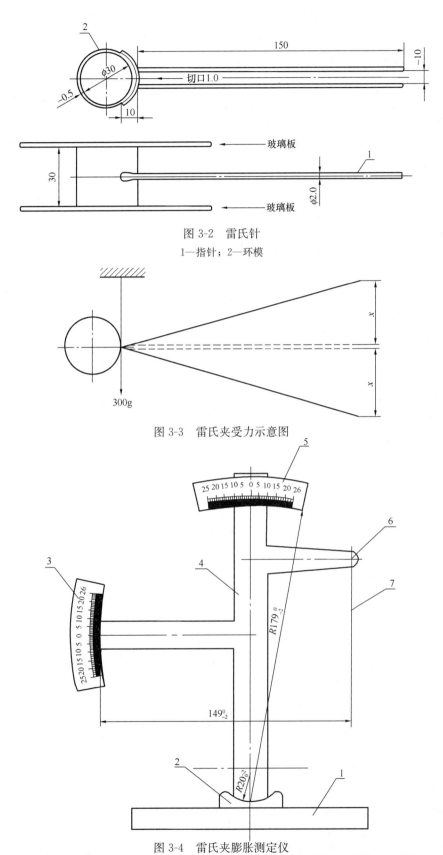

图 3-2 雷氏针
1—指针；2—环模

图 3-3 雷氏夹受力示意图

图 3-4 雷氏夹膨胀测定仪
1—底座；2—模子座；3—测弹性标尺；4—立柱；5—测膨胀值标尺；6—悬臂；7—悬丝

拌和结束后，立即取适量水泥净浆一次性将其装入已置于玻璃底板上的试模中，浆体超过试模上端，用宽约 25mm 的直边刀轻轻拍打超出试模部分的浆体 5 次以排除浆体中的孔隙，然后在试模上表面约 1/3 处，略倾斜于试模分别向外轻轻刮去多余净浆，再从试模边沿轻抹顶部一次，使净浆表面光滑。在刮去多余净浆和抹平的操作过程中，注意不要压实净浆；抹平后迅速将试模和底板移到维卡仪上，并将其中心定在试杆下，降低试杆直至与水泥净浆表面接触，拧紧螺丝 1~2s 后，突然放松，使试杆垂直自由地沉入水泥净浆中。在试杆停止沉入或释放试杆 30s 时，记录试杆距底板之间的距离，升起试杆后，立即擦净；整个操作应在搅拌后 1.5min 内完成。以试杆沉入净浆并距底板 6mm±1mm 的水泥净浆为标准稠度净浆。其拌和水量为该水泥的标准稠度用水量（P），按水泥质量的百分比计。

3. 凝结时间测定方法

（1）试验前准备工作

调整凝结时间测定仪的试针接触玻璃板时，指针对准零点。

（2）试件的制备

以标准稠度用水量制成标准稠度净浆，装模和刮平后，立即放入湿气养护箱中。记录水泥全部加入水中的时间作为凝结时间的起始时间。

（3）初凝时间的测定

试件在湿气养护箱中养护至加水后 30min 时进行第一次测定。测定时，从湿气养护箱中取出试模放到试针下，降低试针与水泥净浆表面接触。拧紧螺丝 1~2s 后，突然放松，试针垂直自由地沉入水泥净浆。观察试针停止下沉或释放试针 30s 时指针的读数。临近初凝时间时，每隔 5min（或更短时间）测定一次，当试针沉至距底板(4±1)mm 时，为水泥达到初凝状态；由水泥全部加入水中至初凝状态的时间为水泥的初凝时间，单位用 min 来表示。

（4）终凝时间的测定

为了准确观测试针沉入的状况，在终凝针上安装了一个环形附件，如图 3-1（e）所示。在完成初凝时间测定后，立即将试模连同浆体以平移的方式从玻璃板取下，翻转 180°，直径大端向上、小端向下放在玻璃板上，再放入湿气养护箱中继续养护。临近终凝时间时，每隔 15min（或更短时间）测定一次，当试针沉入试体 0.5mm 时，即环形附件开始不能在试体上留下痕迹时，为水泥达到终凝状态。由水泥全部加入水中至终凝状态的时间为水泥的终凝时间，单位用 min 来表示。

（5）测定注意事项

测定时应注意，在最初测定的操作时应轻轻扶持金属柱，使其徐徐下降，以防试针撞弯，但结果以自由下落为准；在整个测试过程中试针沉入的位置至少要距试模内壁 10mm。临近初凝时，每隔 5min（或更短时间）测定一次；临近终凝时，每隔 15min（或更短时间）测定一次。到达初凝时应立即重复测一次，当两次结论相同时才能确定到达初凝状态，到达终凝时，需要在试体另外两个不同点测试，确认结论相同才能确定到达终凝状态。每次测定不能让试针落入原针孔，每次测试完毕须将试针擦净并将试模放回湿气养护箱内，整个测试过程要防止试模受振。

4. 安定性测定方法（标准法）

（1）检验前准备工作

每个试样需成型两个试件，每个雷氏夹需配备两个边长或直径约 80mm、厚度 4~5mm 的玻璃板，凡与水泥净浆接触的玻璃板和雷氏夹内表面都要稍稍涂上一层矿物油。

（2）雷氏夹试件的成型

将预先准备好的雷氏夹放在已稍擦油的玻璃板上，并立即将已制好的标准稠度净浆一次装满雷氏夹，装浆时一只手轻轻扶持雷氏夹，另一只手用宽约 25mm 的直边刀在浆体表面轻轻插捣 3 次，然后抹平，盖上稍涂油的玻璃板，接着立即将试件移至湿气养护箱内养护(24±2)h。

（3）沸煮

① 调整好沸煮箱内的水位，使其能保证在整个沸煮过程中都超过试件，不需中途添补试验用水，同时又能保证在(30±5)min 内升至沸腾。

② 脱去玻璃板取下试件，先测量雷氏夹指针尖端间的距离（A），精确到 0.5mm，接着将试件放入沸煮箱水中的试件架上，指针朝上，然后在(30±5)min 内加热至沸并恒沸(180±5)min。

③ 结果判别

沸煮结束后，立即放掉沸煮箱中的热水，打开箱盖，待箱体冷却至室温，取出试件进行判别。测量雷氏夹指针尖端的距离（C），准确至 0.5mm，当两个试件煮后增加距离（C-A）的平均值不大于 5.0mm 时，即认为该水泥安定性合格，当两个试件煮后增加距离（C-A）的平均值大于5.0mm 时，应用同一样品立即重做一次试验。以复检结果为准。

5. 标准稠度用水量测定方法（代用法）

（1）采用代用法测定水泥标准稠度用水量，可用调整水量和不变水量两种方法的任一种测定。采用调整水量方法时拌合水量按经验找水，采用不变水量方法时拌合水量用 142.5mL。

（2）拌和结束后，立即将拌制好的水泥净浆装入锥模中，用宽约 25mm 的直边刀在浆体表面轻轻插捣 5 次，再轻振 5 次，刮去多余的净浆；抹平后迅速放到试锥下面固定的位置上，将试锥降至净浆表面，拧紧螺丝 1～2s 后，突然放松，让试锥垂直自由地沉入水泥净浆中。到试锥停止下沉或释放试锥 30s 时记录试锥下沉深度。整个操作应在搅拌后 1.5min 内完成。

（3）用调整水量方法测定时，以试锥下沉深度(30±1)mm 时的净浆为标准稠度净浆。其拌合水量为该水泥的标准稠度用水量(P)，按水泥质量的百分比计。如下沉深度超出范围需另称试样，调整水量，重新试验，直至达到(30±1)mm 为止。

（4）用不变水量方法测定时，根据式（3-1）（或仪器上对应标尺）计算得到标准稠度用水量 I_0。当试锥下沉深度小于 13mm 时，应改用调整水量法测定。

$$P = 33.4 - 0.185S \tag{3-1}$$

式中 P——标准稠度用水量，%；

S——试锥下沉深度，mm。

6. 安定性测定方法（代用法）

（1）检验前准备工作

每个样品需准备两块边长约 100mm 的玻璃板，凡与水泥净浆接触的玻璃板都要稍稍涂上一层油。

（2）试饼的成型方法

将制好的标准稠度净浆取出一部分分成两等份，使之成球形，放在预先准备好的玻璃板上，轻轻振动玻璃板并用湿布擦过的小刀由边缘向中央抹，做成直径 70～80mm、中心厚约 10mm、边缘渐薄、表面光滑的试饼，接着将试饼放入湿气养护箱内(24±2)h。

（3）沸煮

① 调整好沸煮箱内的水位，使其能保证在整个沸煮过程中都超过试件，不需中途添补试验用水，同时又能保证在(30±5)min 内升至沸腾。

② 脱去玻璃板取下试饼，在试饼无缺陷的情况下将试饼放在沸煮箱水中的箅板上，在(30±5)min 内加热至沸并恒沸(180±5)min。

③ 结果判别

沸煮结束后，立即放掉沸煮箱中的热水，打开箱盖，待箱体冷却至室温，取出试件进行判别。

目测试饼未发现裂缝，用钢直尺检查也没有弯曲（使钢直尺和试饼底部紧靠，以两者间不透光为不弯曲）的试饼为安定性合格，反之为不合格。当两个试饼判别结果有矛盾时，该水泥的安定性为不合格。

④ 检验报告

检验报告应包括标准稠度用水量、初凝时间、终凝时间、雷氏夹膨胀值或试饼的裂缝、弯曲形态等所有的试验结果。

3.1.2 水泥胶砂强度检验方法（ISO 法）

1. 试验室和设备

（1）试验室

① 试体成型试验室的温度应保持在(20±2)℃，相对湿度应不低于50%。

② 试体带模养护的养护箱或雾室温度保持在(20±1)℃，相对湿度不低于90%。

③ 试体养护池水温度应在(20±1)℃范围内。

④ 试验室空气温度和相对湿度及养护池水温在工作期间每天至少记录一次。

⑤ 养护箱或雾室的温度与相对湿度至少每4h记录1次，在自动控制的情况下记录次数可以酌减至一天记录2次。在温度给定范围内，控制所设定的温度应为此范围中值。

（2）设备

① 试验筛

金属丝网试验筛应符合GB/T 6003.1《试验筛技术要求和检验 第1部分：金属丝编织网试验筛》要求；其筛网孔尺寸如表3-1（R20系列）所示。

表 3-1　试　验　筛

系　列	网孔尺寸/mm
R20	2.0 1.6 1.0 0.50 0.16 0.080

② 搅拌机

搅拌机（图3-5）属行星式，应符合JC/T 681《行星式水泥胶砂搅拌机》的要求。

用多台搅拌机工作时，搅拌锅和搅拌叶片应保持配对使用。叶片与锅之间的间隙，是指叶片与锅壁最近的距离，应每月检查一次。

③ 试模

试模由三个水平的模槽组成（图3-6），可同时成型三条截面为40mm×40mm、长160mm的棱形试体，其材质和制造尺寸应符合JC/T 726《水泥胶砂试模》要求。

当试模的任何一个公差超过规定的要求时，就应更换。在组装备用的干净型时，应用黄干油等密封材料涂覆模型的外接缝。试模的内表面应涂上一薄层模型油或机油。

成型操作时，应在试模上面加有一个壁高20mm的金属模套，当从上往下看时，模套壁与模型内壁应该重叠，超出内壁不应大于1mm。

为了控制料层厚度和刮平胶砂，应备有图3-7所示的两个播料器和一个金属刮平直尺。

④ 振实台

振实台（图3-8）应符合JC/T 682《水泥胶砂试体成型振实台》要求。振实台应安装在高度约

400mm 的混凝土基座上。混凝土体积约为 0.25m³，重约 600kg。需防外部振动影响振实效果时，可在整个混凝土基座下放一层厚约 5mm 的天然橡胶弹性衬垫。

将仪器用地脚螺栓固定在基座上，安装后设备成水平状态，仪器底座与基座之间要铺一层砂浆以保证它们完全接触。

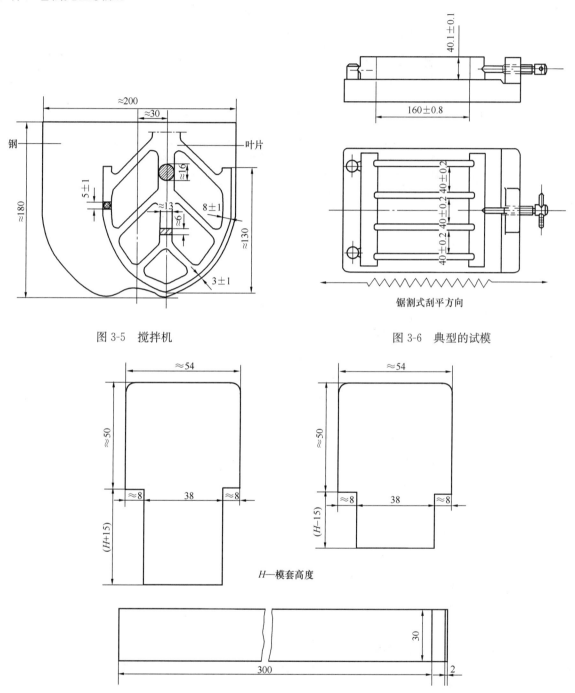

图 3-5 搅拌机　　　　　　　　　　　　　图 3-6 典型的试模

图 3-7 典型的播料器和金属刮平直尺

⑤ 抗折强度试验机

抗折强度试验机应符合 JC/T 724《水泥胶砂 电动抗折试验机》的要求。试件在夹具中受力状态如图 3-9 所示。

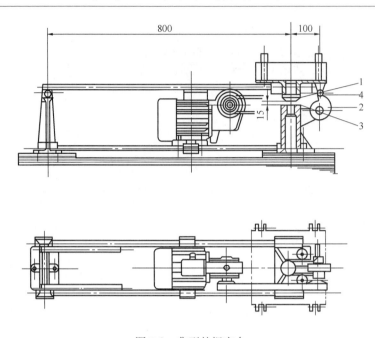

图 3-8　典型的振实台
1—凸头；2—凸轮；3—止动器；4—随动轮

通过三根圆柱轴的三个竖向平面应该平行，并在试验时继续保持平行和等距离垂直试体的方向，其中一根支撑圆柱和加荷圆柱能轻微地倾斜使圆柱与试体完全接触，以便荷载沿试体宽度方向均匀分布，同时不产生任何扭转应力。

抗折强度也可用抗压强度试验机来测定，此时应使用符合上述规定的夹具。

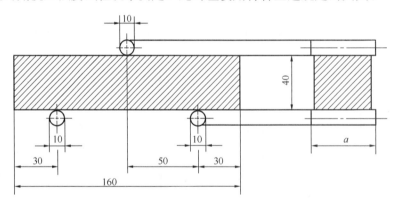

图 3-9　抗折强度测定加荷图

⑥ 抗压强度试验机

抗压强度试验机，在较大的五分之四量程范围内使用时记录的荷载应有±1%精度，并具有按(2400±200)N/s 速率的加荷能力，应有一个能指示试件破坏时荷载并把它保持到试验机卸荷以后的指示器，可以用表盘里的峰值指针或显示器来达到。人工操纵的试验机应配有一个速度动态装置以便于控制荷载增加。

压力机的活塞竖向轴应与压力机的竖向轴重合，在加荷时也不例外，而且活塞作用的合力要通过试件中心。压力机的下压板表面应与该机的轴线垂直并在加荷过程中一直保持不变。

压力机上压板球座中心应在该机竖向轴线与上压板下表面相交点上，其公差为±1mm。上压板在与试体接触时能自动调整，但在加荷期间上下压板的位置应固定不变。

试验机压板应由维氏硬度不低于 HV600 的硬质钢制成，最好为碳化钨，厚度不小于 10mm，宽为 (40 ± 0.1)mm，长不小于 40mm。压板和试件接触的表面平面度公差应为 0.01mm，表面粗糙度（R_a）应在 $0.1\sim0.8$ 之间。

⑦ 抗压强度试验机用夹具

当需要使用夹具时，应把它放在压力机的上下压板之间并与压力机处于同一轴线，以便将压力机的荷载传递至胶砂试件表面。夹具应受压面积为 40mm×40mm。夹具在压力机上位置如图 3-10 所示，夹具要保持清洁，球座应能转动以使其上压板从一开始就适应试体的形状并在试验中保持不变。

2. 胶砂的制备

（1）配合比

一锅胶砂成三条试体，每锅材料需要量如表 3-2 所示。

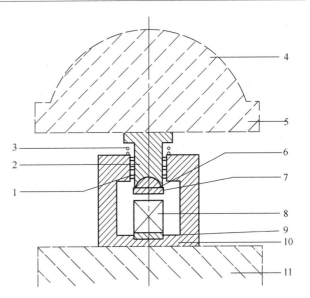

图 3-10　典型的抗压强度试验夹具

1—滚珠轴承；2—滑块；3—复位弹簧；4—压力机球座 J；
5—压力机上压板；6—夹具球座；7—夹具上压板；8—试体；
9—底板；10—夹具下垫板；11—压力机下压板

表 3-2　每锅胶砂的材料数量

材料量/g 水泥品种	水泥	标准砂	水
硅酸盐水泥			
普通硅酸盐水泥			
矿渣硅酸盐水泥	450 ± 2	1350 ± 5	225 ± 1
粉煤灰硅酸盐水泥			
复合硅酸盐水泥			
石灰石硅酸盐水泥			

（2）搅拌

每锅胶砂用搅拌机进行机械搅拌。先使搅拌机处于待工作状态，然后按以下的程序进行操作：

① 把水加入锅里，再加入水泥，把锅放在固定架上，上升至固定位置。

② 然后立即开动机器，低速搅拌 30s 后，在第二个 30s 开始的同时均匀地将砂子加入。当各级砂分装时，从最粗料级开始，依次将所需的每级砂量加完，把机器转至高速再拌 30s。

（3）停拌 90s，在第一个 15s 内用一胶皮刮具将叶片和锅壁上的胶砂，刮入锅中间。在高速下继续搅拌 60s。各个搅拌阶段，时间误差应在 ±1s 以内。

3. 试件的制备

（1）尺寸应是 40mm×40mm×160mm 的棱柱体。

（2）成型

① 用振实台成型

胶砂制备后立即进行成型。将空试模和模套固定在振实台上，用一个适当勺子直接从搅拌锅里将胶砂分 2 层装入试模，装第一层时，每个槽里约放 300g 胶砂，用大播料器（如图 3-7 所示）垂直架在模套顶部沿每个模槽来回一次将料层播平，接着振实 60 次。再装入第二层胶砂，用小播料器播平，再振实 60 次。移走模套，从振实台上取下试模，用一金属直尺（如图 3-7 所示）以近似 90°的角度架在试模模顶的一端，然后沿试模长度方向以横向锯割动作慢慢向另一端移动，一次将超过试模部分的胶砂刮去，并用同一直尺在近乎水平的情况下将试体表面抹平。

在试模上作标记或加字条标明试件编号和试件相对于振实台的位置。

② 用振动台成型

当使用代用的振动台成型时，操作如下：

在搅拌胶砂的同时将试模和下料漏斗卡紧在振动台的中心。将搅拌好的全部胶砂均匀地装入下料漏斗中，开动振动台，胶砂通过漏斗流入试模。振动(120±5)s 停车。振动完毕，取下试模，用刮平尺刮去其高出试模的胶砂并抹平。接着在试模上作标记或用字条表明试件编号。

4. 试件的养护

（1）脱模前的处理和养护

去掉留在模子四周的胶砂。立即将作好标记的试模放入雾室或湿箱的水平架子上养护，湿空气应能与试模各边接触。养护时不应将试模放在其他试模上。一直养护到规定的脱模时间时取出脱模。脱模前，用防水墨汁或颜料笔对试体进行编号和做其他标记。2 个龄期以上的试体，在编号时应将同一试模中的三条试体分在 2 个以上龄期内。

（2）脱模

脱模应非常小心[①]。对于 24h 龄期的，应在破型试验前 20min 内脱模[②]。对于 24h 以上龄期的，应在成型后 20～24h 之间脱模[②]。

注：① 如经 24h 养护，会因脱模对强度造成损害时，可以延迟到 24h 以后脱模，但在试验报告中应予说明。

② 确定作为 24h 龄期试验（或其他不下水直接做试验）的已脱模试体，应用湿布覆盖至做试验时为止。

（3）水中养护

① 将做好标记的试件立即水平或竖直放在（20±1）℃水中养护，水平放置时刮平面应朝上。

② 试件放在不易腐烂的箅子上，并彼此保持一定间距，以让水与试件的六个面接触。养护期间试件之间间隔及试体上表面的水深不得小于 5mm。

③ 每个养护池只养护同类型的水泥试件。

④ 最初用自来水装满养护池（或容器），随后随时加水保持适当的恒定水位，不允许在养护期间全部换水。

⑤ 除 24h 龄期或延迟至 48h 脱模的试体外，任何到龄期的试体应在试验（破型）前 15min 从水中取出。揩去试体表面沉积物，并用湿布覆盖至试验为止。

（4）强度检验试体的龄期

试体龄期是从水泥加水搅拌开始试验时算起。不同龄期强度检验可在下列时间里进行：

① 24h±15min；

② 48h±30min；

③ 72h±45min；

④ 7d±2h；

⑤ 28d±8h。

5. 检验程序

（1）抗折强度测定

将试体一个侧面放在试验机（如图 3-9 所示）支撑圆柱上，试体长轴垂直于支撑圆柱，通过加荷圆柱以(50±10)N/s 的速率均匀地将荷载垂直地加在棱柱体相对侧面上，直至折断。

保持两个半截棱柱体处于潮湿状态，直至抗压检验。

抗折强度 R_f 以牛顿每平方毫米（MPa）为单位，按式（3-2）进行计算：

$$R_f = \frac{1.5 F_f L}{b^3} \tag{3-2}$$

式中　F_f——折断时施加于棱柱体中部的荷载，N；

　　　L——支撑圆柱之间的距离，mm；

　　　b——棱柱体正方形截面的边长，mm。

（2）抗压强度测定

抗压强度试验通过规定的仪器，在半截棱柱体的侧面上进行。

半截棱柱体中心与压力机压板受压中心差应在±0.5mm 内，棱柱体露在压板外的部分约有 10mm。

在整个加荷过程中以(2400±200)N/s 的速率均匀地加荷直至破坏。

抗压强度以 R_c 以牛顿每平方毫米（MPa）为单位，按式（3-3）进行计算：

$$R_C = \frac{F_C}{A} \tag{3-3}$$

式中　F_c——破坏时的最大荷载，N；

　　　A——受压部分面积，mm^2（40mm×40mm＝1600mm^2）。

6. 检验结果

（1）抗折强度

以一组三个棱柱体抗折结果的平均值作为检验结果。当三个强度值中有超出平均值±10％时，应剔除后再取平均值作为抗折强度试验结果。

（2）抗压强度

以一组三个棱柱体上得到的六个抗压强度测定值的算术平均值为检验结果。

如六个测定值中有一个超出六个平均值的±10％，就应剔除这个结果，而以剩下五个的平均数为结果。如果五个测定值中再有超过它们平均数±10％的，则此组结果作废。

（3）检验结果的计算

各试体的抗折强度记录至 0.1MPa，计算精确至 0.1MPa。

各个半棱柱体得到的单个抗压强度结果计算至 0.1MPa，按式（3-3）规定计算平均值，计算精确至 0.1MPa。

3.1.3 水泥细度检验（筛析法）

1. 检验设备

（1）试验筛

① 试验筛由圆形筛框和筛网组成，筛网 R20/380μm、R20/345μm，分负压筛、水筛和手工筛三种，负压筛和水筛的结构尺标如图 3-11 和图 3-12 所示，负压筛应附有透明筛盖，筛盖与筛上口应有良好的密封性。手工筛筛框高度为 50mm，筛子的直径为 150m。

② 筛网应紧绷在筛框中，筛网和筛框接触处，应用防水胶密封，防止水泥嵌入。

（2）负压筛析仪

① 负压筛析仪由筛座、负压筛、负压源及收尘器组成，其中筛座由转速为（30±2）r/min 的喷气嘴、负压表、控制板、微电机及壳体构成，如图 3-13 所示。

② 筛析仪负压可调范围为 4000～6000Pa。

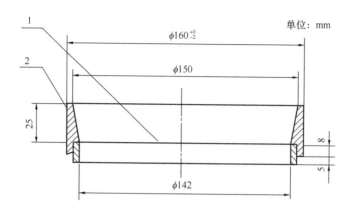

图 3-11　负压筛

1—筛网；2—筛框

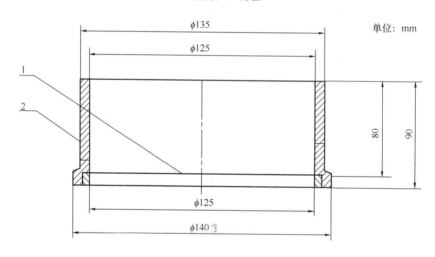

图 3-12　水筛

1—筛网；2—筛框

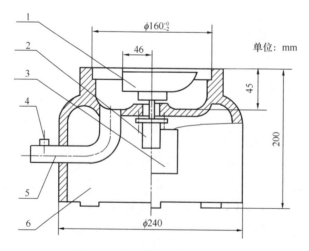

图 3-13　负压筛析仪筛座示意图

1—喷气嘴；2—微电机；3—控制板开口；4—负压表接口；

5—负压源及收尘器接口；6—壳体

③ 喷气嘴上口平面与筛网之间距离为 2～8mm。

④ 喷气嘴的上开口尺寸如图 3-14 所示。

⑤ 负压源和收尘器，由功率≥600W 的工业吸尘器和小型旋风收尘筒组成，或用其他具有相当功能的设备。

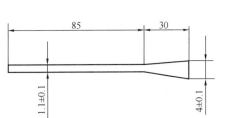

单位: mm

图 3-14　喷气嘴上下口

（3）水筛架和喷头

水筛架上筛座内径为 140^{+0}_{-3} mm。

（4）天平

最小分度值不大于 0.01g。

2. 操作程序

（1）检验准备

试验前所用试验筛应保持清洁，负压筛和手工筛应保持干燥。试验时，80μm 筛析试验称取试样 25g，45μm 筛析试验称取试样 10g。

（2）负压筛析法

① 筛析试验前应把负压筛放在筛座上，盖上筛盖，接通电源，检查控制系统，调节负压至 4000～6000Pa 范围内。

② 称取试样精确至 0.01g，置于洁净的负压筛中，盖上筛盖，放在筛座上，开动筛析仪连续筛析 2min。在此期间如有试样附着在筛盖上，可轻轻地敲击筛盖使试样落下。筛毕，用天平称量全部筛余物。

（3）水筛法

① 筛析试验前，应检查水中有无泥、砂，调整好水压及水筛架的位置，使其能正常运转，并控制喷头底面和筛网之间距离为 35～75mm。

② 称取试样精确至 0.01g，置于洁净的水筛中，立即用淡水冲至大部分细粉通过后，放在水筛架上，用水压为（0.05±0.02）MPa 的喷头连续冲洗 3min。筛毕，用少量水把筛余物冲至蒸发皿中，等水泥颗粒全部沉淀后，小心倒出清水，烘干并用天平称量全部筛余物。

（4）手工筛析法

① 称取水泥试样，精确至 0.01g，倒入手工筛内。

② 用一只手持筛往复摇动，另一只手轻轻拍打，往复摇动和拍打过程应保持近于水平。拍打速度每分钟约 120 次，每 40 次向同一方向转动 60°，使试样均匀分布在筛网上，直至每分钟通过的试样量不超过 0.03g 为止。称量全部筛余物。

③ 对其他粉状物料、或采用 45～80μm 以外规格方孔筛进行筛析试验时，应指明筛子的规格、称样量、筛析时间等相关参数。

（5）试验筛的清洗

试验筛必须经常保持洁净，筛孔通畅，使用 10 次后要进行清洗。金属框筛、铜丝网筛清洗时应用专门的清洗剂，不可用弱酸浸泡。

3. 结果计算及处理

水泥试样筛余百分数按式（3-4）计算：

$$F = \frac{R_t}{W} \times 100 \tag{3-4}$$

式中　F——水泥试样的筛余百分数，%；

　　　R_t——水泥筛余物的质量，g；

W ——水泥试样的质量，g。

结果计算至 0.1%。

3.1.4 水泥密度检验

1. 仪器及材料

（1）李氏瓶

李氏瓶由优质玻璃制成，透明无条纹，具有抗化学侵蚀性且热滞后性小，要有足够的厚度以确保良好的耐裂性。李氏瓶横截面形状为圆形，外形尺寸如图 3-15 所示。

瓶颈刻度由 0～1mL 和 18～24mL 两段刻度组成，且 0～1mL 和 18～24mL 以 0.1mL 为分度值，任何标明的容量误差都不大于 0.05mL。

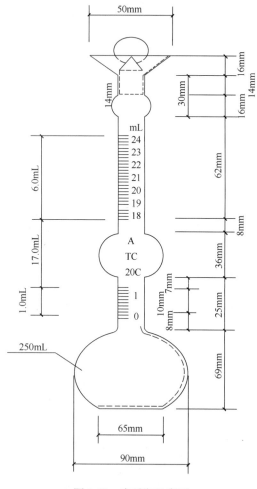

图 3-15 李氏瓶示意图

（2）无水煤油

符合 GB 253《煤油》的要求。

（3）恒温水槽

应有足够大的容积，使水温可以稳定控制在（20±1）℃。

（4）天平

量程不小于 100g，分度值不大于 0.01g。

（5）温度计

量程包含 0～50℃，分度值不大于 0.1℃。

2. 测定步骤

（1）水泥试样应预先通过 0.90mm 方孔筛，在 110℃±5℃温度下烘干 1h，并在干燥器内冷却至室温〔室温应控制在（20±1）℃〕。

（2）称取水泥 60g（m），精确至 0.01g。在测试其他材料密度时，可按实际情况增减称量材料质量，以便读取刻度值。

（3）将无水煤油注入李氏瓶中至"0mL"到"1mL"之间刻度线后（选用磁力搅拌，此时应加入磁力棒），盖上瓶塞放入恒温水槽内，使刻度部分浸入水中〔水温应控制在（20±1）℃〕，恒温至少 30min，记下无水煤油的初始（第一次）读数 V_1。

（4）从恒温水槽中取出李氏瓶，用滤纸将李氏瓶细长颈内没有煤油的部分仔细擦干净。

（5）用小匙将水泥样品一点点地装入李氏瓶中，反复摇动（亦可用超声波震动或磁力搅拌等），直至没有气泡排出，再次将李氏瓶静置于恒温水槽，使刻度部分浸入水中，恒温至少 30min，记下第二次读数 V_2。

（6）第一次读数和第二次读数时，恒温水槽的温度差不大于 0.2℃。

3. 结果计算

水泥密度 ρ 按式（3-5）计算，结果精确至 0.01g/cm³，检验结果取两次测定结果的算术平均值，两次测定结果之差不大于 0.02g/cm³。

$$\rho = m/(V_2 - V_1) \tag{3-5}$$

式中　ρ——水泥密度，g/cm^3；

　　　m——冰泥质量，g；

　　　V_2——李氏瓶第二次读数，mL；

　　　V_1——李氏瓶第一次读数，mL。

3.1.5　水泥比表面积测定方法（勃氏法）

根据一定量的空气通过具有一定空隙率和固定厚度的水泥层时，所受阻力不同而引起流速的变化来测定水泥的比表面积。在一定空隙率的水泥层中，空隙的大小和数量是颗粒尺寸的函数，同时也决定了通过料层的气流速度。

1. 检验设备及条件

（1）透气仪

采用的勃氏比表面积透气仪，分手动和自动两种。

（2）烘干箱

控制温度灵敏度±1℃。

（3）分析天平

分度值为 0.001g。

（4）秒表

精确至 0.5s。

（5）水泥样品

水泥样品先通过 0.9mm 方孔筛，再在（110±5）℃下烘干 1h，并在干燥器中冷却至室温。

（6）压力计液体

采用带有颜色的蒸馏水或直接采用无色蒸馏水。

（7）滤纸

采用中速定量滤纸。

（8）汞

分析纯汞。

（9）试验室条件

相对湿度不大于 50%。

2. 操作步骤

（1）测定水泥密度

按本章 3.1.4 节测定水泥密度。

（2）漏气检查

将透气圆筒上口用橡皮塞塞紧，接到压力计上。用抽气装置压力计一臂中抽出部分气体，然后关闭阀门，观察是否漏气。如发现漏气，可用活塞油脂加以密封。

（3）空隙率（ε）的确定

PⅠ、PⅡ型水泥的空隙率采用 0.500±0.005，其他水泥或粉料的空隙率选用 0.530±0.005。当按上述空隙率不能将试样压规定的位置时，则允许改变空隙率。空隙率的调整以 2000g 砝码（5等砝码）将试样压实至规定的位置为准。

（4）确定试样量

试样量按式（3-6）计算：

$$m = \rho V(1 - \varepsilon) \tag{3-6}$$

式中　m ——需要的试样量，g；

　　　ρ ——试样密度，g/cm³；

　　　V ——试料层体积，cm³；

　　　ε ——试料层空隙率。

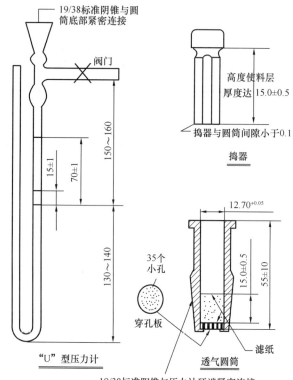

图 3-16　比面积 U 型压力计示意图

（5）试料层制备

将穿孔板放入透气圆筒的凸缘上，用捣棒把一片滤纸放到穿孔板上，边缘放平并压紧。称取按由式（3-6）确定的试样量精确至0.001g，倒入圆筒。轻敲圆角的边，使水泥层表面平坦，再放入一片滤纸，用捣器均匀捣实试料，至捣器的支持环与圆筒的边接触，并旋转 1～2 圈，慢慢取出捣器。穿孔板上的滤纸为 ϕ12.7mm 边缘光滑的圆形滤纸，每次测定需用新的滤纸片。

（6）透气检验

把装有试料层的透气圆筒下锥面涂一薄层活塞油脂，然后把它插入压力计顶端锥型磨口处，旋转 1～2 圈。要保证紧密连接不致漏气，并不振动所制备的试料层。

打开微型电磁泵，慢慢从压力计一臂中抽出空气，直到压力计内液面上升到扩大部下端时，关闭阀门。当压力计内液体的凹月面下降到第一条刻线时开始计时（图 3-16），当液体的凹月面下降到第二条刻线时停止计时，记录液面从第一条刻度线到第二条刻度线所需的时间。以秒记录，并记录下试验时的温度（℃）。每次透气试验，应重新制备试料层。

3. 结果计算

（1）当被测试样的密度、试料层中空隙率与标准样品相同，试验时的温度与校准温度之差≤3℃时，可以按式（3-7）计算：

$$S = \frac{S_s \sqrt{T}}{\sqrt{T_s}} \tag{3-7}$$

如试验时的温度与校准温度之差＞3℃时，则按式（3-8）计算：

$$S = \frac{S_s \sqrt{\eta_s} \sqrt{T}}{\sqrt{\eta} \sqrt{T_s}} \tag{3-8}$$

式中　S ——被测试样的比表面积，cm²/g；

　　　S_s ——标准样品的比表面积，cm²/g；

　　　T ——被测试样试验时，压力计中液面降落测得的时间，s；

　　　T_s ——标准样品试验时，压力计中液面降落测得的时间，s；

　　　η ——被测试样试验温度下的空气粘度，μPa·s；

　　　η_s ——标准样品试验温度下的空气粘度，μPa·s。

（2）当被测试样的试料层中空隙率与标准样品试料层中空隙率不同，试验时的温度与校准温度之差≤3℃时，可按式（3-9）计算：

$$S = \frac{S_s\sqrt{T}(1-\varepsilon_s)\sqrt{\varepsilon^3}}{\sqrt{T_s}(1-\varepsilon)\sqrt{\varepsilon_s^3}} \tag{3-9}$$

如试验时的温度与校准温度之差＞3℃时，按式（3-10）计算：

$$S = \frac{S_s\sqrt{\eta_s}\sqrt{T}(1-\varepsilon_s)\sqrt{\varepsilon^3}}{\sqrt{\eta}\sqrt{T_s}(1-\varepsilon)\sqrt{\varepsilon_s^3}} \tag{3-10}$$

式中　ε——被测试样试料层中的空隙率；

　　　ε_s——标准样品试料层中的空隙率。

（3）当被测试样的密度和空隙率均与标准样品不同，试验时的温度与校准温度之差≤3℃时，可按式（3-11）计算：

$$S = \frac{S_s\rho_s\sqrt{T_s}(1-\varepsilon_s)\sqrt{\varepsilon^3}}{\rho\sqrt{T_s}(1-\varepsilon_s)\sqrt{\varepsilon_s^3}} \tag{3-11}$$

如试验时的温度与校准温度之差大于3℃时，则按式（3-12）计算：

$$S = \frac{S_s\rho_s\sqrt{\eta_s}\sqrt{T}(1-\varepsilon_s)\sqrt{\varepsilon^3}}{\rho\sqrt{\eta}\sqrt{T_s}(1-\varepsilon_s)\sqrt{\varepsilon_s^3}} \tag{3-12}$$

式中　ρ——被测试样的密度，g/m^3；

　　　ρ_s——标准样品的密度，g/m^3。

（4）结果处理

① 水泥比表面积应由二次透气试验结果的平均值确定。如二次试验结果相差2%以上时，应重新试验。计算结果保留至 $10cm^2/g$。

② 当同一水泥用手动勃氏透气仪测定的结果与自动勃氏透气仪测定的结果有争议时，以手动勃氏透气仪测定结果为准。

3.1.6　水泥胶砂流动度测定

1. 仪器和设备

（1）水泥胶砂流动度测定仪（简称跳桌）

① 跳桌主要由铸铁机架和跳动部分组成（图3-17）。

② 机架是铸铁铸造的坚固整体，有三根相隔120°分布的增强筋延伸整个机架高度，机架孔周围环状精磨，机架孔的轴线与圆盘上表面垂直。当圆盘下落和机架接触时，接触面保持光滑，并与圆盘上表面成平行状态，同时在360°范围内完全接触。

③ 跳动部分主要由圆盘桌面和推杆组成，总质量为(4.35±0.15)kg，且以推杆为中心均匀分布。圆盘桌面为布氏硬度不低于200 HB的铸钢，直径为(300±1)mm，边缘约厚5mm。其上表面应光滑平整，并镀硬铬。表面粗糙度 R_a 在0.8～1.6之间。桌面中心有直径为125mm的刻圆，用以确定锥形试模的位置。从圆盘外缘指向中心有8条线，相隔45°分布。桌面下有6根辐射状筋，相隔60°均匀分布。圆盘表面的平面度不超过0.10mm。跳动部分下落瞬间，托轮不应与凸轮接触。跳桌落距为(10.0±0.2)mm，推杆与机架孔的公差间隙为0.05～0.10mm。

④ 凸轮（图3-18）由钢制成，其外表面轮廓符合等速螺旋线，表面硬度不低于洛氏55 HRC。当推杆和凸轮接触时不应察觉出有跳动，上升过程中保持圆盘桌面平稳，不抖动。

⑤ 转动轴与转速为60r/min的同步电机，其转动机构能保证胶砂流动度测定仪在(25±1)s内完成25次跳动。

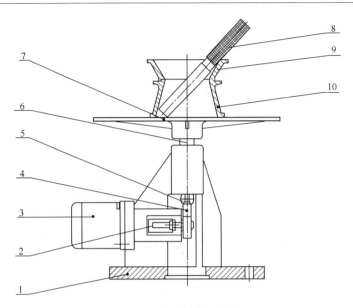

图 3-17 跳桌结构示意图

1—机架；2—接近开关；3—电动机；4—凸轮；5—轴承；6—推杆；

7—圆盘桌面；8—捣棒；9—模套；10—截锥圆模

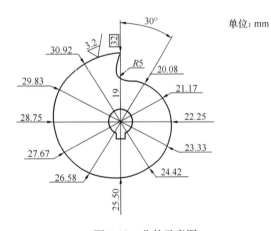

图 3-18 凸轮示意图

⑥ 跳桌底座有 3 个直径为 12mm 的孔，以便与混凝土基座连接，三个孔均匀分布在直径 200mm 的圆上。

⑦ 安装和润滑

跳桌宜通过膨胀螺栓安装在已硬化的水平混凝土基座上。基座由容重至少为 2240kg/m³ 的重混凝土浇筑而成，基部约为 400mm×400mm 见方，高约 690mm。

⑧ 跳桌推杆应保持清洁，并稍涂润滑油。圆盘与机架接触面不应该有油。凸轮表面上涂油可减少操作的摩擦。

（2）水泥胶砂搅拌机

符合 JC/T 681《行星式水泥胶砂搅拌机》的要求。

（3）试模

由截锥圆模和模套组成。金属材料制成，内表面加工光滑。圆模尺寸为：

高度：（60±0.5）mm；

上口内径：（70±0.5）mm；

下口内径：（100±0.5）mm；

下口外径：120mm；

模壁厚：大于 5mm。

（4）捣棒

① 金属材料制成，直径为（20±0.5）mm，长度约 200mm。

② 捣棒底面与侧面成直角，其下部光滑，上部手柄滚花。

（5）卡尺

量程不小于300mm，分度值不大于0.5mm。

（6）小刀

刀口平直，长度大于80mm。

（7）天平

量程不小于1000g，分度值不大干1g。

2. 检验方法

（1）如跳桌在24h内未被使用，先空跳一个周期25次。

（2）胶砂制备

① 在制备胶砂的同时，用潮湿棉布擦拭跳桌台面、试模内壁、捣棒以及与胶砂接触的用具，将试模放在跳桌台面中央并用潮湿棉布覆盖。

② 将拌好的胶砂分两层迅速装入试模，第一层装至截锥圆模高度约三分之二处，用小刀在相互垂直两个方向各划5次，用捣棒由边缘至中心均匀捣压15次（图3-19）；随后，装第二层胶砂，装至高出截锥圆模约20mm，用小刀在相互垂直两个方向各划5次，再用捣棒由边缘至中心均匀捣压10次（图3-20）。捣压后胶砂应略高于试模。捣压深度，第一层捣至胶砂高度的二分之一，第二层捣实不超过已捣实底层表面。装胶砂和捣压时，用手扶稳试模，不要使其移动。

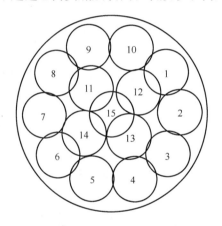

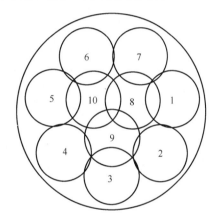

图3-19 第一层捣压位置示意图 　　　图3-20 第二层捣压位置示意图

③ 捣压完毕，取下模套，将小刀倾斜，从中间向边缘分两次以近水平的角度抹去高出截锥圆模的胶砂，并擦去落在桌面上的胶砂。将截锥圆模垂直向上轻轻提起。立刻开动跳桌，以每秒钟一次的频率，在（25±1）s内完成25次跳动。

3. 结果与计算

跳动完毕，用卡尺测量胶砂底面互相垂直的两个方向的直径，计算平均值，取整数，单位为毫米。该平均值即为该水量的水泥胶砂流动度。

3.2 建设用砂检验操作细则

3.2.1 试样

1. 取样方法

在料堆上取样时，取样部位应均匀分布。取样前先将取样部位表层铲除，然后从不同部位随机抽取大致等量的砂8份，组成一组样品。

从皮带运输机上取样时，应用与皮带等宽的接料器在皮带运输机机头出料处全断面定时随机抽取大致等量的砂 4 份，组成一组样品。

从火车、汽车、货船上取样时，从不同部位和深度随机抽取大致等量的砂 8 份，组成一组样品。

2. 取样数量

单项试验的最少取样数量应符合表 3-3 的规定。若进行几项试验时，如能保证试样经一项试验后不致影响另一项试验的结果，可用同一试样进行几项不同的试验。

表 3-3　单项试验取样数量

序号	试验项目		最少取样数量/kg
1	颗粒级配		4.4
2	含泥量		4.4
3	泥块含量		20.0
4	石粉含量		6.0
5	云母含量		0.6
6	轻物质含量		3.2
7	有机物含量		2.0
8	硫化物与硫酸盐含量		0.6
9	氯化物含量		4.4
10	贝壳含量		9.6
11	坚固性	天然砂	8.0
		机制砂	20.0
12	表观密度		2.6
13	松散堆积密度与空隙率		5.0
14	碱骨料反应		20.0
15	放射性		6.0
16	饱和面干吸水率		4.4

3. 试样处理

（1）用分料器法：将样品在潮湿状态下拌和均匀，然后通过分料器，取接料斗中的其中一份再次通过分料器。重复上述过程，直至把样品缩分到试验所需量为止。

（2）人工四分法：将所取样品置于平板上，在潮湿状态下拌和均匀，并堆成厚度约为 20mm 的圆饼，然后沿互相垂直的两条直径把圆饼分成大致相等的四份，取其中对角线的两份重新拌匀，再堆成圆饼。重复上述过程，直至把样品缩分到试验所需量为止。

（3）堆积密度、机制砂坚固性试验所用试样可不经缩分，在拌匀后直接进行试验。

3.2.2　颗粒级配

1. 仪器设备

试验用仪器设备如下：

（1）鼓风干燥箱：能使温度控制在（105±5）℃；

（2）天平：称量 1000g，感量 0.1g；

（3）方孔筛：规格为 $150\mu m$、$300\mu m$、$600\mu m$、$1.18mm$、$2.36mm$、$4.75mm$ 及 $9.55mm$ 的筛各一只，并附有筛底和筛盖；

（4）摇筛机；

（5）搪瓷盘、毛刷等。

2. 检验步骤

（1）筛除大于 9.50mm 的颗粒（并算出其筛余百分率），并将试样缩分至约 1100g，放在干燥箱中于（105±5）℃下烘干至恒量，待冷却至室温后，分为大致相等的两份备用。

注：恒量系指试样在烘干 3h 以上的情况下，其前后质量之差不大于该项试验所要求的称量精度（下同）。

（2）称取试样 500g，精确至 1g。将试样倒入按孔径大小从上到下组合的套筛（附筛底）上，然后进行筛分。

（3）将套筛置于摇筛机上，摇 10min；取下套筛，按筛孔大小顺序再逐个用手筛，筛至每分钟通过量小于试样总量 0.1% 为止。通过的试样并入下一号筛中，并和下一号筛中的试样一起过筛，按这样的顺序进行，直至各号筛全部筛完为止。

（4）称出各号筛的筛余量，精确至 1g，试样在各号筛余量不得超过按式（3-13）计算出的量。

$$G = \frac{A + d^{1/2}}{200} \tag{3-13}$$

式中　G——在一个筛上的筛余量，g；

$\quad\quad A$——筛面面积，mm^2；

$\quad\quad d$——筛孔尺寸，mm。

（5）超过时应按下列方法之一处理：

① 将该粒级试样分成少于按式（3-13）计算出的量，分别筛分，并以筛余量之和作为该号筛的筛余量。

② 将该粒级及以下各粒级的筛余混合均匀，称出其质量，精确至 1g。再用四分法缩分为大致相等的两份，取其中一份，称出其质量，精确至 1g，继续筛分。计算该粒级及以下各粒级的分计筛余量时应根据缩分比例进行修正。

3. 结果计算与评定

（1）计算分计筛余百分率：各号筛的筛余量与试样总量之比，计算精确至 0.1%。

（2）计算累计筛余百分率：该号筛的分计筛余百分率加上该号筛以上各分计筛余百分率之和，精确至 0.1%。筛分后，如每号筛的筛余量与筛底的剩余量之和同原试样质量之差超过 1% 时，应重新试验。

（3）砂的细度模数按式（3-14）计算，精确到 0.01。

$$M_X = \frac{(A_2 + A_3 + A_4 + A_5 + A_6) - 5A_1}{100 - A_1} \tag{3-14}$$

式中　　　　　　　　　M_X——细度模数；

A_1、A_2、A_3、A_4、A_5、A_6——分别为 4.75mm、2.36mm、1.18mm、600μm、300μm、150μm 筛的累计筛余百分率。

（4）累计筛余百分率取两次试验结果的算术平均值，精确至 1%。细度模数取两次试验结果的算术平均值，精确至 0.1；如两次试验的细度模数之差超过 0.20 时，应重新试验。

（5）根据各号筛的累计筛余百分率，采用修约值比较法评定该试样的颗粒级配。

3.2.3　含泥量

1. 仪器设备

本试验用仪器设备如下：

（1）鼓风干燥箱：能使温度控制在（105±5）℃；

（2）天平：称量1000g，感量0.1g；

（3）方孔筛：孔径为75μm及1.18mm的筛各一只；

（4）容器：要求淘洗试样时，保持试样不溅出（深度大于250mm）；

（5）搪瓷盘、毛刷等。

2. 检验步骤

（1）将试样缩分至约1100g，放在干燥箱中于(105±5)℃下烘干至恒量，待冷却至室温后，分为大致相等的两份备用。

（2）称取试样500g，精确至0.1g。将试样倒入淘洗容器中，注入清水，使水面高于试样面约150mm，充分搅拌均匀后，浸泡2h，然后用手在水中淘洗试样，使尘屑、淤泥和粘土与砂粒分离，把浑水缓缓倒入1.18mm及75μm的套筛上（1.18mm筛放在75μm筛上面），滤去小于75μm的颗粒。试验前筛子的两面应先用水润湿，在整个过程中应小心防止砂粒流失。

（3）再向容器中注入清水，重复上述操作，直至容器内的水目测清澈为止。

（4）用水淋洗剩余在筛上的细粒，并将75μm筛放在水中（使水面略高出筛中砂粒的上表面）来回摇动，以充分洗掉小于75μm的颗粒，然后将两只筛的筛余颗粒和清洗容器中已经洗净的试样一并倒入搪瓷盘，放在干燥箱中于（105±5）℃下烘干至恒量，待冷却至室温后，称出其质量，精确至0.1g。

3. 结果计算与评定

（1）含泥量按式（3-15）计算，精确至0.1%：

$$Q_a = \frac{G_0 - G_1}{G_0} \times 100 \tag{3-15}$$

式中　Q_a——含泥量，%；MB

　　　G_0——试验前烘干试样的质量，g；

　　　G_1——试验后烘干试样的质量，g。

（2）含泥量取两个试样的试验结果算术平均值作为测定值，采用修约值比较法进行评定。

3.2.4 石粉含量与MB值

1. 检验用材料

（1）亚甲蓝

亚甲蓝：（$C_{16}H_{18}ClN_3S \cdot H_2O$）含量≥95%。

（2）亚甲蓝溶液

① 亚甲蓝粉末含水率测定

称量亚甲蓝粉末约5g，精确至0.01g，记为M_h。将该粉末在（100±5）℃烘至恒量，置于干燥器中冷却。从干燥器中取出后立即称重，精确到0.01g，记为M_g。按式（3-16）计算含水率，精确到小数点后一位，记为W。

$$W = \frac{M_h - M_g}{M_g} \times 100 \tag{3-16}$$

式中　W——含水率，%；

　　　M_h——烘干前亚甲蓝粉末质量，g；

　　　M_g——烘干后亚甲蓝粉末质量，g。

每次染料溶液制备均应进行亚甲蓝粉末含水率测定。

② 亚甲蓝溶液制备

a. 称量亚甲蓝粉末 $[(100+W)/10\pm0.01]g$（相当于干粉 10g），精确至 0.01g。倒入盛有约 600mL 蒸馏水（水温加热至 35～40℃）的烧杯中，用玻璃棒持续搅拌 40min，直至亚甲蓝粉末完全溶解，冷却至 20℃。将溶液倒入 1L 容量瓶中，用蒸馏水淋洗烧杯等，使所有亚甲蓝溶液全部移入容量瓶，容量瓶和溶液的温度应保持在 (20 ± 1)℃，加蒸馏水至容量瓶 1L 刻度。振荡容器瓶以保证亚甲蓝粉末完全溶解。将容量瓶中溶液移入深色储藏瓶，标明制备日期、失效日期（亚甲蓝溶液保质期应不超过 28d），并置于阴暗处保存。

b. 定量滤纸（快速）。

2. 仪器设备

本试验用仪器设备如下：

(1) 鼓风干燥箱：能使温度控制范围在 (105 ± 5)℃；

(2) 天平：称量 1000g、感量 0.1g 及称量 100g、感量 0.01g 各一台；

(3) 方孔筛：孔径为 75μm、1.18mm、2.36mm 的筛各一只；

(4) 容器：要求淘洗试样时，保持试样不溅出（深度大于 250mm）；

(5) 移液管：5mL、2mL 移液管各一个；

(6) 三片或四片式叶轮搅拌器：转速可调 [最高达 (600 ± 60) r/min]，直径 (75 ± 10) mm；

(7) 定时装置：精度 1s；

(8) 玻璃容量瓶：1L；

(9) 温度计：精度 1℃；

(10) 玻璃棒：2 支（直径 8mm，长 300mm）；

(11) 搪瓷盘、毛刷、1000mL 烧杯等。

3. 检验步骤

(1) 石粉含量的测定

按 3.2.3 节第 2 条的规定进行。

(2) 亚甲蓝 MB 值的测定

① 将试样缩分至约 400g，放在干燥箱中于 (105 ± 5)℃下烘干至恒量，待冷却至室温后，筛除大于 2.36mm 的颗粒备用。

② 称取试样 200g，精确至 0.1g。将试样倒入盛有 (500 ± 5)mL 蒸馏水的烧杯中，用叶轮搅拌机以 (600 ± 60)r/min 转速搅拌 5min，使成悬浮液，然后持续以 (400 ± 40)r/min 转速搅拌，直至试验结束。

③ 悬浮液中加入 5mL 亚甲蓝溶液，以 (400 ± 40)r/min 转速搅拌至 1min 后，用玻璃棒沾取一滴悬浮液（所取悬浮滴应使沉淀物直径在 8～12mm 内），滴于滤纸（置于空烧杯或其他合适的支撑物上，以使滤纸表面不与任何固体或液体接触）上。若沉淀物周围未出现色晕，再加入 5mL 亚甲蓝溶液，继续搅拌 1min，再用玻璃棒沾取一滴悬浮液，滴于滤纸上，若沉淀物周围仍未出现色晕，重复上述步骤，直至沉淀物周围出现约 1mm 的稳定浅蓝色色晕。此时，应继续搅拌，不加亚甲蓝溶液，每 1min 进行一次沾染试验。若色晕在 4min 内消失，再加入 5mL 亚甲蓝溶液；若色晕在第 5min 消失，再加入 2mL 亚甲蓝溶液。两种情况下，均应继续进行搅拌和沾染试验，直至色晕可持续 5min。

④ 记录色晕持续 5min 时所加入的亚甲蓝溶液总体积，精确至 1mL。

(3) 亚甲蓝的快速试验

一次性向烧杯中加入 30mL 亚甲蓝溶液，在 (400 ± 40)r/min 转速持续搅拌 8min，然后用玻璃棒沾取一滴悬浮液，滴于滤纸上，观察沉淀物周围是否出现明显色晕。

(4) 结果计算与评定

① 石粉含量的计算

按 3.2.3 节第 3 条的规定进行。

② 亚甲蓝 MB 值的计算

按式（3-17）计算，精确至 0.1。

$$MB = \frac{V}{G} \times 10 \qquad (3\text{-}17)$$

式中　MB——亚甲蓝值，g/kg，表示每千克 0～2.36mm 粒级试样所消耗的亚甲蓝质量；

　　　G——试样质量，g；

　　　V——所加入的亚甲蓝溶液的总量，mL；

　　　10——用于每千克试样消耗的亚甲蓝溶液体积换算成亚甲蓝质量。

③ 亚甲蓝快速试验结果评定

若沉淀物周围出现明显色晕，则判定亚甲蓝快速试验为合格；若沉淀物周围未出现明显色晕，则判定亚甲蓝快速试验为不合格。

3.2.5　泥块含量

1. 仪器设备

本试验用仪器设备如下：

（1）鼓风干燥箱：能使温度控制在（105±5）℃；

（2）天平：称量 1000g，感量 0.1g；

（3）方孔筛：孔径为 600μm 及 1.18mm 的筛各一只；

（4）容器：要求淘洗试样时，保持试样不溅出（深度大于 250mm）；

（5）搪瓷盘，毛刷等。

2. 检验步骤

（1）将试样缩分至 5000g，放在干燥箱中于(105±5)℃下烘干至恒量，待冷却至室温后，筛除小于 1.18mm 的颗粒，分为大致相等的两份备用。

（2）称取试样 200g，精确至 0.1g。将试样倒入淘洗容器中，注入清水，使水面高于试样面约 150mm，充分搅拌均匀后，浸泡 24h。然后用手在水中碾碎泥块，再把试样放在 600μm 筛上，用水淘洗，直至容器内的水目测清澈为止。

（3）保留下来的试样小心地从筛中取出，装入浅盘后，放在干燥箱中于(105±5)℃下烘干至恒量，待冷却至室温后，称其质量，精确至 0.1g。

3. 结果计算与评定

泥块含量按式（3-18）计算，精确至 0.1%：

$$Q_b = \frac{G_1 - G_2}{G_1} \times 100 \qquad (3\text{-}18)$$

式中　Q_b——泥块含量，%；m$_1$

　　　G_1——1.18mm 筛筛余试样的质量，g；

　　　G_1——试验后烘干试样的质量，g。

泥块含量取两次试验结果的算术平均值，精确至 0.1%。

3.2.6　云母含量

1. 仪器设备

本试验用仪器设备如下：

（1）鼓风干燥箱：能使温度控制在(105±5)℃；

（2）放大镜：(3~5)倍放大率；

（3）天平：称量100g，感量0.01g；

（4）方孔筛：孔径为300μm及4.75mm的筛各一只；

（5）钢针、搪瓷盘等。

2. 检验步骤

（1）将试样缩分至约150g，放在干燥箱中于（105±5）℃下烘干至恒量，待冷却至室温后，筛除大于4.75mm及小于300μm的颗粒备用。

（2）称取试样15g，精确至0.01g。将试样倒入搪瓷盘中摊开，在放大镜下用钢针挑出全部云母，称出云母质量，精确至0.01g。

3. 结果计算与评定

（1）云母含量按式（3-19）计算，精确至0.1%：

$$Q_C = \frac{G_2}{G_1} \times 100 \tag{3-19}$$

式中　Q_C——云母含量，%；

　　　G_1——300μm~4.75mm颗粒的质量，g；

　　　G_2——云母质量，g。

（2）云母含量取两次试验结果的算术平均值，精确至0.1%。

3.2.7　轻物质含量

1. 试剂和材料

本试验用试剂和材料如下：

（1）氯化锌：化学纯。

（2）重液：向1000mL的量杯中加水至600mL刻度处，再加入1500g氯化锌；用玻璃棒搅拌使氯化锌充分溶解，待冷却至室温后，将部分溶液倒入250mL量筒中测其相对密度；若相对密度小于2000kg/m³，则倒回1000mL量杯中，再加入氯化锌，待全部溶解并冷却至室温后测其密度，直至溶液密度达到2000kg/m³为止。

2. 仪器设备

本试验用仪器设备如下：

（1）鼓风干燥箱：能使温度控制在（105±5）℃；

（2）天平：称量1000g，感量0.1g；

（3）量具：1000mL量杯、250mL量筒、150mL烧杯各一只；

（4）比重计：测定范围为1800~2200kg/m³；

（5）方孔筛：孔径为4.75mm及300μm的筛各一只；

（6）网篮：内径和高度均约为70mm，网孔孔径不大于300μm；

（7）陶瓷盘、玻璃棒、毛刷等。

3. 检验步骤

（1）将试样缩分至约800g，放在干燥箱中于（105±5）℃下烘干至恒量，待冷却至室温后，筛除大于4.75mm及小于300μm的颗粒，分为大致相等的两份备用。

（2）称取试样200g，精确至0.1g。将试样倒入盛有重液的量杯中，用玻璃棒充分搅拌，使试样中的轻物质与砂充分分离，静置5min后，将浮起的轻物质连同部分重液倒入网篮中，轻物质留在网篮上，而重液通过网篮流入另一容器，倾倒重液时应避免带出砂粒，一般当重液表面与砂表面相距 20～30mm 时即停止倾倒，流出的重液倒回盛试样的量杯中，重复上述过程，直至无轻物质浮起为止。

（3）用清水洗净留存于网篮中的物质，然后将它移入已恒量的烧杯，放在干燥箱中在（105±5）℃下烘干至恒量，待冷却至室温后，称出轻物质与烧杯的总质量，精确至 0.1g。

4. 结果计算与评定

（1）轻物质含量，按式（3-20）计算，精确至 0.1%。

$$Q_d = \frac{G_2 - G_3}{G_1} \times 100 \tag{3-20}$$

式中 Q_d——轻物质含量，%；

    G_1——300μm～4.75mm 颗粒的质量，g；

    G_2——烘干的轻物质与烧杯的总质量，g；

    G_3——烧杯的质量，g。

（2）轻物质含量取两次试验结果的算术平均值，精确至 0.1%。

3.2.8 坚固性

1. 硫酸钠溶液法

（1）试剂和材料

本试验用试剂和材料如下：

① 10%氯化钡溶液；

② 硫酸钠溶液：在 1L 水中（水温在 30℃左右），加入无水硫酸钠（Na_2SO_4）350g 或结晶硫酸钠（$Na_2SO_4 \cdot H_2O$）750g，边加入边用玻璃棒搅拌，使其溶解并饱和。然后冷却至 20～25℃，在此温度下静置 48h，即为试验溶液，其密度应为 1.151～1.174g/cm³。

（2）仪器设备

本试验用仪器设备如下：

① 鼓风干燥箱：能使温度控制在（105±5）℃；

② 天平：称量 1000g，感量 0.1g；

③ 三脚网篮：用金属丝制成，网篮直径和高均为 70mm，网的孔径应不大于所盛试样中最小粒径的一半；

④ 方孔筛；

⑤ 容器：瓷缸，容积不小于 10L；

⑥ 比重计；

⑦ 玻璃棒、搪瓷盘、毛刷等。

（3）检验步骤

① 将试样缩分至约 2000g，将试样倒入容器中，用水浸泡、淋洗干净后，放在干燥箱中于（105±5）℃下烘干至恒量，待冷却至室温后，筛除大于 4.75mm 及小于 300μm 的颗粒，然后筛分成 300～600μm，600～1.18mm，1.18～2.36mm 和 2.36～4.75mm 四个粒级备用。

② 称取各粒级试样各 100g，精确至 0.1g。将不同粒级的试样分别装入网篮，并浸入盛有硫酸钠溶液的容器中，溶液的体积应不小于试样总体积的 5 倍。网篮浸入溶液时，应上下升降 25 次，以排除试样的气泡。然后静置于该容器中，网篮底面应距离容器底面约 30mm，网篮之间距离应不小于 30mm，液面至少高于试样表面 30mm，溶液温度应保持在 20～25℃。

③ 浸泡 20h 后，把装试样的网篮从溶液中取出，放在干燥箱中于（105±5）℃烘 4h，至此，完成了第一次试验循环，待试样冷却至 20～25℃后，再按上述方法进行第二次循环。从第二次循环开始，浸泡与烘干时间均为 4h，共循环 5 次。

④ 最后一次循环后，用清洁的温水淋洗试样，直至淋洗试样后的水加入少量氯化钡溶液不出现白色浑浊为止，洗过的试样放在干燥箱中于（105±5）℃下烘干至恒量。待冷却至室温后，用孔径为试样粒级下限的筛过筛，称出各粒级试样试验后的筛余量，精确至 0.1g。

（4）结果计算与评定

① 各粒级试样质量损失百分率按式（3-21）计算，精确至 0.1%。

$$P_i = \frac{G_1 - G_2}{G_1} \times 100 \tag{3-21}$$

式中　P_i——各粒级试样质量损失百分率，%；

　　　G_1——各粒级试样试验前的质量，g；

　　　G_2——各粒级试样试验后的筛余量，g。

② 试样的总质量损失百分率按式（3-22）计算，精确至 1%。

$$P = \frac{\partial_1 P_1 + \partial_2 P_2 + \partial_3 P_3 + \partial_4 P_4}{\partial_1 + \partial_2 + \partial_3 + \partial_4} \tag{3-22}$$

式中　　　　　　P——试样的总质量损失率，%；

∂_1、∂_2、∂_3、∂_4——分别为各粒级质量占试样（原试样中筛除了大于 4.75mm 及小于 300μm 的颗粒）总质量的百分率，%；

P_1、P_2、P_3、P_4——分别为各粒级试样质量损失百分率，%。

③ 用各粒级试样中的最大损失率作为判定结果，采用修约值比较法进行评定。

2. 压碎指标法

（1）仪器设备

本试验用仪器设备如下：

① 鼓风干燥箱：能使温度控制在（105±5）℃；

② 天平：称量 10kg 或 1000g，感量 1g；

③ 压力试验机：50～1000kN；

④ 受压钢模：由圆筒、底盘和加压压块组成，其尺寸如图 3-21 所示；

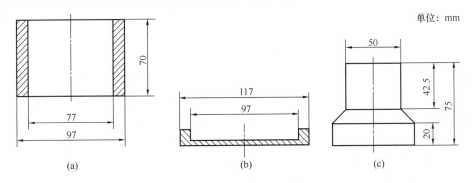

图 3-21　受压钢模尺寸图
（a）圆筒；（b）底盘；（c）加压块

⑤ 方孔筛：孔径为 4.75mm、2.36mm、1.18mm、600μm 及 300μm 的筛各一只；

⑥ 搪瓷盘、小勺、毛刷等。

（2）检验步骤

① 在干燥箱中于（105±5）℃下烘干至恒量，待冷却至室温后，筛除大于4.75mm及小于300μm的颗粒，然后筛分成300～600μm、600μm～1.18mm、1.18～2.36mm及2.36～4.75mm四个粒级，每级1000g备用。

② 称取单粒级试样330g，精确至1g。将试样倒入已组装成的受压钢模内，使试样距底盘面的高度约为50mm。整平钢模内试样的表面，将加压块放入圆筒内，并转动一周使之与试样均匀接触。

③ 将装好试样的受压钢模置于压力机的支承板上，对准压板中心后，开动机器，以每秒钟500N的速度加荷。加荷至25kN时稳荷5s后，以同样速度卸荷。

④ 取下受压模，移去加压块，倒出压过的试样，然后用该粒级的下限筛（如粒级为4.75～2.36mm时，则其下限筛指孔径为2.36mm的筛）进行筛分，称出试样的筛余量和通过量，均精确至1g。

（3）结果计算与评定

① 第 i 单粒级砂样的压碎指标按式（3-23）计算，精确至1%。

$$Y_i = \frac{G_2}{G_1 + G_2} \times 100 \tag{3-23}$$

式中　Y_i——第 i 单粒级压碎指标值，%；

　　　G_1——试样的筛余量，g；

　　　G_2——通过量，g。

② 第 i 单粒级压碎指标值取三次试验结果的算术平均值，精确至1%。

③ 取最大单粒级压碎指标值作为其压碎指标值。

3.2.9　表观密度

1. 仪器设备

本试验用仪器设备如下：

（1）鼓风干燥箱：能使温度控制在（105±5）℃；

（2）天平：称量1000g，感量0.1g；

（3）容量瓶：500mL；

（4）干燥器、搪瓷盘、滴管、毛刷、温度计等。

2. 检验步骤

（1）将试样缩分至约660g，放在干燥箱中于（105±5）℃烘干至恒量，待冷却至室温后，分为大致相等的两份备用。

（2）称取试验300g，精确至0.1g。将试样装入容量瓶，注入冷开水至接近500mL的刻度处，用手旋转摇动容量瓶，使砂样充分摇动，排除气泡，塞紧瓶盖，静置24h。然后用滴管小心加水至容量瓶500mL刻度处，塞紧瓶塞，擦干瓶外水分，称出其质量，精确至1g。

（3）倒出瓶内水和试样，洗净容量瓶，再向容量瓶内注水至500mL刻度处，塞紧瓶塞，擦干瓶外水分，称出其质量，精确至1g。

注：在砂的表观密度试验过程中应测量并控制水的温度，试验的各项称量可在15～25℃的温度范围内进行。从试样加水静置的最后2h起直至实验结束，其温度相差不应超过2℃。

3. 结果计算与评定

（1）砂的表观密度按式（3-24）计算，精确至10kg/m³：

$$\rho_0 = \left(\frac{G_0}{G_0 + G_2 - G_1} - \alpha_t\right) \times \rho_{水} \tag{3-24}$$

式中 ρ_0——表观密度，kg/m^3；

$\rho_{水}$——1000，kg/m^3；

G_0——烘干试样的质量，g；

G_1——试样、水及容量瓶的总质量，g；

G_2——水及容量瓶的总质量，g；

α_t——水温对表观密度影响的修正系数（表3-4）。

表3-4 不同水温对砂的表观密度影响的修正系数

水温/℃	15	16	17	18	19	20	21	22	23	24	25
α_t	0.002	0.003	0.003	0.004	0.004	0.005	0.005	0.006	0.006	0.007	0.008

（2）表观密度取两次试验结果的算术平均值，精确至 $10kg/m^3$；如两次试验结果之差大于 $20kg/m^3$，应重新试验。

3.2.10 堆积密度与空隙率

1. 仪器设备

本试验用仪器设备如下：

（1）鼓风干燥箱：能使温度控制在（105±5）℃；

（2）天平：称量10kg，感量1g；

（3）容量筒：圆柱形金属筒，内径108mm、净高109mm、壁厚2mm、筒底厚约5mm，容积为1L；

（4）方孔筛：孔径为4.75mm的筛一只；

（5）垫棒：直径10mm、长500mm的圆钢；

（6）直尺、漏斗或料勺、搪瓷盘、毛刷等。

2. 检验步骤

（1）用搪瓷盘装取试样约3L，放在干燥箱中于（105±5）℃下烘干至恒量，待冷却至室温后，筛除大于4.75mm的颗粒，分为大致相等的两份备用。

（2）松散堆积密度：取试样一份，用漏斗或料勺将试样从容量筒中心上方50mm处徐徐倒入，让试样以自由落体落下，当容量筒上部试样呈堆体、且容量筒四周溢满时，即停止加料。然后用直尺沿筒口中心线向两边刮平（试验过程应防止触动容量筒），称出试样和容量筒总质量，精确至1g。

（3）紧密堆积密度：取试样一份分二次装入容量筒。装完第一层后（约计稍高于1/2），在筒底垫放一根直径为10mm的圆钢，将筒按住，左右交替击地面各25下。然后装入第二层，第二层装满后用同样方法颠实（但筒底所垫钢筋的方向与第一层时的方向垂直）后，再加试样直至超过筒口，然后用直尺沿筒口中心线向两边刮平，称出试样和容量筒总质量，精确至1g。

3. 结果计算与评定

（1）松散或紧密堆积密度按式（3-25）计算，精确至 $10kg/m^3$：

$$\rho_1 = \frac{G_1 - G_2}{V} \tag{3-25}$$

式中 ρ_1——松散堆积密度或紧密堆积密度，kg/m^3；

G_1——容量筒和试样总质量，g；

G_2——容量筒质量，g；

V——容量筒的容积，L。

（2）空隙率按式（3-26）计算，精确至1%：

$$V_0 = \left(1 - \frac{\rho_1}{\rho_2}\right) \times 100 \tag{3-26}$$

式中　V_0——空隙率，%；

　　　ρ_1——试样的松散（或紧密）堆积密度，kg/m³；

　　　ρ_2——按式（3-24）计算的试样表观密度，kg/m³。

（3）堆积密度取两次试验结果的算术平均值，精确至10kg/m³。空隙率取两次试验结果的算术平均值，精确至1%。

3.2.11　碱骨料反应（碱-硅酸反应）

本方法适用于检验硅质集料与砂浆中的碱发生潜在碱-硅酸反应的危害性；不适用于碳酸盐类集料。

1. 仪器设备

本试验用仪器设备如下：

（1）鼓风干燥箱：能使温度控制在(105±5)℃；

（2）天平：称量1000g，感量0.1g；

（3）方孔筛：4.75mm、2.36mm、1.18mm、600μm、300μm及150μm的筛各一只；

（4）比长仪：由百分表和支架组成，百分表量程为10mm，精度为0.01mm；

（5）水泥胶砂搅拌机；

（6）恒温养护箱或养护室：温度（40±2)℃，相对湿度95%以上；

（7）养护筒：由耐腐蚀材料制成，应不漏水，筒内设有试件架；

（8）试模：规定为25mm×25mm×280mm，试模两端正中有小孔，装有不锈钢质膨胀端头；

（9）跳桌、秒表、干燥器、搪瓷盘、毛刷等。

2. 环境条件

本试验环境条件规定如下：

（1）材料与成型室的温度应保持在20~27.5℃，拌合水及养护室的温度应保持在(20±2)℃；

（2）成型室、测长室的相对湿度不应少于80%；

（3）恒温养护箱或养护室温度应保持在(40±2)℃。

3. 试件制作

（1）试样缩分至约5000g，用水淋洗干净后，放在干燥箱中于（105±5)℃下烘干至恒量，待冷却至室温后，筛除大于4.75mm及小于150μm的颗粒，然后按3.2.2规定筛分成150~300μm、300~600μm、600μm~1.18mm、1.18~2.36mm和2.36~4.75mm五个粒级，分别存放在干燥器内备用。

（2）采用碱含量（以Na₂O计，即K₂O×0.658+Na₂O）大于1.2%的高碱水泥。低于此值时，掺浓度为10%的Na₂O溶液，将碱含量调至水泥量的1.2%。

（3）水泥与砂的质量比为1:2.25，一组3个试件共需水泥440g（精确至0.1g）、砂990g（各粒级的质量按表3-5分别称取，精确至0.1g）。跳桌跳动频率为6s跳动10次，流动度以105~120mm为准。

表3-5　碱骨料反应用砂各粒级的质量

筛孔尺寸	4.75~2.36mm	2.36~1.18mm	1.18mm~600μm	600~300μm	300~150μm
质量/g	99.0	247.5	247.5	247.5	148.5

（4）砂浆搅拌完成后，立即将砂浆分两次装入有膨胀测头的试模中，每层捣 40 次，注意膨胀测头四周应小心捣实，浇捣完毕后用馒刀刮除多余砂浆，抹平、编号并表明测长方向。

4．养护与测长

（1）试件成型完毕后，立即带模放入标准养护室内。养护(24±2)h 后脱模，立即测量试件的长度，此长度为试件的基础长度。测长就在(20±2)℃的恒温室中进行。每个试件至重复测量两次，其算术平均值作为长度测定值，待测的试件须用湿布覆盖，以防止水分蒸发。

（2）测完基准长度后，将试件垂直立于养护筒的试件架上，架下放水，但试件不能与水接触（一个养护筒内的试件品种应相同），加盖后放入(40±2)℃ 的养护箱或养护室内。

（3）测长龄期自测定基准长度之日起计算，为 14d、1 个月、2 个月、3 个月、6 个月，如有必要还可适当延长。在测长前一天，应把养护筒从(40±2)℃的养护箱或养护室内取出，放到(20±2)℃的恒温室内。测长方法与测基准长度的方法相同，测量完毕后，应将试件放入养护筒中，加盖后放回(40±2)℃的养护箱或养护室继续养护至下一个测试龄期。

（4）每次测长后，应对每个试件进行挠度测量和外观检查。

① 挠度测量：把试件放在水平面上，测量试件与平面间的最大距离应不大于 0.3mm。

② 外观检查：观察有无裂缝，表面沉积物或渗出物，特别注意在空隙中有无胶体存在，并作详细记录。

5．结果计算与评定

（1）试件膨胀率按式（3-27）计算，精确至 0.001%：

$$\Sigma_t = \frac{L_t - L_0}{L_0 - 2\Delta} \times 100 \tag{3-27}$$

式中　Σ_t——试件在 t 天龄期的膨胀率，%；

L_t——试件在 t 天龄期的长度，mm；

L_0——试件在基准长度，mm；

Δ——膨胀端头的长度，mm。

（2）膨胀率以 3 个试件膨胀值的算术平均值作为试验结果，精确至 0.01%。一组试件中任何一个试件的膨胀率与平均值相差不大于 0.01%，则结果有效，而对膨胀率平均值大于 0.05%时，每个试件的测定值与平均值之差小于平均值的 20%，也认为结果有效。

6．结果判定

当半年膨胀率小于 0.10%时，判定为无潜在碱-硅酸反应危害。否则，则判定为有潜在碱-硅酸反应危害，采用修约值比较法进行评定。

3.2.12　碱骨料反应（快速碱-硅酸反应）

1．试剂和材料

本试验用试剂和材料如下：

（1）NaOH：分析纯；

（2）蒸馏水或去离子水；

（3）NaOH 溶液：40g NaOH 溶于 900mL 水中，然后加水到 1L，所需 NaOH 溶液总体为试件总体积的(4±0.5)倍（每一个试件的体积约为 184mL）。

2．仪器设备

本试验用仪器设备如下：

（1）能使温度控制在(105±5)℃；

（2）天平：称量 1000g，感量 0.1g；

（3）方孔筛：4.75mm、2.36mm、1.18mm、600μm、300μm 及 150μm 的筛各一只；

（4）比长仪：由百分表和支架组成，百分表的量程为 10mm，精度为 0.01mm；

（5）水泥胶砂搅拌机；

（6）高温恒温养护箱或水浴：温度保持在（80±2）℃；

（7）养护筒：由可耐碱长期腐蚀的材料制成，应不漏水，筒内设有试件架，筒的容积可以保证试件分离地浸没在体积为（2208±276）mL 的水中或 1mol/L 的 NaOH 溶液中，且不能与容器壁接触；

（8）试模：规格为 25mm×25mm×280mm，试模两端正中有小孔，装有不锈钢质膨胀端头；

（9）干燥器、搪瓷盘、毛刷等。

3. 环境条件

本试验环境条件规定如下：

（1）材料与成型室的温度应保持在 20～27.5℃，拌合水及养护室的温度应保持在（20±2）℃；

（2）成型室、测长室的相对湿度不应少于 80%；

（3）高温恒温养护箱或水浴应保持在（80±2）℃。

4. 试件制作

（1）将试样缩分至约 5000g，用水淋洗干净，放在干燥箱中于（105±5）℃下烘干至恒量，待冷却至室温后，筛除大于 4.75mm 及小于 150μm 的颗粒，然后筛分成 150～300μm、300～600μm、600μm～1.18mm、1.18～2.36mm 和 2.36～4.75mm 五个粒级，分别存放在干燥器内备用。

（2）硅酸盐水泥与砂的质量比为 1：2.25，水灰比为 0.47。一组 3 个试件共需水泥 440g（精确至 0.1g）、砂 990g（各粒级的质量按表 3-5 分别称取，精确至 0.1g）。

（3）砂浆搅拌完成后，立即将砂浆分两次装入已装有膨胀测头的试模中，每层捣 40 次，注意膨胀测头四周应小心捣实，浇捣完毕后用馒刀刮除多余砂浆，抹平、编号并标明测长方向。

5. 养护与测长

（1）试件成型完毕后，立即带模放入标准养护室内。养护（24±2）h 后脱模，立即测量试件的初始长度。待测的试件须用湿布覆盖，以防止水分蒸发。

（2）测完初始长度后，将试件浸没于养护筒（一个养护筒内的试件品种应相同）内的水中，并保持水温（80±2）℃的范围内（加盖放在高温恒温养护箱或水浴中），养护（24±2）h。

（3）从高温恒温养护箱或水浴中拿出一个养护筒，从养护筒内取出试件，用毛巾擦干表面，立即读出试件的基准长度［从取出试件至完成读数应在（15±5）s 内］，在试件上覆盖湿毛巾，全部试件测完基准长度后，再将所有试件分别浸没于养护筒内的 1mol/L NaOH 溶液中，并保持溶液温度在（80±2）℃的范围内（加盖放在高温恒温养护箱或水浴中）。

（4）测长龄期自测定基准长度之日起计算，在测基准长度后第 3d、7d、10d 再分别测长，每次测长时间安排在每天近似同一时刻内，测长方法与测基准长度的方法相同，每次测长完毕后，应将试件放入原养护筒中，加盖后放回（80±2）℃的高温恒温养护箱或水浴中继续养护至下一个测试龄期。14d 后如需继续测长，可安排每 7d 一次测长。

6. 结果计算与评定

同 3.2.11 节第 5 条的规定相同。

7. 结果评定

采用修约值比较法进行评定。结果按如下判定：

（1）当 14d 膨胀率小于 0.10% 时，在大多数情况下可以判定为无潜在碱-硅酸反应危害；

（2）当14d膨胀率大于0.20%时，可以判定为有潜在碱-硅酸反应危害；

（3）当14d膨胀率在0.10%～0.20%时，不能最终判定有潜在碱-硅酸反应危害，可以按本章3.2.11节规定的方法再进行试验来判定。

3.3　再生细集料检验操作细则

3.3.1　试样

1. 取样方法

按照本章3.2.1节中规定的取样方法执行。

2. 试样数量

单项试验的最小取样数量应符合表3-6的规定。进行多项试验时，如能确保试样经一项试验后不致影响另一项试验的结果，可用同一试样进行几项不同的试验。

表3-6　单项试验取样数量　　　　　　　　　　　　　　　　　　　　kg

序号	试验项目	最小取样数量
1	颗粒级配	5
2	微粉含量	5
3	泥块含量	20
4	云母含量	1
5	轻物质含量	4
6	有机物含量	2
7	硫化物与硫酸盐含量	1
8	氯化物含量	5
9	坚固性	20
10	压碎指标	30
11	再生胶砂需水量比	20
12	再生胶砂强度比	20
13	表观密度	3
14	堆积密度与空隙率	5
15	碱骨料反应	20

3. 试样处理

按照本章3.2.1节中的试样处理规定执行。

3.3.2　颗粒级配和细度模数

按照本章3.2.2节中规定的颗粒级配试验方法执行。

3.3.3　微粉含量

按照本章3.2.4节中规定的石粉含量试验方法执行。

3.3.4　泥块含量

按照本章3.2.5节中规定的泥块含量试验方法执行。

3.3.5　云母含量

按照本章 3.2.6 节中规定的云母含量试验方法执行。

3.3.6　轻物质含量

按照本章 3.2.7 节中规定的轻物质含量试验方法执行。

3.3.7　坚固性

按照本章 3.2.8 节中规定的坚固性硫酸钠溶液法执行，但试验结果精确至 0.1%。

3.3.8　压碎指标

按照本章 3.2.8 节中规定的坚固性压碎指标法执行。

3.3.9　再生胶砂需水量比

1. 仪器设备及试验原材料

（1）仪器设备

① 烘箱：能使温度控制在(105±5)℃的鼓风烘箱；

② 其他仪器设备应符合 GB/T 2419《水泥胶砂流动度测定方法》规定。

（2）试验原材料

① 水泥应采用符合 GB 8076《混凝土外加剂》规定的基准水泥或符合 GB 175《通用硅酸盐水泥》的 52.5 级硅酸盐水泥；

② 标准砂应符合 GB 178《水泥强度试验用标准砂》的规定；

③ 水应符合 JGJ 63《混凝土用水标准》的规定。

2. 试验步骤

（1）将不少于 5kg 的再生细集料试样在(105±5)℃下烘干至恒重，按照 3.3.3 节颗粒级配和细度模数测出再生细集料的颗粒级配，并筛除大于 4.75mm 以上的颗粒。

（2）称取标准砂 1350g 和基准水泥（或 52.5 级硅酸盐水泥）540g，加入适量的水制成基准胶砂，按照 GB/T 2419《水泥胶砂流动度测定方法》规定的方法测试胶砂的流动度。调整用水量，使其流动度为（130±5）mm，此时所对应的用水量即为基准胶砂需水量（W_0）。

（3）称取再生细集料 1350g 和基准水泥（或 52.5 级硅酸盐水泥）540g，加入适量的水制备再生胶砂，按照 GB/T 2419《水泥胶砂流动度测定方法》规定的方法测试再生胶砂的流动度。调整用水量，使其流动度为（130±5）mm，此时所对应的用水量即为再生胶砂需水量（W_R）。

基准胶砂所用水泥应和再生胶砂所用水泥相同。

3. 计算与评定

再生胶砂需水量比按式（3-28）计算：

$$\beta_W = \frac{W_R}{W_0} \tag{3-28}$$

其中　β_W——再生胶砂需水量比；

　　W_R——再生胶砂需水量，mL；

　　W_0——基准胶砂需水量，mL。

β_W 以同批三组试验的算术平均值计，准确至 0.01。若三组试验的最大值或最小值中有一个与中间值之差超过中间值的 15%，则把最大值与最小值一并舍去，取中间值；若两个测值与中间值之差均超过 15%，则该批试验结果无效，应重新试验。

3.3.10 再生胶砂强度比

1. 仪器设备及试验原材料

（1）仪器设备

应符合 GB/T 17671《水泥胶砂强度检验方法》的规定。

（2）试验原材料

应符合 3.3.13 节试验原材料的规定。

2. 检验步骤

（1）按照 3.3.13 节试验步骤方法，分别在基准胶砂需水量和再生胶砂需水量条件下，制备基准胶砂和再生胶砂（基准胶砂所用水泥应和再生胶砂所用水泥相同）。

（2）按照 GB/T 17671《水泥胶砂强度检验方法》的规定分别测试再生胶砂和基准胶砂标准养护 28d 时的抗压强度。

3. 计算与评定

再生胶砂强度比按式（3-29）计算：

$$\beta_f = \frac{f_R}{f_0} \tag{3-29}$$

式中　β_f——再生胶砂强度比，精确至 0.01；

　　f_R——再生胶砂的 28d 抗压强度，MPa；

　　f_0——基准胶砂的 28d 抗压强度，MPa。

以一组三个棱柱体试件上得到的六个抗压强度测定值的算术平均值作为基准胶砂或再生胶砂的抗压强度试验结果，精确至 0.1MPa。若六个测定值中有一个超出平均值的 ±10%，就应剔除这个测定值而以剩下五个测定值的算术平均值作为试验结果；若五个测定值中再有超过它们平均值的 ±10% 的，则此组试验作废。

3.4 粉煤灰检验操作细则

3.4.1 需水量比检验方法

测定试验胶砂和对比胶砂的流动度，以二者流动度达到 130～140mm 时的加水量之比确定粉煤灰的需水量比。

1. 材料

水泥：符合 GSB 14—1510《强度检验用水泥标准样品》

标准砂：符合 GB/T 17671—1999《水泥胶砂强度检验方法》规定的 0.5～1.0mm 的中级砂；

水：洁净的饮用水。

2. 仪器设备

（1）天平

量程不小于 1000g，最小分度值不大于 1g。

（2）搅拌机

行星式水泥胶砂搅拌机。

（3）流动度跳桌

符合 3.1.6 节第 1 条的规定。

3. 检验步骤

（1）胶砂配比按表 3-7 进行。

表 3-7　胶砂配比

胶砂种类	水泥/g	粉煤灰/g	标准砂/g	加水量/mL
对比胶砂	250	—	750	125
试验胶砂	175	75	750	按流动度达到 130～140mm 调整

（2）试验胶砂按本章 3.1.2 节第 2 条的规定进行搅拌。

（3）搅拌后的试验胶砂按本章 3.1.6 节第 1 条的测定流动度，当流动度在 130～140mm 范围内，记录此时的加水量；当流动度小于 130mm 或大于 140mm 时，重新调整加水量，直至流动度达到 130～140mm 为止。

4. 结果计算

需水量比按式（3-30）计算：

$$X = (L_1/125) \times 100 \tag{3-30}$$

式中　X——需水量比，%；

　　　L_1——试验胶砂流动度达到 130～140mm 时的加水量，mL；

　　　125——对比胶砂的加水量，mL。

3.4.2　含水量

将粉煤灰放入规定温度的烘干箱内烘至恒重，以烘干前和烘干后的质量之差与烘干前的质量之比确定粉煤灰的含水量。

1. 检验步骤

（1）称取粉煤灰试样约 50g，准确至 0.01g，倒入蒸发皿中。

（2）将烘干箱温度调整并控制在 105～110℃。

（3）粉煤灰试样放入烘干箱内烘至恒重，取出放在干燥器中冷却至室温后称量，准确至 0.01g。

2. 结果计算

含水量按式（3-31）计算：

$$W = \left[(\omega_1 - \omega_0)/\omega_1\right] \times 100 \tag{3-31}$$

式中　W——含水量，%；

　　　ω_1——烘干前试样的质量，g；

　　　ω_0——烘干后试样的质量，g。

计算至 1%。

3.4.3　活性指数

测定试验胶砂和对比胶砂的抗压强度，以二者抗压强度之比确定试验胶砂的活性指数。

1. 材料

水泥：符合 GSB 14—1510《强度检验用水泥标准样品》

标准砂：符合 GB/T 17671—1999《水泥胶砂强度检验方法》规定的 0.5～1.0mm 的中级砂；

水：洁净的饮用水。

2. 仪器设备

天平、搅拌机、振实台或振动台、抗压强度试验机等均应符合本章 3.1.2 节的规定。

3. 检验步骤

（1）胶砂配比按表 3-8。

表 3-8 胶砂配比表

胶砂种类	水泥/g	粉煤灰/g	标准砂/g	水/mL
对比胶砂	450	—	1350	225
试验胶砂	315	135	1350	225

（2）将对比胶砂和试验胶砂分别按本章 3.1.2 节第 2 条的规定进行搅拌、试体成型和养护。

（3）试体养护至 28d，分别测定对比胶砂和试验胶砂的抗压强度。

4. 结果计算

活性指数按式（3-32）计算：

$$H_{28} = (R/R_0) \times 100 \tag{3-32}$$

式中　H_{28}——活性指数，%；

　　　R——试验胶砂 28d 抗压强度，MPa；

　　　R_0——对比胶砂 28d 抗压强度，MPa。

计算至 1%。

3.4.4　烧失量的测定

试样在（950±25）℃的高温炉中灼烧，去除二氧化碳和水分，同时将存在的易氧化的元素氧化。

1. 检验步骤

称取约 1g 试样（m_7），精确至 0.0001g，放入已灼烧恒量的瓷坩埚中，将盖斜置于坩埚上，放在高温炉内，从低温开始逐渐升高温度，在（950±25）℃下灼烧 15～20min，取出坩埚置于干燥器中，冷却到室温，称量。反复灼烧，直至恒量。

2. 结果的计算与表示

烧失量的质量分数 ω_{LOI} 按式（3-33）计算：

$$\omega_{LOI} = \frac{m_7 - m_8}{m_7} \times 100 \tag{3-33}$$

式中　ω_{LOI}——烧失量的质量分数，%；

　　　m_7——试料的质量，g；

　　　m_8——灼烧后试料的质量，g。

3.5　石膏检验操作细则

3.5.1　组成的测定

称取试样 50g，在蒸馏水中浸泡 24h，然后在（40±4）℃下烘至恒量（烘干时间相隔 1h 的两次称量之差不超过 0.05g 时，即为恒量），研碎试样，过 0.2mm 筛；

称取约 1g 试样（m），精确至 0.0001g，放入已烘干、恒量的带磨塞口的称量瓶中，在（230±5）℃的烘箱中加热 1h，用坩埚将称量瓶取出，盖上磨口塞，放入干燥器中冷至室温，称量，再放入烘箱中与同样温度下加热 30min，如此反复加热、冷却、称量，直至恒量。

以测得的结晶水含量乘以 4.0278，即得 β-半水硫酸钙含量。

3.5.2　细度的测定

称取约 200g 试样，在（40±4）℃下烘至恒量（烘干时间相隔 1h 的两次称量之差不超过 0.2g 时，即为恒量），并在干燥器中冷却至室温。

将筛孔尺寸为 0.2mm 的筛下安上接收盘，称取 50.0g 试样倒入其中，盖上筛盖。一只手拿住筛子，略微倾斜地摆动筛子，使其撞击另一只手。撞击的速度为 125 次/min。每撞击一次都应将筛子摆动一下，以便使试样始终均匀地撒开。每摆动 25 次后，把试验筛旋转 90°，并对着筛帮重重拍几下，继续进行筛分。当 1min 的过筛试样质量不超过 0.1g 时，则认为筛分完成。称量筛上物，作为筛余量。细度以筛余量与试样原始质量之比的百分数形式表示。精确至 0.1%。

重复试验，至两次测定值之差不大于 1%，取二者的平均值为试验的结果。

3.5.3　凝结时间的测定

1. 稠度仪

稠度仪由内径 ϕ（50±0.1）mm、高（100±0.1）mm 的不锈钢质筒体（图 3-22）和 240mm×240mm 的玻璃板以及筒体提升机构所组成。筒体上长速度为 150mm/s，并能下降复位。

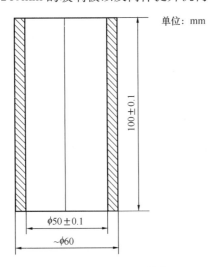

单位：mm

图 3-22　稠度仪的筒体

2. 标准稠度测定

先将稠度仪的筒体内部及玻璃板擦净，并保持湿润，将筒体复位，垂直放置于玻璃板上。将估计的标准稠度用水量的水倒入搅拌碗中。称取试样 300g，在 5s 内倒入水中。用拌和棒搅拌 30s，得到均匀的石膏浆，然后边搅拌边迅速注入稠度仪筒体内，并用刮刀刮去溢浆，使浆面与筒体上端面齐平。从试样与水接触开始至 50s 时，开动仪器提升按钮。待筒体提去后，测定料浆扩展成的试饼两垂直方向上的直径，计算其算术平均值。

记录料浆扩展直径等于（180±5）mm 时的加水量。该加入的水的质量与试样的质量之比，以百分数表示。将试样按上述步骤连续测定两次。

取二次测定结果的平均值作为该试样标准稠度用水量，精确至 1%。

3. 凝结时间测定

实验仪器同本章 3.1.1 节第 1 条的维卡仪。

按标准稠度用水量称量水，并把水倒入搅拌碗中。称取试样 200g，在 5s 内将试样倒入水中。用拌和棒搅拌 30s，得到均匀的料浆，倒入环模中，然后将玻璃底板抬高约 10mm，上下震动 5 次。用刮刀刮去溢浆，并使料浆与环模上端齐平。将装满料浆的环模连同玻璃底板放在仪器的钢针下，使针尖与料浆的表面相接触，且离开环模边缘大于 10mm。迅速放松杆上的固定螺丝，针即自由地插入料浆中。每隔 30s 重复一次，每次都应改变插点，并将针擦净、校直。

记录从试样与水接触开始、至钢针第一次碰不到玻璃底板所经历的时间,此即试样的初凝时间。记录从试样与水接触开始、至钢针第一次插入料浆的深度不大于1mm所经历的时间,此即试样的终凝时间。

3.5.4 强度试件的制备

一次调和制备的建筑石膏量,应能填满制作三个试件的试模,并将损耗计算在内,所需浆料的体积为950mL,采用标准稠度用水量,用式(3-34)、式(3-35)计算出建筑石膏用量和加水量。

$$m_{g} = \frac{950}{0.4 + (W/P)} \tag{3-34}$$

式中　m_{g}——建筑石膏质量,g;

　　　W/P——标准稠度用水量,%。

$$m_{w} = m_{g} \times (W/P) \tag{3-35}$$

式中　m_{w}——加水量,g。

在试模内侧薄薄地涂上一层矿物油,并使连接缝封闭,以防料浆流失。

先把所需加水量的水倒入搅拌容器中,再把已称量的建筑石膏倒入其中,静置1min,然后用拌和棒在30s内搅拌30圈。接着,以3r/min的速度搅拌,使料浆保持悬浮状态,然后用勺子搅拌至料浆开始稠化(即当料浆从勺子上慢慢落到浆体表面刚能形成一个圆锥为止)。

一边慢慢搅拌,一边把料浆舀入试模中。将试模的前端抬起约10mm,再使之落下,如此重复5次以排除气泡。

当从溢出的料浆判断已经初凝时,用刮平刀刮去溢浆,但不必反复刮抹表面。终凝后,在试件表面作上记号,并拆模。

3.5.5 强度试件的存放

1. 遇水后2h就将作力学性能试验的试件,脱模后存放在试验室环境中。

2. 需要在其他水化龄期后作强度试验的试件,脱模后立即存放于封闭处。在整个水化期间,封闭处空气的温度为(20±2)℃、相对湿度为(90±)5%。每一类建筑石膏试件都应规定试件龄期。

3. 到达规定龄期后,用于测定湿强度的试件应立即进行强度测定。用于测定干强度的试件先在(40±4)℃的烘箱中干燥至恒重,然后迅速进行强度测定。

3.5.6 抗折强度测定

将试件置于抗折试验机的两根支撑辊上,试件的成型面应侧立。试件各棱边与各辊保持垂直,并使加荷辊与两根支撑辊保持等距。开动抗折试验机后逐渐增加荷载,最终使试件断裂。记录试件的断裂荷载值或抗折强度值。

抗折强度R_{f},按式(3-36)计算:

$$R_{f} = \frac{6M}{b^{3}} = 0.00234P \tag{3-36}$$

式中　R_{f}——抗折强度,MPa;

　　　P——断裂荷载,N;

　　　M——弯矩,N·mm;

　　　b——试件方形截面边长,b=40mm。

R_{1}值也可从抗折试验机的标尺中直接读取。

计算三个试件抗折强度平均值，精确至 $0.05MPa$。如果所测得的三个 R_1 值与其平均值之差不大于均值的 15%，则用该平均值作为抗折强度值；如果有一个值与平均值之差大于平均值的 15%，应将此值舍去，以其余二个值计算平均值；如果有一个以上的值与平均值之差大于平均值的 15%，则用三个新试件重做试验。

3.5.7 抗压强度测定

对已做完抗折试验后的不同试件上的三块半截试件进行试验。将试件成型面侧立，置于抗压夹具内，并使抗压夹具的中心处于上、下夹板的轴心上，保证上夹板球轴通过试件受压面中心。开动抗压试验机，使试件在开始加荷后 $20\sim40s$ 内破坏。

抗压强度 R_c 按式（3-37）计算：

$$R_c = \frac{P}{S} = \frac{P}{2500} \tag{3-37}$$

式中　R_c——抗压强度，MPa；

　　　P——破坏荷载，N；

　　　S——试件受压面积，$2500mm^2$。

计算三块试件抗压强度平均值，精确至 $0.05MPa$。如果所测得的三个 R_c 值与其平均值之差不大于平均值的 15%，则用该平均值作为试样抗压强度值；如果有一个值与平均值之差大于平均值的 15%，应将此值舍去，以其余二值计算平均值；如果有一个以上的值与平均值之差大于平均值的 15%，则用三块新试件重做试验。

3.6　矿渣粉检验操作细则

3.6.1 烧失量

1. 按本章 3.4.4 节进行，但灼烧时间为 $15\sim20min$。

2. 矿渣粉在灼烧过程中由于硫化物的氧化引起的误差，可通过式（3-38）、式（3-39）进行较正：

$$\omega_{O_2} = 0.8 \times (\omega_{\text{灼}SO_3} - \omega_{\text{未灼}SO_3}) \tag{3-38}$$

式中　ω_{O_2}——矿渣粉灼烧过程中吸收空气中氧的质量分数，$\%$；

　　　$\omega_{\text{灼}SO_3}$——矿渣灼烧后测得的 SO_3 质量分数，$\%$；

　　　$\omega_{\text{未灼}SO_3}$——矿渣未经灼烧时的 SO_3 质量分数，$\%$。

$$X_{\text{校正}} = (X_{\text{测}} + \omega_{O_2}) \tag{3-39}$$

式中　$X_{\text{校正}}$——矿渣粉校正后的烧失量（质量分数），$\%$；

　　　$X_{\text{测}}$——矿渣粉试验测得的烧失量（质量分数），$\%$。

3.6.2 活性指数及流动度比

测定试验样品和对比样品的抗压强度，采用两种样品同龄期的抗压强度之比评价矿渣粉活性指数。

测定试验样品和对比样品的流动度，采用两者流动度之比评价矿渣粉流动度比。

1. 样品

（1）对比水泥

强度等级为 42.5 的硅酸盐水泥或普通硅酸盐水泥，且 7d 抗压强度 35～45MPa，28d 抗压强度 50～60MPa，比表面积 300～400m^2/kg，SO_3 含量（质量分数）2.3％～2.8％，碱含量（Na_2O＋0.658K_2O）（质量分数）0.5％～0.9％。

（2）试验样品

由对比水泥和矿渣粉按质量 1：1 组成。

2. 检验方法及计算

（1）砂浆配比

对比胶砂和试验胶砂配比如表 3-9 所示。

表 3-9 胶砂配比

胶砂种类	对比水泥/g	矿渣粉/g	中国 ISO 标准砂/g	水/mL
对比胶砂	450	—	1350	225
试验胶砂	225	225	1350	225

（2）矿渣粉活性指数检验及计算

① 分别测定对比胶砂和试验胶砂的 7d、28d 抗压强度。

② 矿渣粉 7d 活性指数按式（3-40）计算，计算结果保留至整数：

$$A_7 = \frac{R_7 \times 100}{R_{07}}$$

(3-40)

式中 A_7——矿渣粉 7d 活性指数，％；

R_{07}——对比胶砂 7d 抗压强度，MPa；

R_7——试验胶砂 7d 抗压强度，MPa。

矿渣粉 28d 活性指数按式（3-41）式计算，计算结果保留至整数：

$$A_{28} = \frac{R_{28} \times 100}{R_{028}}$$

(3-41)

式中 A_{28}——矿渣粉 28d 活性指数，％；

R_{028}——对比胶砂 28d 抗压强度，MPa；

R_{28}——试验胶砂 28d 抗压强度，MPa。

（3）矿渣粉的流动度比检验

按表 3-9 胶砂配比进行试验，分别测定对比胶砂和试验胶砂的流动度，矿渣粉的流动度比按式（3-42）计算，计算结果保留至整数。

$$F = \frac{L \times 100}{L_m}$$

(3-42)

式中 F——矿渣粉流动度比，％；

L_m——对比样品胶砂流动度，mm；

L——试验样品胶砂流动度，mm。

3.7 硅灰检验操作细则

3.7.1 硅灰浆固含量检验方法

在已恒量的称量瓶内放入硅灰浆样品，在一定的温度下烘至恒量。

1. 仪器设备

仪器设备应满足下列要求：

（1）烘箱：温度控制范围为（105±5）℃；

（2）天平：称量100g，感量0.0001g；

（3）带盖称量瓶：25mm×65mm；

（4）干燥器：内盛变色硅胶。

2. 检验步骤

（1）将洁净带盖称量瓶放入烘箱内，于100～105℃烘30min，取出置于干燥器中，冷却30min后称量，重复上述过程直至恒量，其质量为m_0。

（2）将5.000g～10.000g硅灰浆放入已恒量的称量瓶内，盖上盖，称出硅灰浆及称量瓶的总质量为m_1。

（3）将盛有硅灰浆的称量瓶放入烘箱内，开启瓶盖，升温至100～105℃烘干，盖上盖，置于干燥器中冷却30min后称重，重复上述过程直至恒重，其质量为m_2。

3. 结果表示

硅灰浆固含量$X_固$按式（3-43）计算，精确至0.1%：

$$X_固 = \frac{m_2 - m_0}{m_1 - m_0} \times 100 \tag{3-43}$$

式中　$X_固$——硅灰浆固含量，%；

　　　m_0——称量瓶质量，g；

　　　m_1——称量瓶加硅灰浆质量，g；

　　　m_2——称量瓶加烘干后硅灰浆的质量，g。

3.7.2　抑制碱骨料反应性

本检验方法采用检验碱骨料反应的快速砂浆棒法，通过人工设置碱骨料反应的条件，检验硅灰对碱骨料反应的抑制作用。

1. 仪器设备

仪器设备应满足下列要求：

（1）烘箱：温度控制范围为（105±5）℃；

（2）天平：称量1000g，感量0.1g；

（3）试验筛：筛孔公称直径为4.75mm、2.36mm、1.18mm、600μm、300μm、150μm的方孔筛各一只；

（4）测长仪：测量范围275～300mm，精确0.01mm；

（5）水泥胶砂浆搅拌机；

（6）恒温养护箱或水浴：温度控制为（80±2）℃；

（7）养护筒：由耐碱耐高温的材料制成，不漏水，密封，防止容器内湿度下降，筒的容积可以保证试件全部浸没在水中。筒内设有试件架，试件垂直于试件架放置；

（8）试模：金属试模，尺寸为25mm×25mm×280mm，试模两端正中有小孔，装有不锈钢测头、镘刀、捣棒、量筒、干燥器等。

2. 原材料

（1）集料：石英玻璃颗粒（级配满足表3-10的要求），集料应洗净并烘干备用。

表 3-10　碱骨料反应用砂各粒级质量

筛径	2.36～4.75mm	1.18～2.36mm	600μm～1.18mm	300～600μm	150～300μm
比例/%	10	25	25	25	15

（2）水泥：水泥应采用高碱水泥，碱含量控制在 0.95%～1.05%（$Na_2O+0.658K_2O$），当碱含量低于此值时，可掺浓度为 10% 的氢氧化钠溶液，将碱含量调至此范围。

（3）水：蒸馏水。

3. 配合比

胶砂配合比见表 3-11：

表 3-11　胶砂配合比　　　　　　　　　　　　　　　　　　　　　　g

原材料	高碱水泥	玻璃集料	硅灰
基准胶砂配合比	400	900	—
受检胶砂配合比	360	900	40

注：用水量使流动度控制在 100～115mm，每次成型 3 个试件。

4. 试件成型

（1）成型前 24h，将试验所用材料（水泥、砂、拌和用水等）放入(20±2)℃的恒温室中。

（2）将称好的水泥与砂倒入搅拌锅，应按本章 3.1.2 节的规定进行搅拌。

（3）搅拌完成后，将砂浆分两层装入试模内，每层捣 40 次，测头周围应填实，浇捣完毕后用镘刀刮除多余的砂浆，抹平表面，并标明测定方向及编号。

5. 检验步骤

（1）将试件成型完毕后，带模放入标准养护室，养护(24±4)h 后脱模。

（2）脱模后，将试件浸泡在装有自来水的养护筒中，并将养护筒放入温度(80±2)℃的烘箱或水浴箱中养护 24h。同种集料制成的试件放在同一个养护筒中。

（3）然后将养护筒逐个取出。每次从每个养护筒中取出一个试件，用抹布擦干表面，立即用测长仪测试件的基长（L_0）。每个试件至少重复测试两次，取差值的仪器精度范围内的两个度数的平均值作为长度测定值（精确至 0.02mm），每次每个试件的测量方向应一致，从取出试件擦干到读数完成应在(15±5)s 内结束，读完数后的试件应用湿布覆盖。全部试件测完基准长度后，把试件放入装有浓度为 1mol/L 氢氧化钠的养护筒中，并确保试件被完全浸泡。溶液温度应保持在(80±2)℃，将养护筒放回烘箱或水浴箱中。

注：用测长仪测定任一组试件的长度时，均应先调整测长仪的零点。

（4）自测定基准长度之日起，第 3d、7d、10d、14d 再分别测其长度（L_t），测长方法与测基准长度方法相同。每次测量完毕后，应将试件调头放入原养护筒，盖好筒盖，放回（80±2）℃的烘箱或水浴箱中，继续养护到下一个测试龄期。操作时防止氢氧化钠溶液溢溅，避免烧伤皮肤。

（5）在测量时应观察试件的变形、裂缝、渗出物等，特别应观察有无胶体物质，并做详细记录。

6. 结果计算

（1）试件的膨胀率应按式（3-44）计算，精确至 0.01%：

$$E_t = \frac{L_t - L_0}{L_0 - 2\Delta} \times 100 \tag{3-44}$$

式中　E_t——试件在 7d 龄期的膨胀率，%；

　　　L_t——试件在 7d 龄期的长度，mm；

L_0——试件的基长，mm；

Δ——测头的长度，mm。

以三个试件膨胀率的平均值作为某一龄期膨胀率的测定值。

（2）硅灰混凝土膨胀率降低值按式（3-45）计算，精确至 0.1%：

$$R_e = \frac{E_{t0} - E_{t1}}{E_{t0}} \times 100 \tag{3-45}$$

式中　R_e——膨胀率降低值，%；

　　　E_{t1}——受检砂浆棒长度变化率，%；

　　　E_{t0}——基准砂浆棒长度变化率，%。

3.7.3　抗氯离子渗透性

基准混凝土配合比水泥用量为 $400kg/m^3 \pm 5kg/m^3$，砂率为 36%～40%，坍落度控制在（80±10）mm；受检混凝土中掺入硅灰 10%（占胶凝材料总量比例），并采用符合标准的减水剂调整受检混凝土坍落度，减水剂的减水率要求大于 18%。

1. 电通量试验应采用直径（100±1）mm、高度（50±2）mm 的圆柱体试件。当试件表面有涂料等附加材料时，应预先去除，且试样内不得含有钢筋等导电材料。在试件移送试验室前，应避免冻伤或其他物理伤害。

2. 电通量试验宜在试件养护 28d 龄期进行。对于掺有大掺量矿物掺合料的混凝土，可在 56d 龄期进行试验。应先将养护到规定龄期的试件暴露于空气至表面干燥，并应以硅胶或树脂密封材料涂刷试件圆柱侧面，还应填补涂层中的孔洞。

3. 电通量试验前应将试件进行真空饱水。应先将试件放入真空容器中，然后启动真空泵，并应在 5min 内将真空容器中的绝对压强减少至 1～5kPa，应保持该真空度 3h，然后在真空泵仍然运转的情况下，注入足够的蒸馏水或者去离子水，直至淹没试件，应在试件浸没 1h 后恢复常压，并继续浸泡（18±2）h。

4. 在真空饱水结束后，应从水中取出试件，并抹掉多余水分，且应保持试件所处环境的相对湿度在 95% 以上。应将试件安装于试验槽内，并应采用螺杆将两试验槽和端面装有硫化橡胶垫的试件夹紧。试件安装好以后，应采用蒸馏水或者其他有效方式检查试件和试验槽之间的密封性能。

5. 检查试件和试件槽之间的密封性后，应将质量浓度为 3% 的 NaCl 溶液和摩尔浓度为 0.3mol/L NaOH 溶液分别注入试件两侧的试验槽中，注入 NaCl 溶液的试验槽内的铜网应连接电源负极，注入 NaOH 溶液的试验槽中的铜网应连接电源正极。

6. 在正确连接电源线后，应在保持试验槽中充满溶液的情况下接通电源，并应对上述两铜网施加（60±0.1）V 直流恒电压，且应记录电流初始读数 I_0，开始时应每隔 10mm 记录一次电流值，当电流变化不大时，可间隔 10min 记录一次电流值，当电流变化很小时，应每隔 30min 记录一次电流值，直至通电 6h。

7. 当采用自动收集数据的测试装置时，记录电流的时间间隔可设定为 5～10min。电流测量值应精确至 ±0.5mA。试验过程中宜同时监测试验槽中溶液的温度。

8. 试验结束后，应及时排出试验溶液，并应用凉开水和洗涤剂冲洗试验槽 60s 以上，然后用蒸馏水洗净并用电吹风冷风档吹干。

9. 试验应在 20～25℃ 的室内进行。

10. 试验结果计算及处理应符合下列规定：

试验过程中或试验结束后，应绘制电流与时间的关系图。应通过将各点数据以光滑曲线连接起来，对曲线作面积积分或按梯形法进行面积积分，得到试验 6h 通过的电通量（Q）。

11. 每个试件的总电通量可采用式（3-46）计算：

$$Q = 900(I_0 + 2I_{30} + 2I_{60} + \cdots 2I_{300} + 2I_{330} + I_{360})$$ (3-46)

式中　　Q——通过试件的总电通量，C；

I_0——初始电流 A，精确到 0.001A；

$I_{30} \cdots I_{360}$——在时间（min）电流，A，精确到 0.001A。

12. 计算得到的通过试件的总电通量应换算成直径为 95mm 试件的电通量值。应通过将计算的总电通量乘以一个直径为 95mm 的试件和实际试件横截面积的比值来换算，换算可按式（3-47）进行：

$$Q_S = Q_x \times (95/X)^2$$ (3-47)

式中　Q_S——通过直径为 95mm 的试件的电通量，C；

Q_x——通过直径为 x（mm）的试件的电通量，C；

X——试件的实际直径，mm。

13. 每组应取 3 个试件电通量的算术平均值作为该组试件的电通量侧定值。当某一个电通量值与中值的差值超过中值的 15% 时，应取其余两个试件的电通量的算术平均值作为该组试件的试验结果测定值。当有两个测值与中值的差值都超过中值的 15% 时，应取中值作为该组试件的电通量试验结果测定值。

3.8 砂浆用纤维素醚检验操作细则

3.8.1 检验条件

试验室温度（23±2)℃，相对湿度（50±5)%，试验区的循环风速小于 0.2m/s。

3.8.2 检验材料及状态调节

1. 试验材料
(1) 基准水泥：符合 GB 8076—2008《混凝土外加剂》附录 A 的要求。
(2) 标准砂：符合 GB/T 17671《水泥胶砂强度检验方法（ISO 法）》的要求。
(3) 砂浆拌和用水：符合 JGJ 63《混凝土用水标准》的要求。
(4) 蒸馏水：符合 GB/T 6682—2008《分析实验室用水规格和试验方法》中 4.3 节的要求。
(5) 混凝土板：符合 JC/T 547—2005《陶瓷墙地砖胶粘剂》附录 A 的要求。
(6) 标准筛分砂：将一袋（1350±5）g 标准砂倒入 1.0mm 方孔筛内，进行筛分，结束后将筛下物摊平再进行下一袋的筛分。筛下物混合均匀后为标准筛分砂，备用。

2. 试验材料及所用器具应在试验条件下放置 24h。

3.8.3 外观

用玻璃棒将试样薄而均匀的覆盖在干净的玻璃板表面上，且玻璃板放置于白纸上，目测颜色、粗粒和杂质。

3.8.4 干燥失重率

1. 仪器设备

（1）分析天平：精确至 0.0001g。

（2）称量瓶：直径 60mm，高度 30mm。

（3）烘箱：温度范围 0～200℃，精度±2℃。

2. 测试方法

称取约 5g（m）（精确至 0.0001g）样品，平铺在称量瓶中，厚度不可超过 5mm。放入烘箱中将瓶盖取下，置于称量瓶旁，或将瓶盖半开，于（105±2）℃下干燥 2h。将称量瓶盖好，取出放在干燥器中冷却至室温，称重。再放入烘箱中干燥 30min，取出，冷却至室温，称重。如此反复，直至恒重（m_1）。

3. 计算结果表示

纤维素醚干燥失重率按式（3-48）计算：

$$M = \frac{m - m_1}{m} \times 100 \tag{3-48}$$

式中　M——样品中水分含量的数值，%；

m——样品质量的数值，g；

m_1——干燥后样品质量的数值，g。

每份试样平行测定两个结果，平行结果的差值应不大于 0.20%，取其算术平均值。

3.8.5　硫酸盐灰分

1. 仪器设备

（1）瓷坩埚：50mL；

（2）马弗炉：温度范围 0～1000℃；

（3）分析天平：精确至 0.0001g；

（4）烘箱：温度范围 0～200℃，精度±2℃。

2. 试剂

浓硫酸：符合 GB/T 625《化学试剂　硫酸》标准要求。

3. 测试方法

将样品在（105±2）℃下干燥 2h，冷却备用。称取约 2g（m_2）样品（精确至 0.0001g），放入已灼烧至恒重（m_3）的坩埚中，将坩埚放在加热板（或电炉）上，坩埚盖半开，缓缓加热使样品完全碳化（不再冒白烟），直到挥发成分全部离去。

冷却坩埚，加入 2mL 浓硫酸，使残留物润湿，缓慢加热至冒出白色烟雾，待白色烟雾消失后将坩埚（半盖坩埚盖）放入马弗炉中，设定温度为（750±50）℃，燃烧到所有的碳化物烧尽（燃烧时间为 1h）；关掉电源，先在马弗炉中冷却后，再放入干燥器冷却至室温，然后称重（m_4）。

4. 计算结果表示

硫酸盐灰分的质量百分数按式（3-49）计算：

$$N = \frac{m_4 - m_3}{m_2} \times 100 \tag{3-49}$$

式中　N——样品的灰分含量数值，%；

m_2——样品的质量的数值，g；

m_3——空坩埚质量的数值，g；

m_4——残渣和坩埚的质量的数值，g。

每份试样平行测定两个结果，平行试验允许差不超过 0.05%，取其算术平均值。

3.8.6 粘度

1. 仪器设备

（1）NDJ－1型旋转式粘度计；

（2）分析天平：精确至0.0001g；

（3）高型烧杯：400mL；

（4）恒温槽：温控范围0～100℃；

（5）温度计：分度为0.1℃，量程0～50℃；

（6）烘箱：温度范围0～200℃，精度±2℃。

2. 测试方法

（1）HPMC、MC、HEMC试样溶液粘度的测定

取干燥至恒重的样品约8g（精确至0.0001g）加入到高型烧杯中，加900℃左右的蒸馏水392g，用玻璃棒充分搅拌约10min形成均匀体系，然后放入到0～5℃的冰浴中冷却40min，冷却过程中继续搅匀至产生粘度为止。补水，将试样溶液调到试样的质量分数为2%，除去气泡。将溶液放入恒温槽中，恒温至（20±0.1）℃，用粘度计测定其粘度。

（2）HEC试样溶液粘度的测定

取干燥至恒重的样品约8g（精确至0.0001g）加入到高型烧杯中，加蒸馏水392g，用玻璃棒充分搅拌约10min形成均匀体系，待溶解并完全除去气泡。将溶液放入恒温槽中，恒温至（25±0.1）℃，用粘度计测定其粘度。

测试时粘度计转子号数与转速按表3-12所示对应关系进行选择。

表3-12　粘度计转子与转速对应关系

转子号	量程/mPa·S			
	60r/min	30r/min	12r/min	6r/min
0	10	20	50	100
1	100	200	500	1000
2	500	1000	2500	5000
3	2000	4000	10000	20000
4	10000	20000	50000	100000

3. 粘度计算

粘度按式（3-50）计算：

$$\eta = k\alpha \tag{3-50}$$

式中　η——试样溶液粘度的数值，mPa·s；

α——指针读数；

k——转子系数。

平行试验允许相差不超过结果的2%，取两次试验的平均值作为最后结果。

3.8.7　pH值

1. 仪器设备

（1）酸度计；

（2）烘箱：温度范围0～200℃，精度±2℃；

（3）磁力搅拌器。

2. 试剂配制

除另有规定外，水溶液的 pH 值应以玻璃电极为指示电极，用酸度计进行测定。酸度计应定期检定，使精密度和准确度符合要求。仪器校正用的标准缓冲液应使用标准缓冲物质配制，配制方法如下：

（1）邻苯二甲酸氢钾标准缓冲溶液（pH＝4.01）：精确称量在（115±5）℃下干燥 2～3h 后的邻苯二甲酸氢钾 $[KHC_8H_4O_4]$ 10.12g，加水使其溶解并稀释至 1000mL。

（2）磷酸盐标准缓冲溶液（pH＝6.86）：精确称量在（115±5）℃下干燥 2～3h 后的无水磷酸氢二钠 3.533g 与磷酸二氢钾 3.387g，加水使其溶解并稀释至 1000mL。

（3）硼砂标准缓冲液（pH＝9.18）：精确称取硼砂（$Na_2B_4O_7 \cdot 10H_2O$）3.80g（注意避免风化），加水使溶解并稀释至 100mL，置聚乙烯塑料瓶中，密封，避免与空气中二氧化碳接触。

（4）测定前用以上三种标准缓冲溶液对酸度计进行校正（定位），在 25℃下进行测定。

3. HPMC、MC、HEMC、HEC 试样 pH 值的测定

取已经干燥好的样品 1.0g，精确至 0.0001g，置于 250mL 已知质量的干燥烧杯中，向其中加 90℃左右的蒸馏水（HEC 试样可以用常温水）约 99g。用玻璃棒充分搅拌使其溶胀，然后将烧杯置于冰水浴中冷却溶解，冷却过程中不断搅拌溶液直至产生黏度（向 HEC 水溶液加入转子，放置在磁力搅拌器上充分搅拌溶解）。补水，将试样溶液调到试样的质量分数为 1％，搅拌均匀，调温到 25℃，转入到 50mL 的烧杯中，用酸度计测定 pH 值。

4. 分析结果

酸度计上直接读数即为测定结果。每份试样平行测定两个结果，平行结果的差值不大于 0.3 个 pH 单位，取其算术平均值。

3.8.8 透光率

1. 仪器设备

分光光度计。

2. 试样准备

制备 2％浓度的纤维素醚溶液。

3. 分析测试

（1）将分光光度计预热 15min；

（2）调波长选择钮，置所需波长 590nm；

（3）开启试样室盖，调零，使数值显示为 000.0；

（4）将浓度为 2％除去气泡的试样溶液，注入 10mm×30mm×40mm 的比色皿中，然后将比色皿插入试样槽，盖上试样室盖，将空白试样（蒸馏水）移入光路，空白数值为 100.0％，反复 3 次；

（5）数值测量，将被测试样移入光路，读取测量值，反复 2～3 次，允许光度精度跳动 ±0.5％；

（6）取其平均值为透光率值。

3.8.9 凝胶温度

1. 仪器设备

（1）比色管：纳氏 100mL；

（2）温度计：分度为 0.1℃，量程范围 50～100℃；

（3）分析天平：精确至 0.0001g。

2. 试验用水

符合 GB/T 6682—2008《分析实验室用水规格和试验方法》中 4.3 节要求的蒸馏水。

3. 测定步骤

（1）称取干燥样品 0.5g（精确至 0.0001g）倒入烧杯中，加入 90℃左右的蒸馏水约 50mL，充分搅拌使其溶胀，然后将烧杯置于 0～5℃的冰水浴中冷却溶解（冷却过程不断搅拌）后，将溶液移至 250mL 容量瓶中，用蒸馏水稀释至刻度，摇匀备用。

（2）取上述溶液 50mL 于 100mL 比色管中，插入温度计，将比色管置于 500mL 烧杯水浴中加热，缓慢升温并轻轻搅拌试样。当温度升至 40℃时，控制升温速度每分钟上升 0.5～1.0℃，仔细观察溶液变化，当溶液出现乳白色丝状凝胶时，记下此时温度，即为凝胶温度下限；继续升温至溶液刚完全变成乳白色时，记下此时温度，即为凝胶温度上限。

3.8.10　基准砂浆和试验砂浆的制备

1. 砂浆搅拌方法

称取一定量的水倒入搅拌锅中，随后加入基准砂浆或试验砂浆，把搅拌锅放在固定架上的固定位置；立即开动搅拌机，低速搅拌 1min 后停拌 90s，用铲刀刮掉粘附在搅拌叶和搅拌锅内壁上的砂浆，并用铲刀手动搅拌 3 次，将其堆积于搅拌锅中间，然后再低速搅拌 1min 停止。停机以后，将搅拌锅从搅拌机上拿下，砂浆用铲刀搅拌 10 次，备用。

2. 标准流动度需水量

按 GB/T 2419《水泥胶砂流动度测定方法》规定的方法检验砂浆流动度，砂浆流动度达到（170±5）mm 的用水量分别为基准砂浆和试验砂浆的标准流动度需水量。

3. 基准砂浆的配制

称量基准水泥（450±2）g、标准筛分砂（1350±5）g，预混均匀成干混基准砂浆，备用。

将按标准流动度需水量称量的水加至搅拌锅内，随后加入预混均匀的干混基准砂浆，制得的基准砂浆备用。

4. 试验砂浆的配制

称量基准水泥（450±2）g、标准筛分砂（1350±5）g、纤维素醚（2.7±0.1）g，预混均匀成干混试验砂浆，备用。

将按标准流动度需水量称量的水加至搅拌锅内，随后加入预混均匀的干混试验砂浆，制得的试验砂浆备用。

3.8.11　保水率

布氏漏斗的内径裁剪中速定性滤纸一张，将其铺在布氏漏斗底部，用水浸湿。

将布氏漏斗放到抽滤瓶上，开动真空泵，抽滤 1min，取下布氏漏斗，用滤纸将下口残余水擦净后称量（G_1），精确至 0.1g。

采用具有标准扩散度用水量的石膏浆放入称量后的布氏漏斗内，用 T 型刮板在漏斗中垂直旋转刮平，使料浆厚度保持在（10±0.5）mm 范围内。擦净布氏漏斗内壁上的残余石膏浆，称量（G_2），精确至 0.1g。从搅拌完结到称量完成的时间间隔应不大于 5min。

将称量后的布氏漏斗放到抽滤瓶上，开动真空泵。在 30s 之内将负压调至（53.33±0.67）kPa（400mm±5mm 汞柱）。抽滤 20min，然后取下布氏漏斗，用滤纸将下口残余水擦净，称量（G_3），精确至 0.1g。

按式（3-51）计算石膏浆的保水率 R，精确至 0.1g。

$$R = \left[1 - \frac{W_2(K+1)}{W_1 \cdot K}\right] \times 100\%$$ (3-51)

式中　R——受检砂浆的保水率，%；

　　　W_1——等于（G_2-G_1），受检砂浆原质量，g；

　　　W_2——等于（G_2-G_3），受检砂浆失去的水质量，g；

　　　G_1——布氏漏斗与滤纸质量，g；

　　　G_2——布氏漏斗装入受检砂浆后质量，g；

　　　G_3——布氏漏斗装入受检砂浆抽滤后质量，g；

　　　K——受检砂浆质量除以用水量，%。

3.8.12　滑移值

按以下检验方法，测定试验砂浆的滑移值。

1. 检验步骤

确保钢直尺置于混凝土板的顶端，这样当混凝土板垂直竖立时，会与钢直尺的底部边缘保持同一水平。紧挨钢直尺下缘将 25mm 宽的遮蔽胶带粘上，用直缘抹刀先在混凝土板上薄涂上一层胶粘剂至混凝土板上，接着再厚涂一层胶粘剂。对水泥基胶粘剂，用带有 6mm×6mm 凹口、中心间距为 12mm 的齿型抹刀对胶粘剂进行梳镘。对于乳液基胶粘剂和反应型树脂胶粘剂，则用带有 4mm×4mm 凹口、中心间距为 8mm 的齿型抹刀梳镘。齿形抹刀应和基板保持约 60°倾斜角，并和混凝土板一边成直角，从板的一边梳至另一边。2min 后立即将 V2 型瓷砖紧邻隔片放置在胶粘剂上，见图 3-23，并在瓷砖上施加（5.00±0.01）kg 的压块（30±5）s。

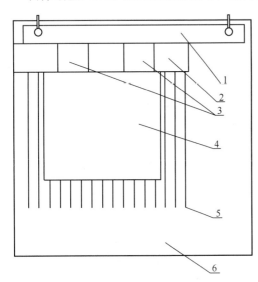

图 3-23　抗滑移性试验示意图
1—直钢尺；2—25mm 的遮蔽胶带；3—隔片；4—瓷砖；
5—胶粘剂；6—混凝土基板

取走隔片后，用游标卡尺测量直尺边缘和瓷砖之间的距离，精确到±0.1mm。测量后立即小心地将混凝土板垂直竖立。在（20±2）min 后，重新测量直尺边缘和瓷砖之间的距离。前后两次测量读数的差值就是瓷砖在自身重量下的最大滑移距离，每一种胶粘剂用 3 块试件进行测试。

2. 试验结果

取算术平均值，以 mm 表示，精确到 0.1mm。

3.8.13　终凝时间差

按 GB/T 1346《水泥标准稠度用水量、凝结时间、安定性检验方法》中规定的凝结时间测定方法，测定基准砂浆和试验砂浆的终凝时间。

终凝时间差按式（3-52）计算：

$$\Delta T = T_t - T_c$$ (3-52)

式中 ΔT——终凝时间差的数值，min；

T_c——基准砂浆的终凝时间的数值，min；

T_t——试验砂浆的终凝时间的数值，min。

3.8.14 拉伸粘结强度比（与混凝土板）

按第四章 4.2 节普通砂浆检验方法中拉伸粘结强度中的规定方法，用混凝土板作为试板，分别测定基准砂浆和试验砂浆的拉伸粘结强度。

强度比按式（3-53）计算：

$$I=\frac{R_t}{R_c}\times 100 \tag{3-53}$$

式中 I——拉伸粘结强度比的数值，%；

R_c——基准砂浆拉伸粘结原强度的数值，MPa；

R_t——试验砂浆拉伸粘结原强度的数值，MPa。

3.9 砂浆用可再分散乳胶粉

试验条件、试验材料及状态调节同第三章建筑干混砂浆用纤维素醚所规定。

3.9.1 外观

用玻璃棒将试样薄而均匀的覆盖在干净的玻璃板表面上，且玻璃板放置于白纸上，目测有无色差、杂质和结块。

3.9.2 堆积密度

按以下规定的方法进行：

1. 检验步骤

（1）抽取样品中每袋取约 1.5L，用电热鼓风干燥箱在（105±2）℃下烘干至恒重，移至干燥器中冷却至室温。

（2）称量量筒质量（m_1）。

（3）将烘干后的试样装入漏斗，启动活动门，将试样注入量筒。试验过程中应保持试样呈松散状态，防止任何程度的振动。

（4）刮平量筒试样表面，刮平时刮具应紧贴量筒上表面边缘。

（5）称量量筒及试样质量（m_2）。

2. 结果计算

（1）堆积密度按式（3-54）计算：

$$\rho=\frac{m_2-m_1}{v} \tag{3-54}$$

式中 ρ——试样堆积密度，kg/m³；

m_1——量筒的质量，g；

m_2——量筒及试样的质量，g；

v——量筒的容积，L。

（2）堆积密度均匀性按式（3-55）计算：

$$x=\frac{|\Delta\rho|_{max}}{\bar{\rho}}\times100 \tag{3-55}$$

式中 x——试样堆积密度均匀性，%；

$|\Delta\rho|_{max}$——5 次试验堆积密度单次值与算术平均值之差绝对值的最大值，kg/m^3；

$\bar{\rho}$——5 次试验堆积密度的算术平均值，kg/m^3。

（3）堆积密度试验结果取五次试验的算术平均值，保留三位有效数字；堆积密度均匀性保留两位有效数字。

3.9.3 灰分

按下列规定的灼烧残渣测定方法进行，灼烧温度为（650±25）℃。

1. 检验步骤

（1）用盐酸溶液处理坩埚。瓷坩埚浸泡 24h 或煮沸 0.5h；石英坩埚、铂坩埚浸泡 2h。洗净，烘干。

（2）将已经处理过的坩埚放入高温炉中，在选定的试验温度下灼烧适当时间，取出坩埚，在空气中冷却 1～3min，然后移入干燥器中冷却至室温（约 45min），称量，精确至 0.0002g。重复操作至恒量，即两次称量结果之差不大于 0.3mg。

（3）用已经恒量的坩埚称取规定量的实验室样品，每个测定的实验室样品的称样质量应以获得的残渣量不小于 3mg 为依据。称样量大时，可采取一次称样分次加样的方法，直到全部实验室样品炭化或挥发完全为止。

（4）将盛有试样的坩埚放在电炉上缓慢加热，直到试样全部炭化。将坩埚移入高温炉中。

（5）较难灼烧的试样，可在炭化后的坩埚中加入 0.5～1.0mL 硝酸，使炭化物湿润，在电炉上加热，直到棕色烟雾消失，然后移入高温炉中。

（6）在同一试验中，应使用同一干燥器，每次恒量放入相同数量的坩埚。空坩埚和带残渣的坩埚的冷却时间相同。

（7）灼烧温度应根据不同产品从下列温度中选择：650℃、750℃、850℃。

2. 结果计算

灼烧残渣的质量分数 ω，数值以%表示，按式（3-56）计算：

$$\omega=\frac{m_1-m_2}{m}\times100 \tag{3-56}$$

式中 m_1——坩埚加残渣的质量的数值，g；

m_2——坩埚的质量的数值，g；

m——试料的质量的数值，g。

取两次平行测定结果的算术平均值为测定结果。

3.9.4 最低成膜温度

在一个合适的温度梯度下，用干燥的气流干燥可再分散乳胶粉水分散体，即可测出聚合（形成连续透明薄膜）和未聚合（不透明或未成膜）这个交界点的温度，即为试样的最低成膜温度。

1. 仪器和设备

（1）高速分散机；

（2）天平：精确至 0.01g；

（3）最低成膜温度测定仪。

2. 检验方法

将 50mL 蒸馏水倒入烧杯中,用搅拌机以小于 100r/min 低速搅拌,同时慢慢倒入 50g 待检测的可再分散乳胶粉,倒入完毕后将搅拌机转速调至 300r/min。搅拌 15min 后停机,静置消泡后备用。测定前用小于 100r/min 低速再搅拌 3min。

按照以下规定的方法进行测试:

温度平衡达到后将试样均匀施涂在板上,从高温端开始涂布。

采用有槽板时,将稍微超过槽总量的样品从高温端注入槽中,用薄膜涂布器沿着槽开始涂布,除去多余的样品。

采用平板时,用薄膜涂布器从板的高温端开始将试样涂布成约 0.1mm 厚、20~25mm 宽的狭长的条带。

盖上玻璃罩,以恒定的低速从冷端至热端通入干燥的空气流。

注意在平板的各个不同部位温度测量装置所显示的温度,以各温度测量装置之间间隔的距离作为横坐标,温度测量装置显示的温度作为纵坐标。

测量出温度测量装置第一个孔至完全形成薄膜(透明、无裂纹)部分和没有聚合的部分(白色)交界的距离。据图确定白点温度和最低成膜温度。

如果使用表面温度计,则白点温度和最低成膜温度可以通过温度计的刻度直接得出。

注:如果温度梯度是线性的,作出的图是直线,就不必作图。

3. 结果表示

可通过图或直接通过表面温度计获得结果。计算几次测定结果的平均值,以摄氏温度(℃)整数表示。

3.9.5 基准砂浆与试验砂浆的制备

基准砂浆与试验砂浆的搅拌、标准流动度需水量、配置同第三章中砂浆用纤维素醚所规定。其中,试验砂浆的配置为基准水泥(450±2)g、标准筛分砂(1350±2)g、可再分散乳胶粉(45±0.5)g。

3.9.6 基准砂浆及试验砂浆凝结时间差

按 GB/T 1346《水泥标准稠度用水量、凝结时间、安定性检验方法》中规定的凝结时间测定方法,分别测定基准砂浆和试验砂浆的初、终凝时间。

初、终凝时间差按式(3-57)和式(3-58)计算:

$$\Delta T_i = T_{i2} - T_{i1} \tag{3-57}$$

式中　ΔT_i——初凝时间差的数值,min;

　　　T_i——基准砂浆初凝时间的数值,min;

　　　T_{i1}——试验砂浆初凝时间的数值,min。

$$\Delta T_f = T_{f2} - T_{f1} \tag{3-58}$$

式中　ΔT_f——终凝时间差的数值,min;

　　　T_{f2}——基准砂浆终凝时间的数值,min;

　　　T_{f1}——试验砂浆终凝时间的数值,min。

3.9.7 抗压强度比

1. 按 GB/T 17671《水泥胶砂强度检验方法(ISO 法)》中规定的抗压强度测定方法,分别测定基准砂浆和试验砂浆的抗压强度。

2. 试件养护按照本章规定进行，28d 龄期时进行抗压强度测定。

3. 抗压强度比按式（3-59）计算：

$$I_c = \frac{R_{c2}}{R_{c1}} \times 100 \tag{3-59}$$

式中 I_c——抗压强度比的数值，%；

R_{c1}——基准砂浆 28d 抗压强度的数值，MPa；

R_{c2}——试验砂浆 28d 抗压强度的数值，MPa。

3.9.8 拉伸粘结强度比（与混凝土板）

1. 按 JC/T 992－2006《墙体保温用膨胀聚苯乙烯板胶粘剂》附录 A 中的规定方法，用符合本章节试验材料的混凝土作为试板，分别测定按本章节制备的基准砂浆和试验砂浆的原强度、耐水强度和耐冻融强度。

2. 试件养护按照本章节试验条件相关规定进行。原强度比按式（3-60）计算：

$$I_t = \frac{R_{t2}}{R_{t1}} \times 100 \tag{3-60}$$

式中 I_t——拉伸粘结原强度比的数值，%；

R_{t1}——基准砂浆拉伸粘结原强度的数值，MPa；

R_{t2}——试验砂浆拉伸粘结原强度的数值，MPa；

3. 耐水强度比按式（3-61）计算：

$$I_t = \frac{R_{w2}}{R_{w1}} \times 100 \tag{3-61}$$

式中 I_w——耐水拉伸粘结强度比的数值，%；

R_{w1}——基准砂浆耐水拉伸粘结强度的数值，MPa；

R_{w2}——试验砂浆耐水拉伸粘结强度的数值，MPa。

4. 耐冻融强度比按式（3-62）计算：

$$I_{fr} = \frac{R_{fr2}}{R_{fr1}} \times 100 \tag{3-62}$$

式中 I_{fr}——耐冻融拉伸粘结强度比的数值，%；

R_{fr1}——基准砂浆耐冻融拉伸粘结强度的数值，MPa；

R_{fr2}——试验砂浆耐冻融拉伸粘结强度的数值，MPa。

3.9.9 拉伸粘结强度比（与模塑聚苯板）

按上面规定的方法，测定试验砂浆与模塑聚苯板的原强度、耐水强度和耐冻融强度。

3.9.10 收缩率

按第四章普通砂浆试验中的收缩率中规定的收缩试验方法，测定并计算试验砂浆的 28d 的收缩率。

3.10　砂浆防水剂检验操作细则

3.10.1　含水率

1. 仪器

(1) 分析天平（称量 200g，分度值 0.1mg）；

(2) 鼓风电热恒温干燥箱；

(3) 称量瓶（$\phi 25mm \times 65mm$）；

(4) 干燥器（内盛变色硅胶）。

2. 检验步骤

将洁净带盖的称量瓶放入烘箱内，于 105～110℃烘 30min。取出置于干燥器内，冷却 30min 后称量，重复上述步骤至恒量（两次称量的质量差小于 0.3mg），称其质量为 m_0。

称取防水剂试样（10±0.2）g，装入已烘干至恒重的称量瓶内，盖上盖，称出试样及称量瓶总质量为 m_1。

将盛有试样的称量瓶放入烘箱中，开启瓶盖升温至 105～110℃，恒温 2h 取出，盖上盖，置于干燥器内，冷却 30min 后称量，重复上述步骤至恒量，其质量为 m_2。

3. 结果计算与评定

含水率按式（3-63）计算：

$$X_{H_2O} = \frac{m_1 - m_2}{m_2 - m_0} \times 100 \tag{3-63}$$

式中　X_{H_2O}——含水率，%；

$\quad\quad m_0$——称量瓶的质量，g；

$\quad\quad m_1$——称量瓶加干燥前试样质量，g；

$\quad\quad m_2$——称量瓶加干燥后试样质量，g。

4. 含水率检验结果以 3 个试样测试数据的算术平均值表示，精确至 0.1%。

3.10.2　抗压强度比

1. 检验步骤

按照 GB/T 2419《水泥胶砂流动度测定方法》确定基准砂浆和受检砂浆的用水量，水泥与砂的比例为 1：3，将两者流动度均控制在（140±5）mm。试验共进行 3 次，每次用有底试模成型 70.7mm×70.7mm×70.7mm 的基准和受检试件各两组，每组 6 块，两组试件分别养护至 7d、28d，测定抗压强度。

2. 结果计算

砂浆试件的抗压强度按式（3-64）计算：

$$f_m = \frac{P_m}{A_m} \tag{3-64}$$

式中　f_m——受检砂浆或基准砂浆 7d 或 28d 的抗压强度，MPa；

$\quad\quad P_m$——破坏荷载，N；

$\quad\quad A_m$——试件的受压面积，mm^2。

抗压强度比按式（3-65）计算：

$$R_{fm} = \frac{f_{tm}}{f_{rm}} \times 100 \tag{3-65}$$

式中　R_{fm}——砂浆的 7d 或 28d 抗压强度比，%；

　　　f_{tm}——不同龄期（7d 或 28d）的受检砂浆的抗压强度，MPa；

　　　f_{rm}——不同龄期（7d 或 28d）的基准砂浆的抗压强度，MPa。

3.10.3　透水压力比

1. 检验步骤

按 GB/T 2419《水泥胶砂流动度测定方法》确定基准砂浆和受检砂浆的用水量，二者保持相同的流动度，并以基准砂浆在 0.3～0.4MPa 压力下透水为准，确定水灰比。用上口直径 70mm、下口直径 80mm、高 30mm 的截头圆锥带底金属试模成型基准和受检试样，成型后用塑料布将试件盖好静停。脱模后放入（20±2）℃的水中养护至 7d，取出待表面干燥后，用密封材料密封装入渗透仪中进行透水试验。水压从 0.2MPa 开始，恒压 2h，增至 0.3MPa，以后每隔 1h 增加水压 0.1MPa，当 6 个试件中有 3 个试件端面呈现渗水现象时，即可停止试验，记下当时的水压值。若加压至 1.5MPa，恒压 1h 还未透水，应停止升压。砂浆透水压力为每组 6 个试件中 4 个未出现渗水时的最大水压力。

2. 结果计算

透水压力比按式（3-66）计算，精确至 1%；

$$R_{\rho m} = \frac{P_{tm}}{P_{rm}} \times 100 \tag{3-66}$$

式中　$R_{\rho m}$——受检砂浆与基准砂浆透水压力比，%；

　　　P_{tm}——受检砂浆的透水压力，MPa；

　　　P_{rm}——基准砂浆的透水压力，MPa；

3.10.4　吸水量比（48h）

1. 检验步骤

按照抗压强度试件的成型和养护方法成型基准和受检试件。养护 28d 后，取出试件，在 75～80℃温度下烘干（48±0.5）h 后称量，然后将试件放入水槽。试件的成型面朝下放置，下部用两根 ϕ10mm 的钢筋垫起，试件浸入水中的高度为 35mm。要经常加水，并在水槽上要求的水面高度处开溢水孔，以保持水面恒定。水槽应加盖，放在温度为（20±3）℃、相对湿度 80% 以上的恒温室中，试件表面不得有结露或水滴。然后在（48±0.5）h 时取出，用挤干的湿布擦去表面的水，称量并记录。称量采用感量 1g、最大称量范围为 1000g 的天平。

2. 结果计算

吸水量按式（3-67）计算：

$$W_m = M_{m1} - M_{m0} \tag{3-67}$$

式中　W_m——砂浆试件的吸水量，g；

　　　M_{m1}——砂浆试件吸水后质量，g；

　　　M_{m0}——砂浆试件干燥后质量，g；

结果以 6 块试件的平均值表示，精确至 1g。吸水量比按式（3-68）计算，精确至 1%；

$$R_{wm} = \frac{W_{tm}}{W_{rm}} \times 100 \tag{3-68}$$

式中　R_{wm}——受检砂浆与基准砂浆吸水量比，%；

　　　W_{tm}——受检砂浆的吸水量，g；

W_{rm}——基准砂浆的吸水量，g。

3.10.5　收缩率比（28d）

1. 检验步骤

按照第四章普通砂浆试验中的收缩率检验方法测定基准和受检砂浆试件的收缩值，测定龄期为 28d。

2. 结果计算

收缩率比按式（3-69）计算，精确至 1%：

$$R_{em} = \frac{\varepsilon_{tm}}{\varepsilon_{rm}} \times 100 \qquad (3\text{-}69)$$

式中　R_{em}——受检砂浆与基准砂浆 28d 收缩率之比，%；

　　　ε_{tm}——受检砂浆的收缩率，%；

　　　ε_{rm}——基准砂浆的收缩率，%。

3.11　抹灰砂浆添加剂检验操作细则

3.11.1　外观质量

1. 固体

将试样薄而均匀的覆盖在干净的玻璃板表面上，且玻璃板放置于白纸上，观察是否均匀，有无结块。

2. 液体

将不少于 300mL 试样缓慢倒入 500mL 烧杯中，放在试验室静置 24h 后观察有无分层、沉淀。

3.11.2　真空保水率

真空保水率测定装置如图 3-24 所示。用厚度 1mm 的硬质耐磨材料制成 T 形刮板，T 形刮板示意图如图 3-25 所示。

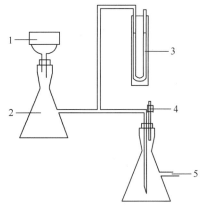

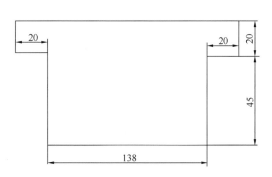

图 3-24　保水率测定装置示意图

1—布氏漏斗，内径 150mm，深 65mm，孔径 2mm，孔数 169 个；2—抽滤瓶；3—U 形压力计，管长 800mm；4—调压阀；5—接真空泵，负压可达 106.65kPa（800mmHg 柱）

图 3-25　T 形刮板示意图

按图 3-24 所示，布氏漏斗的内径裁剪中速定性滤纸一张，将其铺在布氏漏斗底部，用水浸湿。将布氏漏斗放到抽滤瓶上，开动真空泵，抽滤 1min，取下布氏漏斗，用滤纸将下口残余水擦净后称量（G_1），精确至 0.1g。将配制的受检砂浆放入称量后的布氏漏斗内，用 T 型刮板在漏斗中垂直旋转刮平，使料浆厚度保持在（20±0.5）mm 范围内。擦净布氏漏斗内壁上的残余浆体，称量（G_2），精确至 0.1g。从搅拌完毕到称量完成的时间间隔应不大于 5min。

将称量后的布氏漏斗放到抽滤瓶上，开动真空泵。在 30s 之内将负压调至（53.33±0.67）kPa（400mm±5mm 汞柱）。抽滤 20min，然后取下布氏漏斗，用滤纸将下口残余水擦净，称量（G_3），精确至 0.1g。

按式（3-70）计算受检砂浆的保水率 R，精确到 1%。

$$R = \left[1 - \frac{W_2(K+1)}{W_1 \cdot K} \right] \times 100\% \tag{3-70}$$

式中　R——受检砂浆的保水率，%；

　　W_1——等于（$G_2 - G_1$），受检砂浆原质量，g；

　　W_2——等于（$G_2 - G_3$），受检砂浆失去的水质量，g；

　　G_1——布氏漏斗与滤纸质量，g；

　　G_2——布氏漏斗装入受检砂浆后质量，g；

　　G_3——布氏漏斗装入受检砂浆抽滤后质量，g；

　　K——受检砂浆质量除以用水量，%。

若连续两次测得的保水率与其平均值的差不大于 3%，取该平均值作为试样的保水率，否则应重做试验。

第四章　预拌砂浆产品质量检验操作

4.1　取样及试样制备

4.1.1　取样

1. 建筑砂浆检验用料应从同一盘砂浆或同一车砂浆中取样。取样量不应少于检验所需量的 4 倍。

2. 当施工过程进行砂浆检验时，砂浆取样方法应按相应的施工验收规范执行，并宜在现场搅拌点或预拌砂浆卸料点的至少 3 个不同部位及时取样。对于现场取来的试样，检验前应人工搅拌均匀。

3. 从取样完毕到开始进行各项性能检验，不宜超过 15min。

4.1.2　检验步骤

1. 在试验室制备砂浆试样时，所用材料应提前 24h 运入室内。拌合时，试验室的温度应保持在（20±5）℃。当需要模拟施工条件下所用的砂浆时，所用原材料的温度宜与施工现场保持一致。

2. 检验所用原材料应与现场使用材料一致。砂应通过 4.75mm 筛。

3. 试验室拌制砂浆时，材料用量应以质量计。水泥、外加剂、掺合料等的称量精度应为 ±0.5%；细集料的称量精度应为 ±1%。

4. 在试验室搅拌砂浆时应采用机械搅拌，搅拌机应符合现行行业标准 JG/T 3033《试验用砂浆搅拌机》的规定，搅拌的用量宜为搅拌机容量的 30%～70%，搅拌时间不应少于 120s。掺有掺合料和外加剂的砂浆，其搅拌时间不应少于 180s，不宜超过 15min。

4.1.3　检验记录

检验记录应包括下列内容：

1. 取样日期和时间；
2. 工程名称、部位；
3. 砂浆品种、砂浆技术要求；
4. 检验依据；
5. 取样方法；
6. 试样编号；
7. 试样数量；
8. 环境温度；
9. 试验室温度、湿度；
10. 原材料品种、规格、产地及性能指标；
11. 砂浆配合比和每盘砂浆的材料用量；
12. 仪器设备名称、编号及有效期；

13. 检验单位、地点；

14. 取样人员、试验人员、复核人员。

4.2 普通砂浆检验

4.2.1 散装干混砂浆均匀性检验操作细则

1. 本方法适用于测定散装干混砂浆运送到施工现场后的均匀性。

2. 砂浆均匀性检验应采用下列仪器：

（1）检验筛：筛孔边长分别为 4.75mm、2.36mm、1.18mm、$600\mu m$、$300\mu m$、$150\mu m$、$75\mu m$ 的方孔筛各一支，筛的底盘和盖各一支；筛筐直径为 300mm 或 200mm，其质量应符合现行国家标准 GB/T 14684《建设用砂》的规定。

（2）天平：称量 1000g，感量 1g；秤：称量 10kg，感量 10g。

（3）砂浆稠度仪：应符合现行行业标准 JGJ/T 70《建筑砂浆基本性能试验方法标准》的规定。

（4）试模：尺寸为 70.7mm×70.7mm×70.7mm 的带底试模，其质量应符合现行行业标准 JGJ/T 70《建筑砂浆基本性能试验方法标准》的规定。

3. 取样应符合下列规定：

（1）散装干混砂浆移动筒仓中砂浆总量应均匀分为 10 个部分，并应分别对应每个部分，从筒仓底部下料口随机取样，每份样品的取样数量不应少于 8kg。

（2）当移动筒仓中砂浆为非连续性使用时，可将每次连续使用砂浆总量均匀分为 10 个部分，然后按照上述的方法取样。

4. 砂浆细度均匀度检验应按下列步骤进行：

（1）取一份样品，充分拌合均匀，称取筛分试样 500g。

（2）将称好的试样倒入附有筛底的砂试验套筛中，按现行国家标准 GB/T 14684《建设用砂》规定的方法进行筛分试验，称量 $75\mu m$ 筛的筛余量。

（3）$75\mu m$ 筛的通过率应按式（4-1）计算

$$X = \frac{500 - W_1}{500} \times 100\%$$ （4-1）

式中　X——$75\mu m$ 筛的通过率，%，精确至 0.1%；

　　W_1——$75\mu m$ 筛的筛余量，g，精确至 0.1g；

　　500——样品质量，g。

应以两次检验结果的算术平均值作为测定值，并应精确至 0.1%。

（4）按照以上步骤分别对其他 9 个样品进行筛分检验，求出各样品的 $75\mu m$ 筛的通过率。

5. 砂浆细度均匀度检验结果应按下列步骤计算：

（1）计算 10 个样品的 $75\mu m$ 筛通过率的平均值（$\overline{X}$），精确至 0.1%。

（2）计算 10 个样品的 $75\mu m$ 筛通过率的标准差（σ），精确至 0.1%。

（3）砂浆细度离散系数应按式（4-2）计算

$$C_V = \frac{\sigma}{\overline{X}} \times 100\%$$ （4-2）

式中　C_V——砂浆细度离散系数，%，精确至 0.1%；

　　σ——各样品的 $75\mu m$ 筛通过率的标准差，%；

$\overline{X}$——各样品的 $75\mu\mathrm{m}$ 筛通过率的平均值，%。

（4）砂浆细度均匀度应按式（4-3）计算

$$T = 100\% - C_{\mathrm{V}} \tag{4-3}$$

式中　T——砂浆细度均匀度，%，精确至 1%。

（5）当砂浆细度均匀度不小于 90% 时，该筒仓中的砂浆均匀性可判定为合格；当砂浆细度均匀度小于 90% 时，应进行砂浆抗压强度均匀度检验。

6. 砂浆抗压强度均匀度检验应按下列步骤进行：

（1）在已取得的 10 份样品中，分别称取 4000g 试样，加水拌合。加水量按砂浆稠度控制，干混砌筑砂浆稠度为 70～80mm，干混抹灰砂浆稠度为 90～100mm，干混地面砂浆稠度为 45～55mm，干混普通防水砂浆稠度为 70～80mm。砂浆稠度检验应按本章 4.2.2 节规定的方法进行。

（2）每个样品成型一组抗压强度试块，测试其 28d 抗压强度。试块的成型、养护及试压应按本章 4.2.7 节的规定进行。

7. 砂浆抗压强度均匀度检验结果应按下列步骤计算：

（1）计算 10 组砂浆试块的 28d 抗压强度的平均值，精确至 0.1MPa。

（2）计算 10 组砂浆试块的 28d 抗压强度的标准差，精确至 0.01MPa。

（3）砂浆抗压强度离散系数应按式（4-4）计算

$$C'_{\mathrm{V}} = \frac{\sigma'}{X'} \times 100\% \tag{4-4}$$

式中　C'_{V}——砂浆抗压强度离散系数，%，精确至 0.1%；

σ'——各样品的砂浆试块抗压强度的标准差，MPa；

X'——各样品的砂浆试块抗压强度的平均值，MPa。

（4）砂浆抗压强度均匀度应按式（4-5）计算

$$T' = 100\% - C'_{\mathrm{V}} \tag{4-5}$$

式中　T'——砂浆抗压强度均匀度，%，精确至 1%。

（5）当砂浆抗压强度均匀度不小于 85% 时，该筒仓中的砂浆均匀性可判定为合格。

4.2.2　稠度检验

1. 本方法适用于确定砂浆的配合比或施工过程中控制砂浆的稠度。

2. 稠度检验应使用下列仪器：

（1）砂浆稠度仪：如图 4-1 所示，应由试锥、容器和支座三部分组成。试锥由钢材或铜材制成，试锥高度应为 145mm，锥底直径应为 75mm，试锥连同滑杆的质量应为（300±2）g；盛浆容器应由钢板制成，筒高应为 180mm，锥底内径应为 150mm；支座应包括底座、支架及刻度显示三个部分，应由铸铁、钢及其他金属制成。

（2）钢制捣棒：直径为 10mm，长度为 350mm，端部磨圆。

（3）秒表。

3. 稠度检验应按下列步骤进行：

（1）先采用少量润滑油轻擦滑杆，再将滑杆上多余的油用吸油纸擦净，使滑杆能自由滑动。

（2）应先采用湿布擦净盛浆容器和试锥表面，再将砂浆拌合物一次装

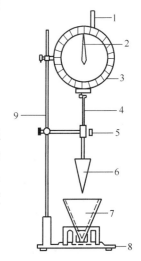

图 4-1　砂浆稠度仪

1—齿条测杆；2—指针；3—刻度盘；4—滑杆；5—制动螺丝；6—试锥；7—盛装容器；8—底座；9—支架

入容器；砂浆表面低于容器口 10mm，用捣棒自容器中心向边缘均匀地插捣 25 次，然后轻轻地将容器摇动或敲击 5～6 下，使砂浆表面平整，随后将容器置于稠度测定仪的底座上。

（3）拧开制动螺丝，向下移动滑杆，当试锥尖端与砂浆表面刚接触时，应拧紧制动螺丝，使齿条测杆下端刚接触滑杆上端，并将指针对准零点上。

（4）拧开制动螺丝，同时计时间，10s 时立即拧紧螺丝，将齿条测杆下端接触滑杆上端，从刻度盘上读出下沉深度（精确至 1mm），即为砂浆的稠度值。

（5）盛装容器内的砂浆，只允许测定一次稠度，重复测定时，应重新取样测定。

4. 稠度检验结果应按下列要求确定：

同盘砂浆应取两次检验结果的算术平均值作为测定值，并应精确至 1mm；当两次检验值之差大于 10mm 时，应重新取样测定。

4.2.3 表观密度检验

1. 本方法适用于测定砂浆拌合物捣实后的单位体积质量，以确定每立方米砂浆拌合物中各组成材料的实际用量。

2. 表观密度检验应使用下列仪器：

（1）容量筒：应由金属制成，内径应为 108mm，净高应为 109mm，筒壁厚应为 2～5mm，容积应为 1L；

（2）天平：称量应为 5kg，感量应为 5g；

（3）钢制捣棒：直径为 10mm，长度为 350mm，端部磨圆；

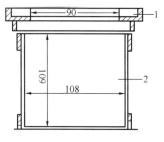

图 4-2　砂浆密度测定仪
1—漏斗；2—容量筒

（4）砂浆密度测定仪（图 4-2）；

（5）振动台：振幅应为（0.5±0.05）mm，频率应为（50±3）Hz；

（6）秒表。

3. 砂浆拌合物表观密度检验应按下列步骤进行：

（1）先采用湿布擦净容量筒的内表面，再称量容量筒质量 m_1，精确至 5g。

（2）捣实可采用手工或机械方法。当砂浆稠度大于 50mm 时，宜采用人工插捣法；当砂浆稠度不大于 50mm 时，宜采用机械振动法。

（3）采用人工插捣时，将砂浆拌合物一次装满容量筒，使稍有富余，用捣棒由边缘向中心均匀地插捣 25 次。当插捣过程中砂浆沉落到低于筒口时，应随时添加砂浆，再用木锤沿容器外壁敲击 5～6 下。

（4）采用振动法时，将砂浆拌合物一次装满容量筒，连同漏斗在振动台上振 10s，当振动过程中砂浆沉入到低于筒口时，应随时添加砂浆。

（5）捣实或振动后，应将筒口多余的砂浆拌合物刮去，使砂浆表面平整，然后将容量筒外壁擦净，称出砂浆与容量筒总质量 m_2，精确至 5g。

4. 砂浆拌合物的表观密度应按式（4-6）计算

$$\rho = \frac{m_2 - m_1}{V} \times 1000 \tag{4-6}$$

式中　ρ——砂浆拌合物的表观密度，kg/m³；

　　　m_1——容量筒质量，kg；

m_2——容量筒及试样质量，kg；

V——容量筒容积，L。

取两次检验结果的算术平均值作为测定值，精确至 $10kg/m^3$。

5. 容量筒的容积可按下列步骤进行校正：

（1）选择一块能覆盖住容量筒顶面的玻璃板，称出玻璃板和容量筒质量。

（2）向容量筒中灌入温度为（20±5）℃的饮用水，灌到接近上口时，一边不断加水，一边将玻璃板沿筒口徐徐推入盖严。玻璃板下不得存在气泡。

（3）擦净玻璃板面及筒壁外的水分，称量容量筒、水和玻璃板质量（精确至5g）。两次质量之差（以 kg 计）即为容量筒的容积（L）。

4.2.4 分层度检验

1. 本方法适用于测定砂浆拌合物的分层度，以确定在运输及停放时砂浆拌合物的稳定性。

2. 分层度检验应使用下列仪器：

（1）砂浆分层度筒（图 4-3）应由钢板制成，内径为 150mm，上节高度应为 200mm，下节带底净高应为 100mm，两节的连接处应加宽 3～5mm，并应设有橡胶垫圈。

（2）振动台：振幅应为（0.5±0.05）mm，频率应为（50±3）Hz。

（3）砂浆稠度仪、木锤等。

3. 分层度的测定可采用标准法和快速法。当发生争议时，应以标准法的测定结果为准。

4. 标准法测定分层度应按下列步骤进行：

（1）测定砂浆拌合物的稠度；

（2）应将砂浆拌合物一次装入分层度筒内，待装满后，用木锤在分层度筒周围距离大致相等的四个不同部位轻轻敲击 1～2 下；当砂浆沉落到低于筒口时，应随时添加，然后刮去多余的砂浆并用抹刀抹平。

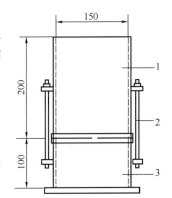

图 4-3 砂浆分层度筒
1—无底圆筒；2—连接螺栓；
3—有底圆筒

（3）静置 30min 后，去掉上节 200mm 砂浆，然后将剩余的 100mm 砂浆倒在拌合锅内搅拌 2min，再测其稠度。前后测得的稠度之差即为该砂浆的分层度值。

5. 快速法测定分层度应按下列步骤进行：

（1）测定砂浆拌合物的稠度；

（2）应将分层度筒预先固定在振动台上，砂浆一次装入分层度筒内，振动 20s；

（3）去掉上节 200mm 砂浆，剩余 100mm 砂浆倒出放在拌合锅内搅拌 2min，再测其稠度，前后测得的稠度之差即为该砂浆的分层度值。

6. 分层度检验结果应按下列要求确定：

应取两次检验结果的算术平均值作为该砂浆的分层度值，精确至 1mm；当两次分层度检验值之差大于 10mm 时，应重新取样测定。

4.2.5 保水性检验

1. 保水性检验应使用下列仪器和材料：

（1）金属或硬塑料圆环试模：内径应为 100mm，内部高度应为 25mm；

（2）可密封的取样容器：应清洁、干燥；

（3）2kg 的重物；

（4）金属滤网：网格尺寸 $45\mu m$，圆形，直径为（110 ± 1）mm；

（5）超白滤纸：应采用现行国家标准 GB/T 1914《化学分析滤纸》规定的中速定性滤纸，直径应为 110mm，单位面积质量应为 $200g/m^2$；

（6）2 片金属或玻璃的方形或圆形不透水片，边长或直径应大于 110mm；

（7）天平：量程为 200g，感量应为 0.1g；量程为 2000g，感量应为 1g；

（8）烘箱。

2. 保水性检验应按下列步骤进行：

（1）称量底部不透水片与干燥试模质量 m_1 和 15 片中速定性滤纸质量 m_2。

（2）将砂浆拌合物一次性装入试模，并用抹刀插捣数次，当装入的砂浆略高于试模边缘时，用抹刀以 45°角一次性将试模表面多余的砂浆刮去，然后再用抹刀以较平的角度在试模表面反方向将砂浆刮平。

（3）抹掉试模边的砂浆，称量试模、底部不透水片与砂浆总质量 m_3。

（4）用金属滤网覆盖在砂浆表面，再在滤网表面放上 15 片滤纸，用上部不透水片盖在滤纸表面，以 2kg 的重物把上部不透水片压住。

（5）静置 2min 后移走重物及上部不透水片，取出滤纸（不包括滤网），迅速称量滤纸质量 m_4。

（6）按照砂浆的配比及加水量计算砂浆的含水率。当无法计算时，可按照下列方法测定砂浆的含水率：

测定砂浆含水率时，应称取（100 ± 10）g 砂浆拌合物试样，置于一干燥并已称重的盘中，在（105 ± 5）℃的烘箱中烘干至恒重。砂浆含水率应按式（4-7）计算

$$\alpha = \left(\frac{m_6 - m_5}{m_6}\right) \times 100 \tag{4-7}$$

式中　α——砂浆含水率，%；

　　　m_5——烘干后砂浆样本损失的质量，g，精确至 1g。

　　　m_6——砂浆样本的总质量，g，精确至 1g。

取两次检验结果的算术平均值作为砂浆的含水率，精确至 0.1%。当两个测定值之差超过 2% 时，此组检验结果应为无效。

3. 砂浆保水率应按式（4-8）计算

$$W = \left[1 - \frac{m_4 - m_2}{\alpha \times (m_3 - m_1)}\right] \times 100 \tag{4-8}$$

式中　W——砂浆保水率，%；

　　　m_1——底部不透水片与干燥试模质量，g，精确至 1g；

　　　m_2——15 片滤纸吸水前的质量，g，精确至 0.1g；

　　　m_3——试模、底部不透水片与砂浆总质量，g，精确至 1g；

　　　m_4——15 片滤纸吸水后的质量，g，精确至 0.1g；

　　　α——砂浆含水率，%。

取两次检验结果的算术平均值作为砂浆的保水率，精确至 0.1%，且第二次检验应重新取样测定。当两个测定值之差超过 2% 时，此组检验结果应为无效。

4.2.6　凝结时间检验

1. 本方法适用于采用贯入阻力法确定砂浆拌合物的凝结时间。

2. 凝结时间检验应使用下列仪器：

（1）砂浆凝结时间测定仪：应由试针、容器、压力表和支座四部分组成，并应符合下列规定（图4-4）：

①试针：应由不锈钢制成，截面积应为30mm²；

②盛浆容器：应由钢制成，内径应为140mm，高度应为75mm；

③压力表：测量精度应为0.5N；

④支座：应分底座、支架及操作杆三部分，应由铸铁或钢制成；

（2）时钟。

3. 凝结时间检验应按下列步骤进行：

（1）将制备好的砂浆拌合物装入盛浆容器内，砂浆应低于容器上口10mm，轻轻敲击容器，并予以抹平，盖上盖子，放在（20±2℃）的检验条件下保存。

（2）砂浆表面的泌水不得清除，将容器放到压力表座上，然后通过下列步骤来调节测定仪：

① 调节螺母3，使贯入试针与砂浆表面接触；

② 拧开调节螺母2，再调节螺母1，确定压入砂浆内部的深度为25mm后再拧紧螺母2；

③旋动调节螺母8，使压力表指针调到零位。

（3）测定贯入阻力值，用截面为30mm²的贯入试针与砂浆表面接触，在10s内缓慢而均匀地垂直压入砂浆内部25mm深，每次贯入时记录仪表读数 N_p，贯入杆离开容器边缘或已贯入部位应至少12mm。

（4）在（20±2）℃的检验条件下，实际贯入阻力值应在成型后2h开始测定，并应每隔30min测定一次，当贯入阻力值达到0.3MPa时，应改为每15min测定一次，直至贯入阻力值达到0.7MPa为止。

4. 施工现场测定凝结时间应符合下列规定：

（1）当在施工现场测定砂浆的凝结时间时，砂浆的稠度、养护和测定的温度应与现场相同；

（2）在测定湿拌砂浆的凝结时间时，时间间隔可根据实际情况定为受检砂浆预测凝结时间的1/4、1/2、3/4等来测定，当接近凝结时间时可每15min测定一次。

5. 砂浆贯入阻力值按式（4-9）计算

$$f_p = \frac{N_p}{A_p} \qquad (4\text{-}9)$$

式中　f_p——贯入阻力值，MPa，精确至0.01MPa；

N_p——贯入深度至25mm时的静压力，N；

A_p——贯入试针的截面积，即30mm²。

6. 砂浆的凝结时间可按下列方法确定：

（1）凝结时间的确定可采用图示法或内插法，有争议时应以图示法为准。

（2）从加水搅拌开始计时，分别记录时间和相应的贯入阻力值，根据检验所得各阶段的贯入阻力与时间的关系绘图，由图求出贯入阻力值达到0.5MPa的所需时间 t_s（min），此时的 t_s 值即为砂浆的凝结时间测定值。

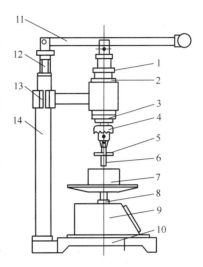

图4-4　砂浆凝结时间测定仪

1—调节螺母；2—调节螺母；3—调节螺母；4—夹头；5—垫片；6—试针；7—盛浆容器；8—调节螺母；9—压力表座；10—底座；11—操作杆；12—调节杆；13—立架；14—立柱

（3）测定砂浆凝结时间时，应在同盘内取两个试样，以两个检验结果的算术平均值作为该砂浆的凝结时间值，两次检验结果的误差不应大于 30min，否则应重新测定。

4.2.7 立方体抗压强度检验

1. 立方体抗压强度检验应使用下列仪器设备：

（1）试模：应为 70.7mm×70.7mm×70.7mm 的带底试模，应符合现行行业标准 JG 237《混凝土试模》的规定选择，应具有足够的刚度并拆装方便。试模的内表面应机械加工，其不平度应为每 100mm 不超过 0.05mm，组装后各相邻面的不垂直度不应超过±0.5°。

（2）钢制捣棒：直径为 10mm，长度为 350mm，端部磨圆。

（3）压力试验机：精度应为 1%，试件破坏荷载应不小于压力机量程的 20%，且不大于全量程的 80%。

（4）垫板：试验机上、下压板及试件之间可垫以钢垫板，垫板的尺寸应大于试件的承压面，其不平度应为每 100mm 不超过 0.02mm。

（5）振动台：空载中台面的垂直振幅应为（0.5±0.05）mm，空载频率应为（50±3）Hz，空载台面振幅均匀度不应大于 10%，一次检验应至少能固定（或用磁力吸盘）3 个试模。

2. 立方体抗压强度试件的制作及养护应按下列步骤进行：

（1）应采用立方体试件，每组试件应为 3 个。

（2）应采用黄油等密封材料涂抹试模的外接缝，试模内应涂刷薄层机油或隔离剂。应将拌制好的砂浆一次性装满砂浆试模，成型方法应根据稠度而确定。当稠度大于 50mm 时，宜采用人工振捣成型，当稠度不大于 50mm 时，宜采用振动台振实成型。

① 人工振捣：应采用捣棒均匀地由边缘向中心按螺旋方式插捣 25 次，插捣过程中当砂浆沉落低于试模口时，应随时添加砂浆，可用油灰刀插捣数次，并用手将试模一边抬高 5～10mm 各振动 5 次，砂浆应高出试模顶面 6～8mm；

② 机械振动：将砂浆一次装满试模，放置到振动台上，振动时试模不得跳动，振动 5～10s 或持续到表面泛浆为止，不得过振。

（3）应待表面水分稍干后，再将高出试模部分的砂浆沿试模顶面刮去并抹平。

（4）试件制作后应在温度为（20±5）℃的环境下静置（24±2）h，对试件进行编号、拆模。当气温较低时，或者凝结时间大于 24h 的砂浆，可适当延长时间，但不应超过 2d。试件拆模后应立即放入温度为（20±2）℃，相对湿度为 90% 以上的标准养护室中养护。养护期间，试件彼此间隔不得小于 10mm，混合砂浆、湿拌砂浆试件上面应覆盖，防止有水滴在试件上。

（5）从搅拌加水开始计时，标准养护龄期应为 28d，也可根据相关标准要求增加 7d 或 14d。

3. 立方体试件抗压强度检验应按下列步骤进行：

（1）试件从养护地点取出后应及时进行检验。检验前应将试件表面擦拭干净，测量尺寸，并检查其外观，并应计算试件的承压面积。当实测尺寸与公称尺寸之差不超过 1mm，可按照公称尺寸进行计算。

（2）将试件安放在试验机的下压板或下垫板上，试件的承压面应与成型时的顶面垂直，试件中心应与试验机下压板或下垫板中心对准。开动试验机，当上压板与试件或上垫板接近时，调整球座，使接触面均衡受压。承压检验应连续而均匀地加荷，加荷速度应为 0.25～1.5kN/s；砂浆强度不大于 2.5MPa 时，宜取下限。当试件接近破坏而开始迅速变形时，停止调整试验机油门，直至试件破坏，然后记录破坏荷载。

4. 砂浆立方体抗压强度应按式（4-10）计算

$$f_{m,cu} = K \frac{N_u}{A} \tag{4-10}$$

式中　$f_{m,cu}$——砂浆立方体试件抗压强度，MPa，应精确至 0.1MPa；

　　　N_u——试件破坏荷载，N；

　　　A——试件承压面积，mm^2；

　　　K——换算系数，取 1.35。

5. 立方体抗压强度检验的检验结果应按下列要求确定：

应以三个试件测值的算术平均值作为该组试件的砂浆立方体抗压强度平均值（f_2），精确至 0.1MPa。

（1）当三个测值的最大值或最小值中有一个与中间值的差值超过中间值的 15％时，应把最大值及最小值一并舍除，取中间值作为该组试件的抗压强度值。

（2）当两个测值与中间值的差值均超过中间值的 15％时，该组检验结果应为无效。

4.2.8　拉伸粘结强度检验

1. 砂浆拉伸粘结强度检验条件应符合下列规定：

（1）温度应为（20±5）℃；

（2）相对湿度应为 45％～75％。

2. 拉伸粘结强度检验应使用下列仪器设备：

（1）拉力试验机：破坏荷载应在其量程的 20％～80％范围内，精度应为 1％，最小示值应为 1N；

（2）拉伸专用夹具（图 4-5、图 4-6）：应符合现行行业标准 JG/T 3049《建筑室内用腻子》的规定；

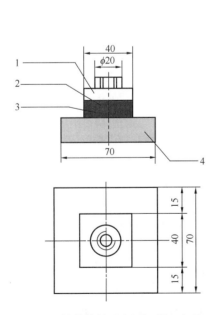

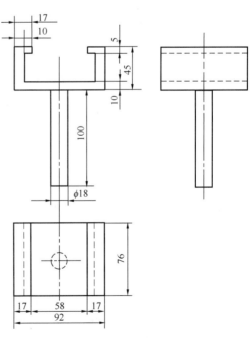

图 4-5　拉伸粘结强度用钢制上夹具

1—拉伸用钢制上夹具；2—胶粘剂；3—检验砂浆；4—水泥砂浆块

图 4-6　拉伸粘结强度用钢制下夹具

（3）成型框：外框尺寸应为 70mm×70mm，内框尺寸应为 40mm×40mm，厚度应为 6mm，材料应为硬聚氯乙烯或金属；

（4）钢制垫板：外框尺寸应为 70mm×70mm，内框尺寸应为 43mm×43mm，厚度应为 3mm。

3. 基底水泥砂浆块的制备应符合下列规定：

（1）原材料：水泥应采用符合现行国家标准 GB 175《通用硅酸盐水泥》规定的 42.5 级水泥；砂应采用符合现行行业标准 JGJ 52《普通混凝土用砂、石质量及检验方法标准》规定的中砂；水应采用符合现行行业标准 JGJ 63《混凝土用水标准》规定的用水。

（2）配合比：水泥∶砂∶水＝1∶3∶0.5（质量比）。

（3）成型：将制成的水泥砂浆倒入 70mm×70mm×20mm 的硬聚氯乙烯或金属模具中，振动成型或用抹灰刀均匀擦捣 15 次，人工颠实 5 次，转 90°，再颠实 5 次，然后用刮刀以 45°方向抹平砂浆表面；试模内壁事先宜涂刷水性隔离剂，待干、备用。

（4）应在成型 24h 后脱模，并放入（20±2）℃水中养护 6d，再在检验条件下放置 21d 以上。检验前，应用 200 号砂纸或磨石将水泥砂浆试件的成型面磨平，备用。

4. 砂浆料浆的制备应符合下列规定：

（1）干混砂浆料浆的制备

① 待检样品应在检验条件下放置 24h 以上；

② 应称取不少于 10kg 的待检样品，并按产品制造商提供比例进行水的称量；当产品制造商提供比例是一个值域范围时，应采用平均值；

③ 应先将待检样品放入砂浆搅拌机中，再启动机器，然后徐徐加入规定量的水，搅拌 3～5min。搅拌好的料应在 2h 内用完。

（2）现拌砂浆料浆的制备

① 待检样品应在试验条件下放置 24h 以上；

② 应按设计要求的配合比进行物料的称量，且干物料总量不得少于 10kg；

③ 应先将称好的物料放入砂浆搅拌机中，再启动机器，然后徐徐加入规定量的水，搅拌 3～5min。搅拌好的料应在 2h 内用完。

5. 拉伸粘结强度试件的制备应符合下列规定：

（1）将制备好的基底水泥砂浆块在水中浸泡 24h，并提前 5～10min 取出，用湿布擦拭其表面。

（2）将成型框放在基底水泥砂浆块的成型面上，再将按照本章 4.2.8 节第 4 条的规定将制备好的砂浆料浆或直接从现场取来的砂浆试样倒入成型框中，用抹灰刀均匀插捣 15 次，人工颠实 5 次，转 90°，再颠实 5 次，然后用刮刀以 45°方向抹平砂浆表面，24h 内脱模，在温度（20±2）℃、相对湿度 60%～80% 的环境中养护至规定龄期；

（3）每组砂浆试样应制备 10 个试件。

6. 拉伸粘结强度检验应符合下列规定：

（1）应先将试件在标准检验条件下养护 13d，再在试件表面以及上夹具表面涂上环氧树脂等高强度胶粘剂，然后将上夹具对正位置放在胶粘剂上，并确保上夹具不歪斜，除去周围溢出的胶粘剂，继续养护 24h；

（2）测定拉伸粘结强度时，应先将钢制垫板套入基底砂浆块上，再将拉伸粘结强度夹具安装到检验机上，然后将试件置于拉伸夹具中，夹具与检验机的连接宜采用球铰活动连接，以（5±1）mm/min 速度加荷至试件破坏；

（3）当破坏形式为拉伸夹具与胶粘剂破坏时，检验结果应无效。

7. 拉伸粘结强度应按式（4-11）计算

$$f_{at} = \frac{F}{A_z} \tag{4-11}$$

式中　f_{at}——砂浆的拉伸粘结强度，MPa；

　　　F——试件破坏时的荷载，N；

　　　A_z——粘结面积，mm^2。

8. 拉伸粘结强度检验结果应按下列要求确定：

(1) 应以 10 个试件测值的算数平均值作为拉伸粘结强度的检验结果；

(2) 当单个试件的强度值与平均值之差大于 20% 时，应逐次舍弃偏差最大的检验值，直至各检验值与平均值之差不超过 20%，当 10 个试件中有效数据不少于 6 个时，取有效数据的平均值为检验结果，结果精确至 0.01MPa；

(3) 当 10 个试件中有效数据不足 6 个时，此组检验结果应为无效，并应重新制备试件进行检验；

(4) 对于有特殊条件要求的拉伸粘结强度，应先按照特殊要求条件处理后，再进行检验。

4.2.9　抗冻性检验

1. 本方法可用于检验强度等级大于 M2.5 的砂浆的抗冻性能。

2. 砂浆抗冻试件的制作及养护应按下列要求进行：

砂浆抗冻试件应采用 70.7mm×70.7mm×70.7mm 的立方体试件，并应制备两组、每组 3 块，分别作为抗冻和与抗冻试件同龄期的对比抗压强度检验试件。

3. 抗冻性能检验应使用下列仪器设备：

(1) 冷冻箱（室）：装入试件后，箱（室）内的温度应能保持在 −20～−15℃；

(2) 篮框：应采用钢筋焊成，其尺寸应与所装试件的尺寸相适应；

(3) 天平或案秤：称量应为 2kg，感量应为 1g；

(4) 融解水槽：装入试件后，水温应能保持在 15～20℃；

(5) 压力试验机：精度应为 1%，量程应不小于压力机量程的 20%，且不应大于全量程的 80%。

4. 砂浆抗冻性能检验应符合下列规定：

(1) 当无特殊要求时，试件应在 28d 龄期进行冻融检验。检验前两天，应把冻融试件和对比试件从养护室取出，进行外观检查并记录其原始状况，随后放入 15～20℃ 的水中浸泡，浸泡的水面应至少高出试件顶面 20mm。冻融试件应在浸泡两天后取出，并用拧干的湿毛巾轻轻擦去表面水分，然后对冻融试件进行编号，称其质量，然后置入篮筐进行冻融检验。对比试件则放回标准养护室中继续养护，直到完成冻融循环后，与冻融试件同时试压。

(2) 冻或融时，篮筐与容器底面或地面应架高 20mm，篮筐内各试件之间应至少保持 50mm 的间隙。

(3) 冷冻箱（室）内的温度均应以其中心温度为准。试件冻结温度应控制在 −20～−15℃。当冷冻箱（室）内温度低于 −15℃ 时，试件方可放入。当试件放入之后，温度高于 −15 ℃ 时，应以温度重新降至 −15℃ 时计算试件的冻结时间。从装完试件至温度重新降至 −15℃ 的时间不应超过 2h。

(4) 每次冻结时间应为 4h，冻结完成后应立即取出试件，并应立即放入能使水温保持在 15～20℃ 的水槽中进行融化。槽中水面应至少高出试件表面 20mm，试件在水中融化的时间不应小于 4h。融化完毕即为一次冻融循环。取出试件，并应用拧干的湿毛巾轻轻擦去表面水分，送入冷冻箱

（室）进行下一次循环检验，依此连续进行直至设计规定次数或试件破坏为止；每五次循环，应进行一次外观检查，并记录试件的破坏情况；当该组试件中有 2 块出现明显分层、裂开、贯通缝等破坏时，该组试件的抗冻性能检验应终止。

（5）冻融检验结束后，将冻融试件从水槽取出，用拧干的湿布轻轻擦去试件表面水分，然后称其质量。对比试件应提前两天浸水。

（6）应将冻融试件与对比试件同时进行抗压强度检验。

5. 砂浆冻融检验后应分别按下列公式计算其强度损失率和质量损失率。

（1）砂浆试件冻融后的强度损失率应按式（4-12）计算

$$\Delta f_m = \frac{f_{m1} - f_{m2}}{f_{m1}} \times 100 \tag{4-12}$$

式中　Δf_m——n 次冻融循环后砂浆试件的砂浆强度损失率，％，精确至 1％；

　　　f_{m1}——对比试件的抗压强度平均值，MPa；

　　　f_{m2}——经 n 次冻融循环后的 3 块试件抗压强度的算术平均值，MPa。

（2）砂浆试件冻融后的质量损失率应按式（4-13）计算

$$\Delta m_n = \frac{m_0 - m_n}{m_0} \times 100 \tag{4-13}$$

式中　Δm_n——n 次冻融循环后砂浆试件的质量损失率，以 3 块试件的算术平均值计算，％，精确至 1％；

　　　m_0——冻融循环检验前的试件质量，g；

　　　m_n—— n 次冻融循环后的试件质量，g。

当冻融试件的抗压强度损失率不大于 25％，且质量损失率不大于 5％时，则该组砂浆试块在相应标准要求的冻融循环次数下，抗冻性能可判为合格，否则应判为不合格。

4.2.10　收缩检验

1. 本方法可用于测定砂浆的自然干燥收缩值。

2. 收缩检验应使用下列仪器：

（1）立式砂浆收缩仪：标准杆长度应为（176±1）mm，测量精度应为 0.01mm（图 4-7）；

（2）收缩头：应由黄铜或不锈钢加工而成（图 4-8）；

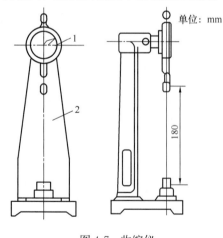

图 4-7　收缩仪

1—千分表；2—支架

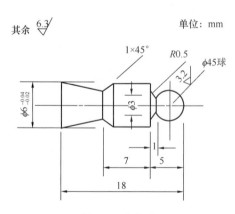

图 4-8　收缩头

（3）试模：应采用 40mm×40mm×160mm 棱柱体，且在试模的两个端面中心，应各开一个 $\phi6.5mm$ 的孔洞。

3. 收缩检验应按下列步骤进行：

（1）应将收缩头固定在试模两端面的孔洞中，收缩头应露出试件端面（8±1）mm。

（2）应将拌合好的砂浆装入试模中，再用水泥胶砂振动台振动密实，然后置于（20±5）℃的室内，4h 之后将砂浆表面抹平。砂浆应带模在标准养护条件（温度为 20℃±2℃，相对湿度为 90%以上）下养护 7d 后，方可拆模，并编号、标明测试方向。

（3）将试件移入温度（20±2）℃、相对湿度为 60%±5% 的试验室中预置 4h，方可按标明的测试方向立即测定试件的初始长度。测定前，应先采用标准杆调整收缩仪的百分表的原点。

（4）测定初始长度后，应将砂浆试件置于温度（20±2）℃、相对湿度为 60%±5% 的室内，然后第 7d、14d、21d、28d、56d、90d 分别测定试件的长度，即为自然干燥后长度。

4. 砂浆自然干燥收缩值应按式（4-14）计算

$$\varepsilon_{at} = \frac{L_0 - L_t}{L - L_d} \tag{4-14}$$

式中　ε_{at}——相应为 t 天（7d、14d、21d、28d、56d、90d）时的砂浆试件自然干燥收缩值；

　　　L_0——试件成型后 7d 的长度即初始长度，mm；

　　　L——试件的长度 160mm；

　　　L_d——两个收缩头埋入砂浆中长度之和，即（20±2）mm；

　　　L_t——相应为 t 天（7d、14d、21d、28d、56d、90d）时试件的实测长度，mm。

5. 干燥收缩值检验结果应按下列要求确定：

（1）应取三个试件测值的算术平均值作为干燥收缩值。当一个值与平均值偏差大于 20% 时，应剔除；当有两个值超过 20% 时，该组试件结果应无效。

（2）每块试件的干燥收缩值应取二位有效数字，并精确至 $10×10^{-6}$。

4.2.11　含气量检验（仪器法）

1. 砂浆含气量的测定可采用仪器法和密度法。当发生争议时，应以仪器法的测定结果为准。

2. 本方法可采用砂浆含气量测定仪测定砂浆含气量（图 4-9）。

3. 含气量检验应按下列步骤进行：

（1）量钵应水平放置，并将搅拌好的砂浆分三次均匀装入量钵内。每层应由内向外插捣 25 次，并应用木锤在周围敲数下。插捣上层时，捣棒应插入下层 10~20mm。

（2）捣实后，应刮去多余砂浆，并用抹刀抹平表面，表面应平整、无气泡。

（3）盖上测定仪钵盖部分，卡扣应卡紧，不得漏气。

（4）打开两侧阀门，并松开上部微调阀，再用注水器通过注水阀门注水，直至水从排水阀流出。水从排水阀流出时，应立即关紧两侧阀门。

（5）应关紧所有阀门，并用气筒打气加压，再用微调阀调整指针为零。

（6）按下按钮，刻度盘读数稳定后读数。

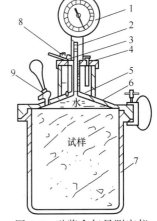

图 4-9　砂浆含气量测定仪

1—压力表；2—出气阀；3—阀门杆；4—打气筒；5—气室；6—钵盖；7—量钵；8—微调阀；9—小龙头

（7）开启通气阀，压力仪示值回零。

（8）应重复本条的 5～7 的步骤，对容器内试样再测一次压力值。

4. 检验结果应按下列要求确定：

（1）当两次测值的绝对误差不大于 0.2％时，应取两次检验结果的算术平均值作为砂浆的含气量；当两次测值的绝对误差大于 0.2％，检验结果应为无效。

（2）当所测含气量数值小于 5％时，测试结果应精确到 0.1％；当所测含气量数值大于或等于 5％时，测试结果应精确到 0.5％。

4.2.12 吸水率检验

1. 吸水率检验应使用下列仪器：

（1）天平：称量应为 1000g，感量应为 1g；

（2）烘箱：0～150℃，精度±2℃；

（3）水槽：装入试件后，水温应能保持在（20±2）℃的范围内。

2. 吸水率检验应按下列步骤进行：

（1）应按本节的"立方体抗压强度检验"的规定成型及养护试件，并应在第 28d 取出试件，然后在（105±5）℃温度下烘干（48±0.5）h，称其质量 m_0；

（2）应将试件成型面朝下放入水槽，用两根直径 $\phi 10$ 的钢筋垫起。试件应完全浸入水中，且上表面距离水面的高度应不小于 20mm。浸水（48±0.5）h 取出，用拧干的湿布擦去表面水，称其质量 m_1。

3. 砂浆吸水率应按式（4 15）计算

$$W_x = \frac{m_1 - m_0}{m_0} \times 100 \tag{4-15}$$

式中　W_x——砂浆吸水率，％；

m_1——吸水后试件质量，g；

m_0——干燥试件的质量，g。

应取 3 块试件测值的算术平均值作为砂浆的吸水率，并应精确至 1％。

4.2.13 抗渗性能检验

1. 抗渗性能检验应使用下列仪器：

（1）金属试模：应采用截头圆锥形带底金属试模，上口直径应为 70mm，下口直径应为 80mm，高度应为 30mm；

（2）砂浆渗透仪。

2. 抗渗检验应按下列步骤进行：

（1）应将拌合好的砂浆一次装入试模中，并用抹灰刀均匀插捣 15 次，再颠实 5 次，当填充砂浆略高于试模边缘时，应用抹刀以 45°角一次性将试模表面多余的砂浆刮去，然后再用抹刀以较平的角度在试模表面反方向将砂浆刮平，应成型 6 个试件。

（2）试件成型后，应在室温（20±5）℃的环境下，静置（24±2）h 后再脱模。试件脱模后，应放入温度（20±2）℃、湿度 90％以上的养护室养护至规定龄期。试件取出待表面干燥后，应采用密封材料密封装入砂浆渗透仪中进行抗渗检验。

（3）抗渗检验时，应从 0.2MPa 开始加压，恒压 2h 后增至 0.3MPa，以后每隔 1h 增加 0.1MPa。当 6 个试件中有 3 个试件表面出现渗水现象时，应停止检验，记下当时水压。在检验过程中，当发现水从试件周边渗出时，应停止检验，重新密封后再继续检验。

3. 砂浆抗渗压力值应以每组 6 个试件中 4 个试件未出现渗水时的最大压力计，并应按式（4-16）计算

$$P = H - 0.1 \tag{4-16}$$

式中　P——砂浆抗渗压力值，MPa，精确至 0.1MPa；

H——6 个试件中 3 个试件出现渗水时的水压力，MPa。

4.3　聚合物防水砂浆

4.3.1　检验方法

1. 标准检验条件

（1）试验室试验及干养护条件：温度（23±2）℃，相对湿度 50%±10%；

（2）养护室（箱）养护条件：温度（23±3）℃，相对湿度≥90%；

（3）养护水池：温度（22±2）℃；

（4）检验前样品及所有器具应试验室条件下放置至少 2h。

2. 外观检查：目测。

4.3.2　配料

1. 按生产厂推荐的配合比进行检验。

2. 采用符合 JC/T 681《行星式水泥胶砂搅拌机》的行星式水泥胶砂搅拌机，按 DL/T 5126—2001《聚合物改性水泥砂浆试验规程》要求低速搅拌或采用人工搅拌。

3. 单组分试样：先将水倒入搅拌机内，然后将粉料徐徐加入到水中进行搅拌。

4. 双组分试样：先将粉料混合均匀，再加入已倒入液料的搅拌机中搅拌均匀。如需要加水的，应先将乳液与水搅拌均匀。搅拌时间和熟化时间按生产厂规定进行。若生产厂未提供上述规定，则搅拌 3min、静止（1～3）min。

4.3.3　抗压强度与抗折强度

将制备好的砂浆分两次装入符合 GB/T 17671《水泥胶砂强度检验方法（ISO 法）》规定的试模，保持砂浆高出试模 5mm，用插捣棒从边上向中间插捣 25 次。将高出的砂浆压实，刮平。试件成型后按养护箱养护条件湿气养护(24±2)h(从加水开始计算时间)脱模。如经(24±2)h 养护，因脱模会对强度造成损害的，可以延迟至(48±2)h 脱模。

试件脱模后干养护至 28d 龄期。

按 GB/T 17671《水泥胶砂强度检验方法（ISO 法）》进行检验。

4.3.4　粘结强度

1. 试件制备

成型两组试件，每组五个试件。采用橡胶或硅酮密封材料制成的模框（图 4-10），将模框放在采用符合 GB 175—

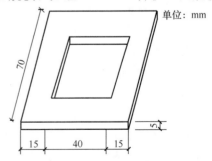

图 4-10　橡胶或硅酮密封材料制成的成型框

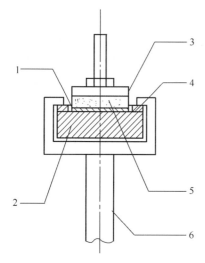

图 4-11　拉拔接头与拉伸试验夹具

1—界面剂；2—70mm×70mm×20mm 的
砂浆试件；3—拉拔接头；4—垫块；
5—40mm×40mm×10mm 的砂浆试件；
6—拉伸试验夹具

2007《通用硅酸盐水泥》的普通硅酸盐水泥成型的（70×70×20）mm 砂浆基块上，将试样倒入模框中，抹平，干养护（24±2）h 后脱模。如经 24h 养护，因脱模会对强度造成损害的，可以延迟至（48±2）h 脱模。

2. 试件养护

脱模后试件继续干养护至 7d、28d 龄期。

3. 检验

试件养护后按以下步骤进行检验：

将试件放入试验机的夹具中，以 5mm/min 的速度施加拉力，测定拉伸粘结强度。图 4-11 为试件与夹具装配的示意图，夹具与试验机的连接宜采用球铰活动连接。检验时如砂浆试件发生破坏，且数据在该组试件平均值的±20％以内，则认为该数据有效。

4.3.5　耐碱性

每组制备三个试件。将制备好的试样刮涂到（70×70×20）mm 水泥砂浆块上，涂层厚度为（5.0～6.0）mm。试件干养护至 7d 龄期，将其放在符合下列碱处理规定的饱和 $Ca(OH)_2$ 溶液中浸泡 168h，随后取出试件，观察有无开裂、剥落。

饱和 $Ca(OH)_2$ 溶液：在（23±2）℃时，在 0.1％化学纯 NaOH 溶液中，加入 $Ca(OH)_2$ 试剂，并达到过饱和状态。

4.3.6　耐热性

每组制备三个试件。将制备好的试样刮涂到（70×70×20）mm 水泥砂浆块上，涂层厚度为（5.0～6.0）mm。试件干养护至 7d 龄期，置于沸煮箱中煮 5h。随后取出试件，观察有无开裂、剥落。

4.3.7　抗冻性

每组制备三个试件。将制备好的试样刮涂到（70×70×20）mm 水泥砂浆块上，涂层厚度为（5.0～6.0）mm。试件干养护至 7d 龄期后，按慢冻法进行抗冻试验。−15℃气冻 4h，水池中水融 4h，冻融循环 25 次。随后取出试件，观察有无开裂、剥落。试验步骤如下：

1. 在标准养护室内或同条件养护的冻融试验的试件应在养护龄期为 7d 时将试件从养护地点取出，随后应将试件放在（20±2）℃水中浸泡，浸泡时水面应高出试件顶面（20～30）mm，在水中浸泡的时间应为 4h。

2. 冷冻时间应在冻融箱内温度降至−15℃时开始计算。每次从装完试件到温度降至−15℃所需的时间应在（1.5～2.0）h 内。冻融箱内温度在冷冻时应保持在−15℃。

3. 每次冻融循环中试件的冷冻时间为 4h。

4. 冷冻结束后，应立即将试件放入（20±2）℃的水中，使试件转为融化状态，控制系统应确保在 30min 内，水温不低于 10℃，且在 30min 后水温能保持在（20±2）℃。水面应至少高出试件表面 20mm。融化时间为 4h。融化完毕视为该次冻融循环结束，可进入下一次冻融循环。

4.4 保温砂浆检验方法

4.4.1 堆积密度检验

1. 仪器设备

（1）电子天平：量程为 5kg，分度值为 0.1g。

（2）量筒：圆柱形金属筒（尺寸为内径 108mm、高 109mm）容积为 1L，要求内壁光洁，并具有足够的刚度。

（3）堆积密度检验装置：如图 4-12 所示。

2. 检验步骤

（1）将试样注入堆积密度检验装置的漏斗中，启动活动门，将试样注入量筒。

（2）用直尺刮平量筒试样表面，刮平时直尺应紧贴筒上的表面边缘。

（3）分别称量量筒的质量 m_1、量筒和试样的质量 m_2。

（4）在检验过程中应保证试样呈松散装态，防止任何程度的振动。

3. 结果计算

堆积密度按式 4-17 计算

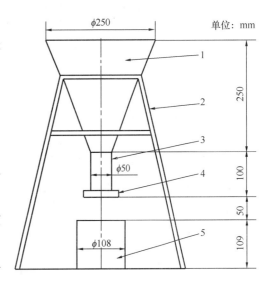

图 4-12 堆积密度检验装置
1—漏斗；2—支架；3—导管；4—活动门；5—量筒

$$\rho = (m_2 - m_1)/V \qquad (4\text{-}17)$$

式中 ρ——试样堆积密度，kg/m^3；

m_1——量筒的质量，g；

m_2——量筒和试样的质量，g；

V——量筒容积，L。

检验结果以三次检测值的算术平均值表示，保留三位有效数字。

4.4.2 导热系数检验

1. 状态调节

必须把试件放在干燥器或通风的烘箱里，以对材料适宜的温度将试件调节到恒定的质量。

2. 质量

在试件放入装置前测定试件质量，准确度 $\pm0.5\%$。

3. 厚度

试件在测定状态的厚度（以及检验状态的容积）由加热单元和冷却单元位置确定或在开始测得的试件的厚度。

测量试件厚度方法的准确度应小于 0.5%。由于热膨胀或板的压力，试件的厚度可能变化。尽可能在装置里、在实际的测定温度和压力下测量试件厚度。可用装在冷板四角或边缘的中心的垂直于板面的测量针或测微螺栓测量试件厚度。有效厚度由试件在装置内和不在装置内时（冷板用相同的力相对紧压）测得距离的差值的平均值确定。

检验过程中应尽可能随时地监视试件的厚度。

4. 温差选择

按照下列之一选择温差：

(1) 按照特定材料、产品或系统的技术规范的要求；

(2) 被测定的待定试件或样品的使用条件（如果温差很小，准确度可以降低。如果温差很大，则不可能预测边缘热损失和不平衡误差，因为理论计算假定试件导热系数与温度无关）；

(3) 确定温度与传热性质之间的未知关系时，温差尽可能小（5K～10K）；

(4) 当要求试件内的传质减到最小时，按测定值的所需准确度选择最低的温差。

5. 可用式（4-18）计算材料导热系数 λ：

$$\lambda_t(\lambda) = \frac{\Phi \cdot d}{A(T_1 - T_2)} \tag{4-18}$$

式中 Φ——加热单元计量部分的平均加热功率，W；

T_1——试件热面温度平均值，K；

T_2——试件冷面温度平均值，K；

A——计量面积（双试件装置需乘以 2），m^2；

d——试件平均厚度，m。

4.4.3 压剪粘结强度检验

按以下规定进行。用已制备好的拌合物制作试件，在（20±3）℃、相对湿度 60％～80％的条件下养护至 28d（自成型时算起），或按生产商规定的养护条件及时间，生产商规定的养护时间自成型时算起不得多于 28d。

1. 仪器设备

(1) 试验机：量程：0～4000N；精度：10N。

(2) 钢板：120mm×100mm×(5～10)mm、6 块。

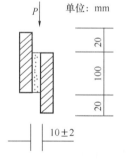

图 4-13

2. 检验步骤

将试样涂抹于除锈后的两钢板间，制成如图 4-13 所示三个试件，放入（378±5）K[（105±5）℃]烘箱中烘至恒重，然后取出放入干燥器，冷却至室温。将试件置于试验机加荷台中心，以 5mm/min 速度加荷，加荷至试件破坏，记录试件破坏时的荷载值。

3. 检验结果

粘结强度按式（4-19）计算

$$R_\eta = \frac{P}{A} \times 10^3 \tag{4-19}$$

式中 R_η——粘结强度，kPa；

P——试件破坏时的荷载，N；

A——粘结面积，mm^2。

计算三个试件粘结强度的算术平均值，精确至 1kPa。

4.4.4 软化系数检验

将制备好的 6 块试件，浸入温度为（20±5）℃的水中，水面应高出试件 20mm 以上，试件间距应大于 5mm，48h 后从水中取出试件，用拧干的湿毛巾擦去表面附着水，进行抗压强度检验，以 6 个试件检测值的算术平均值作为浸水后的抗压强度值 σ_1。

软化系数按式（4-20）计算

$$\varphi = \sigma_1/\sigma_0 \tag{4-20}$$

式中　φ——软化系数，精确至 0.01；

σ_0——抗压强度，MPa；

σ_1——浸水后抗压强度，MPa。

4.4.5　干密度检验

1. 仪器设备

（1）试模：70.7mm×70.7mm×70.7mm 钢质有底试模，应具有足够的刚度并拆装方便。试模的内表面平整度为每 100mm 不超过 0.05mm，组装后各相邻面的不垂直度应小于 0.5°。

（2）捣棒：直径 10mm，长 350mm 的钢棒，端部应磨圆。

（3）油灰刀。

2. 试件的制备

（1）试模内壁涂刷薄层脱模剂。

（2）将制备的拌合物一次注满试模，并略高于其上表面，用捣棒均匀由外向里按螺旋方向轻轻插捣 25 次，插捣时用力不应过大，尽量不破坏其保温集料。为防止可能留下孔洞，允许用油灰刀沿模壁插捣数次或用橡皮锤轻轻敲击试模四周，直至插捣棒留下的孔洞消失，最后将高出部分的拌合物沿试模顶面削去抹平。至少成型 6 个三联试模，18 块试件。

（3）试件制作后用聚乙薄膜覆盖，在（20±5）℃温度环境下静停（48±4）h，然后编号拆模。拆模后应立即在（20±3）℃、相对湿度 60%～80% 的条件下养护至 28d（自成型时算起），或按生产商规定的养护条件及时间，生产商规定的养护时间自成型时算起不得多于 28d。

（4）养护结束后将试件从养护室取出并在（105±5）℃或生产商推荐的温度下烘至恒重，放入干燥器中备用。恒重的判据为恒温 3h 两次称量试件的质量变化率小于 0.2%。

3. 干密度的测定

取 6 块试件，按以下步骤进行干密度的测定，检验结果以 6 块试件检测值的算术平均值表示。

（1）在天平上称量试件自然状态下的质量 G，保留 5 位有效数字。

（2）将试件置于电热鼓风干燥箱中，在（383±5）K[（110±5）℃]下烘干至恒质量，（若粘结材料在该温度下发生变化，则应低于其变化温度 10℃）然后移至干燥器中冷却至室温。恒质量的判据为恒温 3h 两次称量试件质量的变化率小于 0.2%。

（3）称量烘干后的试件质量 G，保留 5 位有效数字。

（4）按 GB/T 5486.1—2001《无机硬质绝热制品试验方法外观质量》的方法测量试件的几何尺寸，计算试件的体积 V。

（5）试件的密度按式（4-21）计算，精确至 1kg/m^3。

$$\rho = \frac{G}{V} \tag{4-21}$$

式中　ρ——试件的密度，kg/m^3；

G——试件烘干后的质量，kg；

V——试体的体积，m^3。

4.5 陶瓷砖胶粘剂检验

4.5.1 试样

1. 试样应取至少 2kg 具有代表性的样品。

2. 检验前，所有检验材料（包括水）应在标准检验条件下至少放置 24h。检验用胶粘剂应在其规定的贮存期内。

3. 应预先检查瓷砖是未被使用过的、干净的和干燥的。

4.5.2 检验条件

标准检验条件为环境温度（23±2）℃、相对湿度 50%±5%，且试验区的循环风速应小于 0.2m/s。所有检验用试件的养护时间偏差见表 4-1。

表 4-1 试件检验时间允许偏差

试件的养护时间[a]	检验时间的允许偏差[b]
6h	±15min
24h	±0.5h
7d	±3h
14d	±6h
21d	±9h
28d	±12h

a 检验应在规定时间范围内进行。

b 所有要求养护的试件检验时间的允许偏差。

4.5.3 搅拌步骤

制备胶粘剂的水和液体混合物用量，根据生产商推荐，按质量比给出，例如液体与干粉料之比。如给出的是一个数值范围，则应取其中间值。

将胶粘剂和所需的水或液体混合物，加入到符合 JC/T 681《行星式水泥胶砂搅拌机》要求的搅拌机中，在低速下进行搅拌来制备胶粘剂。

按下列步骤进行：

1. 将水或液体混合物倒入搅拌锅中；

2. 将干粉撒入液体中；

3. 搅拌 30s；

4. 抬起搅拌叶；

5. 1min 内刮下搅拌叶和锅壁上的胶粘剂；

6. 重新放下搅拌叶后再搅拌 1min。

如胶粘剂生产商使用说明书有要求，则应按规定让胶粘剂熟化，如没有要求则熟化 15min，然后再继续搅拌 15s。

4.5.4 检验用混凝土板基材

试验用混凝土板采用 400mm×400mm×40mm 和 400mm×200mm×40mm 两种规格尺寸，若

检验结果有争议时，采用 400mm×400mm×40mm 的混凝土板。混凝土板含水率应小于 3‰（质量百分比），4h 表面吸水量控制在 0.5cm³ 到 1.5cm³ 之间。混凝土板的制作如下：

1. 胶凝材料：符合 GB 175《通用硅酸盐水泥》的 42.5R 要求的普通硅酸盐水泥；

2. 集料：（0～8mm）粒径的砂子，连续级配曲线 A 和 B 之间（图 4-14）；

3. 水泥与集料比：质量比 1：5；

4. 每立方米超细粉含量：用于制备混凝土，500kg/m³；

5. 预拌混凝土：为保证有适宜的工作性和密度的结构，混凝土应包含超细颗粒，水泥和集料中应含有相当于 0.125mm 的超细颗粒组分；

6. 水灰比：0.5；

7. 成型：垂直或水平浇捣，不得使用脱模剂；

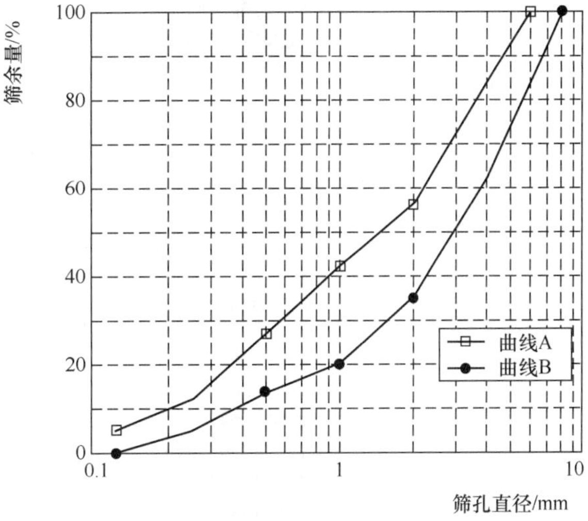

8. 振实：在 50Hz 振动台上振动 90 秒；

图 4-14　最大粒径 8mm 颗粒的级配曲线

9. 养护：标准检验条件下养护 24h 后，浸入（20±2）℃的水中 6d，在进行吸水率和表面粘结强度检验前，混凝土板应在干燥和通风的环境条件下，垂直且分隔存放至少 3 个月时间，并在标准检验条件下至少放置 24h。

试验用混凝土板宜在标准检验条件下放置 3 个月后进行检验，也可将板在 105℃下放置 5h，然后在标准检验条件下放置 24h 后使用。当两者的检验结果出现争议时，以放置 3 个月以上时间的混凝土板基材的结果为准。

4.5.5　破坏模式

1. 胶粘剂破坏——AF-S 或 AF-T

破坏发生在胶粘剂和基材间的界面（AF-S）或胶粘剂和陶瓷砖间的界面（AF-T）（图4-15a）和（图 4-15b）时的检验值等于粘结强度。某些情况下，破坏可能发生在陶瓷砖和拉拔头间的粘结层（BF）（图 4-15c）。在此情况下，粘结强度大于检验数值，检验数据无效，应重新进行检验。

2. 胶粘剂内聚破坏——CF-A

破坏发生在胶粘层（图 4-15d）。

3. 基材或瓷砖内聚破坏——CF-S 或 CF-T

破坏发生在基材（CF-S）（图 4-15e）或陶瓷砖（CF-T）（图 4-15f）。在此情况下，粘结强度大于检验值。

一组试件破坏模式可能是以上任意模式的组合，应记录下每种破坏模式的大致比例。

4.5.6　晾置时间检验

1. 检验材料

（1）陶瓷砖：符合 GB/T 4100《陶瓷砖》的多孔陶质砖（吸水率为 15‰±3‰），表面尺寸切割为（50±1）mm×（50±1）mm，厚度为 7～10mm，背面轮廓花纹深度小于 0.25mm。

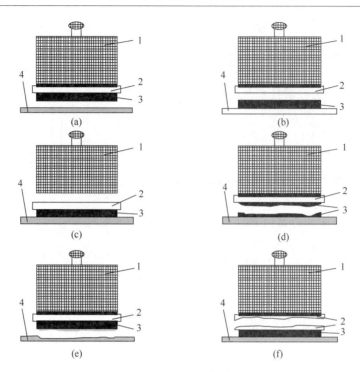

图 4-15　破坏模式

1—拉拔头；2—陶瓷砖；3—胶粘剂；4—基材（混凝土板）

（a）胶粘剂与基材之间的胶粘剂破坏（AF-S）；（b）胶粘剂与陶瓷砖之间的胶粘剂破坏（AF-T）；

（c）陶瓷砖与拉拔头之间的胶粘剂破坏（BF）；（d）胶粘剂内聚破坏；

（e）基材内聚破坏（CF-S）；（f）陶瓷砖内聚破坏（CF-T）

（2）检验基材：按本章 4.5.4 节的规定要求。

2. 仪器

（1）压块：截面尺寸 50mm×50mm，能均匀施加（2000±15）g 的压力。

（2）拉拔头：由边长为（50±1）mm 正方形和最小厚度为 10mm 的金属块与试验机相连接的部件组成。

（3）试验机：应有合适的量程，试验机精度为 1%。试验机应通过不施加任何弯曲力的适宜连接对拉拔头，加荷速度为（250±50）N/s。

3. 检验步骤

用直边抹刀在混凝土板上薄抹一层胶粘剂，应用力刮抹，然后用齿状抹刀抹上稍厚一层胶粘剂，并用 6mm×6mm（中心距 12mm）的齿形抹刀梳理。握住齿状抹刀时应与混凝土板呈约 60°，与混凝土板的一边呈直角，平行抹至混凝土板边缘（直线移动）。

在规定时间，至少放置 10 块检验陶质砖（间隔 40mm）于胶粘剂上。对所有胶粘剂，陶瓷砖所放置的梳条应为 4 条。在每块瓷砖上放（2000±15）g 的压块，持续 30s。

标准检验条件下养护 27d 后，用适宜的高强粘合剂（例如环氧粘合剂）将拉拔头粘在陶瓷砖上。

在标准检验条件下继续放置 24h，使用（250±50）N/s 拉伸速率测定胶粘剂的拉伸粘结强度。

4. 检验结果评定和表示

拉伸粘结强度按式（4-22）计算，精确到 0.1MPa。

$$A_s = \frac{L}{A} \tag{4-22}$$

式中　A_s——拉伸粘结强度，MPa；

　　L——总拉伸荷载，N；

　　A——粘结面积，2500mm^2。

拉伸粘结强度按如下所述计算：

（1）计算 10 个数据的算术平均值；

（2）舍去超出平均值±20％的值；

（3）如果保留的数据大于等于 5 个值，重新取平均值；

（4）如果少于 5 个值，重新检验；

（5）晾置时间单位为 min。

4.5.7　抗滑移检验

1. 检验材料

（1）陶瓷砖：符合 GB/T 4100《陶瓷砖》的瓷质砖（吸水率为 0.10％～0.50％），未上釉，表面尺寸为（100±1）mm×（100±1）mm，质量为（200±10）g，厚度为 8～10mm。

（2）检验基材：按 4.5.4 节的规定要求。

2. 仪器

（1）钢直尺。

（2）夹具。

（3）遮蔽胶带：25mm 宽。

（4）隔片：两个不锈钢制（25±0.5）mm×（25±0.5）mm×（10±0.5）mm 的隔片。

（5）压块：截面尺寸（100±1）mm×（100±1）mm，质量：（5.00±0.015）kg。

（6）游标卡尺：精度为 0.01mm。

3. 检验步骤

确保钢直尺的边置于混凝土板顶端，当混凝土板竖立时会与钢直尺的底部边缘保持同一水平。紧贴钢直尺下缘将 25mm 宽的遮蔽胶带贴上。用直边抹刀在混凝土板上薄抹一层胶粘剂。

在混凝土板表面再厚涂一层胶粘剂使其恰好覆盖遮蔽胶带的底部。用 6mm×6mm（中心距 12mm）的齿形抹刀梳理。

握住齿形抹刀时应与混凝土板呈约 60°，平行抹至混凝土板边缘。

立即撕去遮蔽胶带，紧贴钢直尺下缘放置 25mm 宽的隔片（或隔条）。2min 后紧贴隔片放置陶瓷砖，并在陶瓷砖上放质量（5.00±0.015）kg 的压块，持续（30±5）s。

取出隔片后用游标卡尺测量直尺边缘和瓷砖间的距离，精确到±0.1mm。测量后立即小心地将混凝土板垂直立起（图 4-16）。在（20±2）min 后重新测量直尺边缘和瓷砖间的距离。前后两次测量读数的差值即瓷砖在自重下的最大滑移距离。

每种胶粘剂用三块陶瓷砖检验。检验报告中结果为检验平均值，单位为 mm。

4.5.8　拉伸粘结强度检验

1. 检验材料

（1）陶瓷砖：符合 GB/T 4100《陶瓷砖》的瓷质砖（吸水率为 0.10％～0.50％），表面尺寸为（50±1）mm×（50±1）mm，厚度（5±2）mm 有未上釉平整的粘结面。

（2）检验基材：按本章 4.5.4 节检验用混凝土板基材的规定要求。

2. 检验仪器

（1）压块，截面尺寸 50mm×50mm，质量（2.00±0.015）kg。

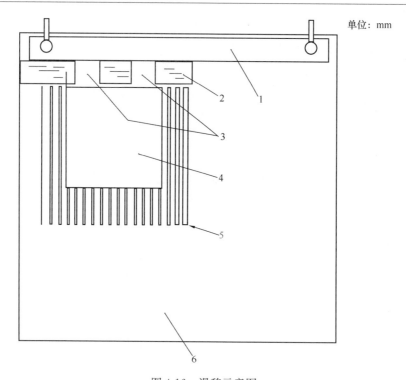

单位：mm

图 4-16　滑移示意图

1—钢直尺边缘；2—遮蔽带，25mm 宽；3—（25×25×10）mm 厚隔片；

4—陶瓷砖：（100×100）mm；5—胶粘剂；6—混凝土板

（2）拉拔头，尺寸为（50±1）mm×（50±1）mm、最小厚度为 10mm 的正方形金属块，用一个适当的装置与试验机相连接。

（3）拉伸试验机，应有合适的量程，精度为 1%。由直接施加拉伸力的试验机应通过不产生任何弯曲力的合适的装置对拉拔头施加（250±50）N/s 速率的荷载。

（4）鼓风干燥箱，控温精度为±3℃。

3. 检验步骤

（1）试件制备

按 4.5.6 节晾置时间的测定规定的检验步骤进行。

（2）拉伸粘结强度

在标准条件下养护 27d 后，用适宜的高强粘合剂（例如环氧粘合剂）将拉拔头粘在瓷砖上。在标准条件下继续放置 24h，以（250±50）N/s 的加荷速率测定胶粘剂的拉伸粘结强度。如果要检验快凝型胶粘剂，至少在检验前 2h 将拉拔头粘在瓷砖上。

检验结果：以牛顿表示（N）。

（3）浸水后拉伸粘结强度

在标准条件下养护 7d 后将试件浸入标准温度下的水中。浸水 20d 后，从水中取出试件，用布擦掉表面水分后将拉拔头粘在瓷砖上。在标准条件下继续放置 7h，将试件浸入标准温度下的水中。17h 时后，从水中取出试件后，立即以（250±50）N/s 的加荷速率测定胶粘剂的拉伸粘结强度。

检验结果：以牛顿表示（N）。

（4）热老化后拉伸粘结强度

在标准条件下养护 14d，然后将试件于（70±3）℃的烘箱中放置 14d。从烘箱中取出试件后，用适宜的高强粘合剂（例如环氧粘合剂）将拉拔头粘在瓷砖上。在标准条件下继续养护 24h，以

（250±50）N/s 的加荷速度测定胶粘剂的拉伸粘结强度。

检验结果：以牛顿表示（N）。

（5）冻融循环后拉伸粘结强度

按本章 4.5.6 节晾置时间测定的检验步骤制备试件。在放置瓷砖前，在瓷砖背面用直边抹刀涂抹约 1mm 厚的胶粘剂。在进行 25 次冻融循环检验前，试件在标准条件下养护 7d，然后将试件浸入水中养护 21d。

4. 每次冻融循环为：

（1）从水中取出试件，在 2h±20min 内降温至（−15±3）℃；

（2）试件保持在（−15±3）℃，时间为 2h±20min；

（3）将试件浸入（20±3）℃水中，升温至（15±3）℃，在进行下一个冻融循环前，在该温度下至少养护 2h；

（4）重复进行 25 次循环。

完成 25 次循环后，试件置于标准检验条件下，将拉拔头粘在瓷砖上。在 24h 以内以（250±50）N/s 的加荷速度测定胶粘剂的拉伸粘结强度。

检验结果：以牛顿表示（N）。

5. 检验结果评定和表示

按本章 4.5.6 节晾置时间测定的检验结果评定和表示计算。

4.5.9 横向变形检验

1. 检验材料和仪器

（1）隔离膜：最小厚度 0.15mm 的聚乙烯膜。

（2）塑料容器，可密封保持气密性，内部容积为（26±5）L。例如容器尺寸为（60±20）mm×（400±10）mm×（110±10）mm。

（3）支座：用于支撑聚乙烯膜的刚性、光滑、平整的装置。

（4）试验压头，符合图 4-17 尺寸的金属构造。

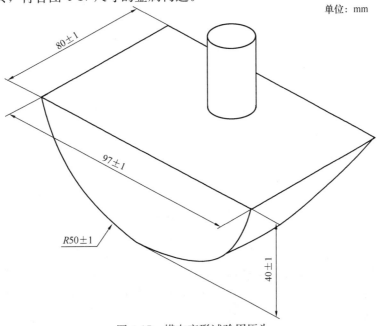

图 4-17 横向变形试验用压头

（5）试验支架，两直径为（10±0.1）mm，最小长度为60mm的金属圆柱形支架，其中心距为（200±1）mm（图4-18）。

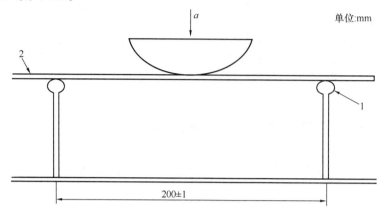

单位:mm

图 4-18　试验支架

1—圆柱形支座，直径（10±0.1）mm，最小长度60mm；2—胶粘剂厚度为（3±0.1）mm；a—横截面。

（6）模具A，内部尺寸为（280±1）mm×（45±1）mm，厚度为（5±0.1）mm的光滑、刚性、不吸水的矩形框。由聚四氟乙烯（PTFE）或金属制成。推荐在每个内部角落钻一个直径为2mm的圆洞以方便制备检验样品（图4-19）。

（7）模具B，可制备尺寸为（300±1）mm×（45±1）mm×（3±0.05）mm试件的光滑、刚性、不吸水的模具或类似的装置（图4-20）。

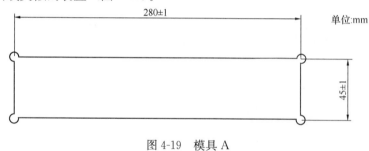

单位:mm

图 4-19　模具 A

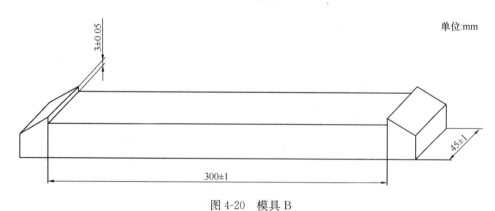

单位:mm

图 4-20　模具 B

（8）试验机，应有合适的量程，以2mm/min的加荷速度对试验头施压的试验机。

（9）跳桌，符合JC/T 958—2005《水泥胶砂流动度测定仪（跳桌）》的要求，用来振实280mm×45mm×5mm试件。

2. 检验步骤

（1）基材准备

将聚乙烯膜平铺在刚性支座上，并固定。确保胶粘剂将要粘贴的表面不会发生扭曲变形，例如没有褶或皱纹。

（2）试件制备

将模具 A 紧密压放在聚乙烯膜上。将足够的胶粘剂涂抹在模具内，然后刮平，使胶粘剂平滑并填满模具上的孔。将模具在跳桌上夹紧，振动 70 次。从跳桌上轻轻地取下模具，小心垂直地取下模具。在模具 B 上抹一层脱模剂后放置在试件的中央位置上。加一截面积约为（290×45）mm、质量（10±0.1）kg 的压块，其施加的压力确保了材料在要求厚度下完全填充模具的空隙。刮除从模具两侧溢出的材料，1h 后移去压块。48h 后，拆除模具 B。每次检验制备 6 个试件。

（3）养护

拆除模具 B 后立即将 6 个试件放置在支座上，水平地放入塑料容器并密封以保持气密性。

在（23±2）℃条件下养护 12d 后，从塑料容器中取出，在标准条件下养护 14d。

（4）测定

① 养护完成后，除去试件上的聚乙烯膜并测量其厚度，用精度为 0.01mm 的游标卡尺测量三点。如，试件的中点和距两端各（50±1）mm 的点。如果三点的检验值落在要求的（3.0±0.1）mm 偏差内，计算其平均值；舍去检验值落在标准允许厚度以外的试件。将试件放置在试验夹具上（图 4-20）。

② 起始点定义为试验头刚接触试件。从起始点向试件施加 2mm/min 横向载荷使试件变形直至破坏。

③ 记录下对起始点的变形值，结果以 mm 表示。

④ 对其他试件重复进行上述检验，至少应检验 3 个试件。

3. 检验结果评定和表示

取检验结果平均值，横向变形的检验结果精确到 0.1mm。

4.6　瓷砖填缝剂

4.6.1　一般规定

1. 取样

每次拌和至少需要 2kg 的试样。

2. 标准检验条件

环境温度（23±2）℃，相对湿度 50%±5%，试验区的循环风速小于 0.2m/s。所有试件的养护时间偏差应满足如下要求，见表 4-2。

表 4-2

养护时间	时间偏差
24h	±0.5h
7d	±3h
14d	±6h
21d	±9h
28d	±12h

3. 检验材料

所有检验材料（包括水）检验前应在标准检验条件下放置至少 24h。

4. 拌和程序

水泥基填缝剂（CG）

（1）拌填缝剂所需的水或液态外加剂与干粉料之间的比例应由生产厂商提供（若给定范围，应当采用其中间值）。至少应准备 2kg 的干粉料。采用符合 JC/T 681《行星式水泥胶砂搅拌机》规定的行星式搅拌机，在（140±5）r/min 低速旋转以及（62±5）r/min 行星式运动的情况下搅拌。

（2）按下列步骤进行操作：

——将水或液体倒入搅拌锅中；

——将干粉料撒入；

——搅拌 30s；

——取出搅拌叶；

——60s 内清理搅拌叶和搅拌锅壁上的填缝剂；

——重新放入搅拌叶，再搅拌 60s；

如果生产厂商对产品有熟化要求，按其规定的时间熟化，继续搅拌 15s 后使用。

4.6.2 吸水量

吸水量的测定应在标准检验条件下进行，检验方法如下：

1. 仪器

（1）三联模：符合 JC/T 726—2005《水泥胶砂试模》规定的试模。

（2）隔板：三个 1mm 厚的硬质塑料片（例如聚四氟乙烯）或金属片，尺寸为（40±0.1）mm×（40±0.1）mm。

（3）振动仪器或振实台：符合 GB/T 17671《水泥胶砂强度检验方法（ISO 法）》的仪器。

（4）平底盘子：能够放置六个待测试件的平底盘子。

2. 试件制备

每个填缝剂制备六个试件。成型时把隔板插入试模的中间，与试模较小的面相平行，使原来的一个试件自然分割成二个试件。脱模后，试件在标准检验条件下养护 20d。用中性的密封材料涂抹于试件的四个长方形面上加以密封。再把试件在标准检验条件下养护 7d。

3. 检验步骤：

成型 28d 后，称取每个待测试件的质量，精确到 0.01g。之后，把试件垂直放在盘子里，使未密封的中间面朝下，并使之与水完全接触。浸入水中的深度为（5～10）mm。注意防止试件因移动而相互接触。必要时加水以保持水面恒定。30min 时，从水中取出试件，用挤干的湿布迅速地擦去表面的水分，称量并记录，之后，把试件再放入盘子里，210min 时重复上述操作。

4. 检验结果计算

按式（4-23）计算每个试件的吸水量：

$$W_{ab} = m_t - m_d \tag{4-23}$$

式中　W_{ab}——吸水量，g；

　　　m_d——浸水前试件的质量，g；

　　　m_t——规定时间浸水后试件的质量，g；

吸水量取六个检验结果的算术平均值，精确到 0.1g。

4.6.3　收缩值

1. 仪器

带孔三联模：符合 JC/T 726－2005《水泥胶砂试模》要求的试模，且在试模的两个端面中心，各开一个 $\phi6.5$mm 的孔洞，并配有相应的收缩头，如图 4-21 所示：

（1）衬垫：6 个光滑的硬质的不吸水材料（例如聚乙烯或聚四氟乙烯），尺寸为（40±0.1）mm×（160±0.4）mm，厚度为（15±0.1）mm。

（2）振动仪器：符合 GB/T 17671《水泥胶砂强度检验方法（ISO 法）》的规定。

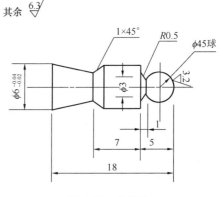

图 4-21　收缩头

（3）测量仪：应包括一个测量配件和带有调节螺纹的基杆。测量配件包括安装在测量框架上的精度为 0.01mm 的刻度表。

（4）校准杆或参比杆：其长度作为标准长度，刻度表的读数可以借此测量出。应由膨胀系数可以忽略的材料制成（例如镍铁合金）。

2. 试件制备

将 6 个衬垫放入试模中，使最终试件的尺寸为 10mm×40mm×160mm。将收缩头固定在试模两端面的孔洞中，使收缩头露出试件端面（8±1）mm。拌和填缝剂后立即成型，试模应紧固在振实台上。利用合适的铲子直接从搅拌锅内把填缝剂分两层放到试模内。第一层均匀摊平后，振动捣实 60 次。放入第二层填缝剂，摊平并再振动捣实 60 次。从振实台上轻轻拿起试模，用扁平镘刀刮去多余的材料并抹平表面。擦掉留在试模周围的填缝剂。用玻璃板盖着试模。做好标记后，把试模放在标准检验条件下的水平板上。24h 后，小心地脱模。每个填缝剂准备三个试件。

3. 试件步骤

脱模后立即用测量仪测量试件的初始长度。之后，把试件放在宽度为 10mm 的板上并使试件间的间隔不小于 25mm，养护条件为标准检验条件。成型 28d 时，测量每个试件的长度。

4. 检验结果计算

按式（4-24）计算每个试件的收缩值。

$$S = (L_0 - L_1)/(L - L_d) \times 10^3 \tag{4-24}$$

式中　S ——收缩值，mm/m；

　　　L_0 ——试件初始长度，mm；

　　　L_1 ——成型 28d 时试件的长度，mm；

　　　L ——试件本体的长度，160mm；

　　　L_d ——两个收缩头埋入填缝剂试件中的长度之和，即（20±2）mm。

收缩值取三个检验结果的算术平均值，精确到 0.1mm/m。

4.6.4　耐磨性

1. 仪器

（1）耐磨仪：符合 GB/T 3810.6—1999《陶瓷砖试验方法　第 6 部分：无釉砖耐磨深度的测定》要求的耐磨试验机。

（2）磨料：符合 GB/T 3810.6—1999《陶瓷砖试验方法　第 6 部分：无釉砖耐磨深度的测定》要求的白刚玉。

（3）测量标尺：精度为 0.1mm。

（4）模板：光滑硬质的，内部尺寸为（150±1）mm×（150±1）mm 或其他适合于相应耐磨试验机的尺寸，厚度为（10±1）mm 的不吸水正方形框架（例如聚乙烯或聚四氟乙烯）。

2. 试件制备

把模板放在聚乙烯薄膜上。在模板上涂抹足量的填缝剂，刮平以保证完全填充模板空隙并使之平整。用玻璃板覆盖。24h 脱模后在标准检验条件下养护 27d。制备两个试件。

（1）检验步骤

把待测试件放入仪器耐磨仪，使抹平的成型面朝向圆盘以保证其与旋转圆盘成切线。应使磨料以（100±10）g/100r 的速度均匀地进入研磨区域。不锈钢圆盘旋转 50r。从仪器中取出试件，测量槽沟的弦长度（L），精确到 0.5mm。一个试件至少在两个不同的位置进行检验，弦长取两个数值的平均值。磨料不能再重复利用。

（2）检验结果计算

按以下规定进行。耐磨性检验结果用体积（V）表示，取两个试件的平均值，精确到 1mm³。

耐深度磨损以磨料磨下的体积 V（mm³）表示，它可根据磨坑的弦长 L 按以式（4-25）计算

$$V = \left(\frac{\pi \cdot \alpha}{180} - \sin\alpha\right)\frac{h \cdot d^2}{8}$$

$$\sin\frac{\alpha}{2} = \frac{L}{d} \tag{4-25}$$

式中　α——弦对摩擦钢轮的中心角，度；

　　　d——摩擦钢轮的直径，mm；

　　　h——摩擦钢轮的厚度，mm；

　　　L——弦长，mm。

耐磨性检验结果用体积（V）表示，取两个试件的平均值，精确到 1mm³。

4.7　建筑室内用腻子

4.7.1　检验基材及其处理方法

1. 无石棉纤维水泥平板

除柔韧性、粘结强度外，检验用试板均为符合 JC/T 412.1—2006《纤维水泥平板　第 1 部分：无石棉纤维水泥平板》中 NAF H V 级技术要求的无石棉纤维水泥平板，厚度为 4～6mm，无石棉纤维水泥平板的表面处理和存放按 GB/T 9271—2008《色漆和清漆　标准试板》的规定进行。

2. 砂浆块

将水泥（符合 GB175《通用硅酸盐水泥》要求，强度等级为 42.5 级的普通硅酸盐水泥）、砂子（符合 JGJ 52《普通混凝土用砂、石质量及检验方法标准（附条文说明）》要求的中砂）和水按 1：2：0.4 的比例（质量比）倒入容器内搅拌均匀至呈浆状，将砂浆倒入 70mm×70mm×20mm 金属（或其他硬质材料）模具内压实成型，放置 24h 后脱模，放入水中养护 14d 后取出于室温干燥，干燥时间不少于 7d，检验前应在标准环境下至少放置 48h。

70mm×70mm×20mm 的砂浆块质量应为（220±10）g。

3. 马口铁板

按 GB/T 9271—2008《色漆和清漆　标准试板》中 4.3 节的规定进行处理。

4.7.2　试样的制备

1. 试样配制

按不同类别产品规定的要求，将产品充分搅拌均匀，密闭静置 20～30min 待用。

2. 制样

在要求规格的无石棉纤维水泥平板、砂浆块或马口铁板上，将腻子填充在相应尺寸及厚度的型框中，用钢制刮板（或刮刀）用力反复压批，确保腻子层密实、表面平整、无残留气泡，除施工性外所有试板均为一次成型。

4.7.3　容器中状态

打开容器，用刮刀或搅棒搅拌，无沉淀、结块现象时，认为"无结块、均匀"。

如为粉料或粉料、胶液分装，粉料中无结块及其他杂物，胶液无沉淀，无凝胶，按产品说明书混合比例混合，二者易于混和均匀时，认为"无结块、均匀"。

4.7.4　低温贮存稳定性

1. 样品制备

将试样搅拌均匀后装入容积为 500mL 的洁净的带有密封盖的大口玻璃瓶、塑料瓶或有衬里材料的铁罐中，装入量为容器的 2/3，及时盖好盖子。

2. 检验步骤

将样品罐放入冷冻箱内，冷冻箱温度保持在（−5±2）℃。样品罐不得与箱壁或箱底接触（可将样品罐放在架子上），相邻样品罐之间以及样品罐与箱壁之间至少要留 25mm 的间隙，以利于空气围绕样品自由循环。样品罐在冷冻箱中放置 18h 后取出，然后在（23±2）℃条件下放置 6h，为一次完整的冻融循环。

3. 检查与结果评定

试样经规定或商定的循环次数后，打开容器，充分搅拌试样，观察有无硬块、凝聚及分离现象。如无，以"不变质"表示。

4.7.5　施工性

将试板水平放置，用钢制刮板（刀头宽约 120mm）刮涂试样约 0.5mm 厚，检验涂装作业是否有障碍，放置 5h 后再用同样方法刮涂第二道试样，约 0.5mm 厚，再次检验涂装作业是否有障碍。所得涂层平整无针孔、无打卷时，认为"刮涂无障碍"。

4.7.6　干燥时间（表干）

以手指轻触漆膜表面，如感到有些发粘，但无漆粘在手指上，即认为表面干燥。

4.7.7　初期干燥抗裂性

1. 检验仪器：如图 4-22 所示，装置由风机、风洞和试架组成，风洞截面为正方形，用能够获得 3m/s 以上风速的风机送风，使风速控制为（3±0.3）m/s，风洞内气流速度用热球式或其他风速计测量。

2. 按产品说明书施工。如有底涂则将底涂料涂布于石棉水泥板表面，经干燥（按本章 4.7.6 节评定），再按产品说明书中规定的用量涂刷腻子，立即置于图 4-22 所示风洞内的试架上面，试件与气流方向平行，放置 6h 取出。用肉眼观察两块试板表面应无裂纹。

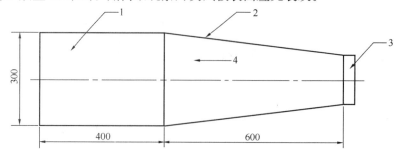

图 4-22 初期干燥抗裂性试验用仪器
1—试件位置；2—风洞；3—风机；4—气流

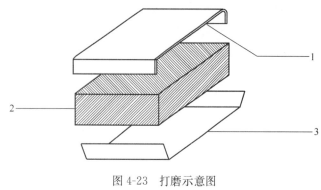

图 4-23 打磨示意图
1—硬质材料板；2—泡沫塑料板；3—干磨砂纸

4.7.8 打磨性

在 90mm×38mm 的硬质材料板上，贴有 16mm 厚的泡沫塑料块作为垫层构成打磨块。使用前将 0 号（120 目）干磨砂纸贴于打磨块上（图 4-23）。

试样制板后于标准环境下干燥 1d，水平放置，均匀施加约 1000g 的力（含砂纸、泡沫块、硬质材料板、重量不足时可加配重）。在试板中间区域水平往复摩擦涂磨 10 次，打磨后观察区域为 25mm×300mm，若可打磨出粉末且无明显沾砂纸现象，则认为打磨性合格，否则认为打磨性不合格。

4.7.9 耐水性

按 GB/T 1733《漆膜耐水性测定法》的规定进行，在 GB/T 6682《分析实验室用水规格和试验方法》中规定的三级水中浸泡，取出观察有无起泡、开裂，在 GB/T 9278《涂料试样状态调节和试验的温湿度》规定的检验环境下干燥 24h 后，手指轻擦观察有无明显掉粉。如三块试板中有两块试板未发现起泡、开裂及手擦无明显掉粉时，认为"无起泡、开裂及明显掉粉"。

4.7.10 柔韧性

样板的制备和养护按 JG/T 298—2010《建筑室内用腻子》中 6.4.2 进行，测试前用 320 号～500 号砂纸干打磨腻子膜，打磨后腻子干膜厚度应在 0.80～1.00mm 范围内，测试按 GB/T 1748《腻子膜柔韧性测定法》中的规定，将马口铁板固定于柔韧性测定仪的一端，用滚筒将它紧贴于仪器直径 100mm 的圆柱物表面上。如腻子表面没有裂痕，则认为"直径 100mm，无裂纹"。

4.7.11 pH 值

剥离干燥的腻子样品并研磨至粉末状，取腻子粉末 5g 与 50mL 符合 GB/T 6682《分析实验室用水规格和试验方法》中规定的三级水混合，机械搅拌（速率为 400r/min）5min，然后静置 30min 至混合液出现明显分层。使用 pH 计或精密试纸测试上层清液的 pH 值。每个样品平行测定 3 次，以 3 次的算术平均值作为最终结果（精确至 0.1）。

4.8 建筑外墙用腻子

4.8.1 打磨性

制板后于标准环境下干燥1d，使用0号（120目）干磨砂纸在腻子涂层上进行手工打磨，若可打磨出粉末，则认为打磨性合格，否则认为打磨性不合格。

4.8.2 吸水量

1. 将试样满批在70mm×70mm×20mm的砂浆块配合比：P·O42.5水泥：砂子：水＝1：2：0.4，养护：水养14d，标养不少于7d上，湿膜厚度控制在2mm，使其表面平整、无气泡。在标准环境下养护7d后将试块的4个侧面及底面用1：1的松香和石蜡的混合物浸涂，涂覆应均匀、无漏涂、不沾污腻子表面，并确保试验面的各边长不小于64mm，放置于标准环境下1d。每个样品同时制备5块试样。

2. 检验步骤

用医用纱布清除腻子层表面浮灰，测定试块的质量W_0，如图4-24所示，将试块腻子面向下，架放在水槽中的二个三角形支架上，支架与腻子层面呈线状接触，使试块保持水平，加入蒸馏水（符合GB/T 6682《分析实验室用水规格和试验方法》中三级水要求），用量具控制浸没试块深度为15mm。计时10min后，从水中将试块取出，用一张中速定性滤纸轻轻按压试块表面及四周，将附着的水在约10s内除去，迅速测定此时的质量W_{10}，精确至0.01g。

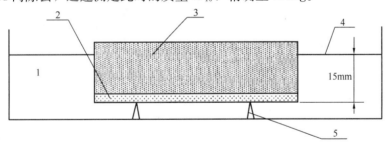

图4-24 吸水量试验示意图

1—水槽；2—腻子层；3—砂浆块；4—水面；5—三角形支架

3. 计算

吸水量W_A按式（4-26）计算

$$W_A = W_{10} - W_0 \tag{4-26}$$

式中 W_A——吸水量，g；

W_0——试块检验前质量，g；

W_{10}——10min后吸水的试块质量，g。

4.8.3 动态抗开裂性

1. 在试样制备前，先将无石棉纤维水泥平板在动态抗开裂试验仪（图4-25）上预顶裂，在顶裂后的无石棉纤维水泥平板上外加重物，使其被尽量压平。

2. 使用专用型框，将配制好的腻子刮涂在200mm×150mm的无石棉纤维水泥平板上，厚度为2mm，保证表面平整无气泡。将刮涂好的试板在标准环境下［温度：（23±2）℃；湿度50%±5%］

养护 7d，每一样品应同时制备 3 块试板（图 4-26）

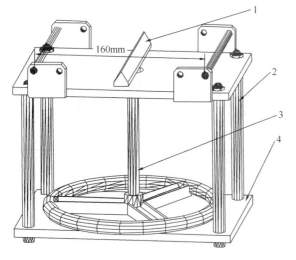

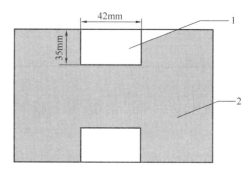

图 4-25　动态抗开裂性测试仪示意图
1—钢制顶刀；2—支架；3—螺杆；4—底座

图 4-26　动态抗开裂性试板
1—无石棉纤维水泥平板表面的空白区域；2—腻子层

3. 在进行动态抗开裂检验之前，用 0.3mm 的圆珠笔在试板的上下空白位置标记出测量位置，上下各做 3 个标记（图 4-27）。

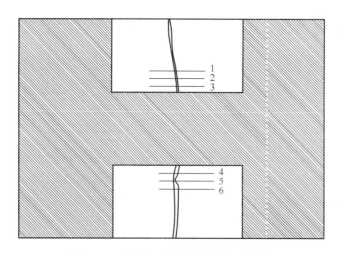

图 4-27　动态抗开裂性试板标记示意图

4. 用显微镜读取并记录每一交叉点的裂纹宽度。

5. 将试板架放在动态抗开裂试验仪上，确保仪器刀口位置与石棉纤维水泥平板预顶裂时的位置相同，有腻子层的一面向上，转动螺杆使顶刀上升，当刀口与试板接触后，应慢速转动螺杆，减缓顶刀上升速度，同时观察腻子层，当出现肉眼可见的细微裂纹（包括不连续的裂纹）时，即停止检验。

6. 在停止检验 1min 内，用显微镜读取并标记的各交叉点的裂纹宽度，计算每一交叉点前后裂纹宽度之差为检验结果；选取数值最大的 4 个点，取其平均值作为该块试板的动态抗开裂性检验结果。精确到 0.02mm。三块试板中以两块试板（数值较大的两块）的测试结果的算术平均值作为最终结果。

4.8.4　腻子膜柔韧性

取涂有底漆的平滑马口铁板，放在钢板座上。然后将 1mm 厚的金属模型板套在上面；用四个翼形螺母夹子夹紧。以金属刮刀将腻子均匀的刮涂在有底漆的马口铁板上，即得 1mm 厚的腻子层。在恒温恒湿的条件下养护 7d。并用 320～500 号砂纸干打磨腻子膜，打磨后腻子干膜厚度应在 0.80～1.00mm 范围内，放置 1 小时。然后固定于柔韧性测定性的一端，用滚筒将它紧贴于仪器之圆柱物的表面上。如腻子表面没有裂痕，即认为合格。

4.9　界面砂浆

4.9.1　一般要求

1. 标准检验条件为温度（23±2）℃，相对湿度 45%～75%。

2. 试验用基材应在标准检验条件下放置 24h 以上。

3. 试验机：示值误差应不超过±1%，试样的破坏负荷应处于满标负荷的 20%～80% 之间。

4. 界面剂的拌和

（1）界面剂检验时，水和各组分的用量应按生产商推荐的配合比例。如推荐的配合比为一定范围的数据，应取这一范围的平均值。在进行各项检验时，这一配合比应保持一致。

（2）含聚合物分散液的单组分类界面剂检验时，采用符合 GB175《通用硅酸盐水泥》要求的强度等级为 32.5 级的普通硅酸盐水泥和符合 GB/T 17671—1999《水泥胶砂强度检验方法（ISO法）》要求的 ISO 标准砂。

（3）界面剂用机械或手工搅拌均匀，每次检验至少准备 2kg 拌好的界面剂。

5. 试件养护时间的允许偏差见表 4-3。

表 4-3　试件养护时间的允许偏差

养护时间	偏　差
24h	±0.5h
7d	±3h
14d	±6h

4.9.2　剪切粘结强度

1. 检验用瓷砖

应采用 GB/T 4100.5《干压陶瓷砖　第 5 部分　陶质砖（吸水率 $E>10\%$）》要求的陶质无釉砖，尺寸 108mm×108mm，至少 6mm 厚，表面应平整。

2. 试件的制备

取两块检验用瓷砖，在每块瓷砖的正面，距砖边 10mm 处划一条与砖边平行的参照线。将拌和好的界面剂分别均匀地涂抹在两块瓷砖的正面，应保证界面剂完全覆盖。按划好的参照线将两砖粘贴压合在一起，以确保两砖错开 10mm，刮去边上多余的界面剂。将粘合好的试件水平放置，在试件上加 7kg±15g 的重物，保持 3min。

每一龄期的剪切粘结强度各制备至少 10 个试件。

3. 养护条件

将试件在标准检验条件下养护 7d 和 14d。

4. 检验步骤

到规定的养护龄期后，将试件放入材料试验机的夹具中，以 5mm/min 的速度施加剪切力。图 4-28 和图 4-29 分别提供了两种试验夹具的示意图。加荷至试件破坏，记录最大荷载。检验时如瓷砖发生破坏，且数据在该组试件平均值的±20％以内，则认为该数据有效。

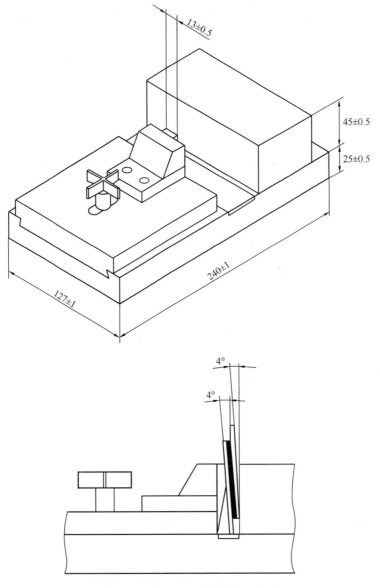

图 4-28　适用于压力机的剪切夹具
1—垫块；2—移动固定爪；3—试样

5. 结果计算

剪切粘结强度按式（4-27）计算

$$t = \frac{F_s}{A_s} \tag{4-27}$$

式中　t ——剪切粘结强度，MPa；

　　　F_s ——最大荷载，N；

　　　A_s ——粘结面积，mm^2。

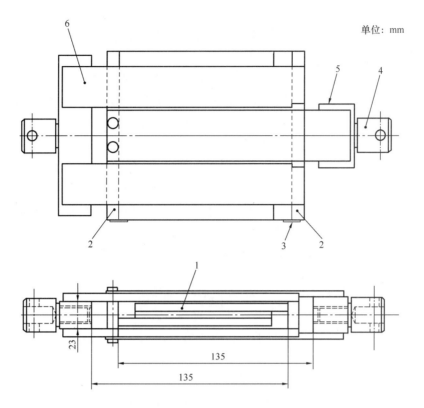

图 4-29　适用于拉力机的剪切夹具
1—试样；2—受力挡板；3—限位；4—与试验机的连接头；
5—U 形夹具框；6—匣形夹具框

单个试件的剪切粘结强度值精确至 0.01MPa。如单个试件的强度值与平均值之差大于 20%，则逐次剔除偏差最大的检验值，直至各检验值与平均值之差不超过 20%，如剩余数据不少于 5 个，则结果以剩余数据的平均值表示，精确至 0.1MPa；如剩余数据少于 5 个，则本次检验结果无效，应重新制备试件进行检验。

4.9.3　拉伸粘结强度

1. 检验用砂浆试件

应采用符合 GB 175《通用硅酸盐水泥》要求的强度等级不低于 42.5 的普通硅酸盐水泥和符合 GB/T 17671《水泥胶砂强度检验方法（ISO 法）》要求的 ISO 标准砂。水泥、砂和水按 1：2.5：0.5 的比例，采用人工振捣方式成型 40mm×40mm×10 mm 和 70mm×70mm×20 mm 两种尺寸的水泥砂浆试件。砂浆试件成型之后在标准检验条件下放置 24h 后拆模，浸入（23±2）℃的水中 6d，然后取出在标准检验条件下放置 21d 以上。

2. 试件的制备

在 70mm×70mm×20 mm 的砂浆试件和 40mm×40mm×10 mm 的砂浆试件上各均匀地涂一层拌和好的界面剂，然后二者对放，轻轻按压，刮去边上多余的界面剂。将对放好的试件水平放置，在试件上加重 1.6kg±15g，保持 30s。

每种拉伸粘结强度各准备不少于 10 个试件。

3. 未处理的拉伸粘结强度

将试件在标准检验条件下养护 7d 和 14d。在到规定的养护龄期 24h 前，用适宜的高强度粘结

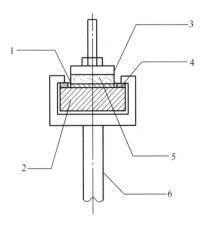

图 4-30　试件与夹具装配的示意图

1—界面剂；2—70mm×0mm×20mm
的砂浆试件；3—拉拔接头；4—坚块；
5—40mm×40mm×10mm 的砂浆试件；
6—拉伸试验夹具

剂（如环氧类粘结剂）将拉拔接头（图 4-30）粘贴在 40mm×40mm×10 mm 的砂浆试件上。24h 后测定拉伸粘结强度。

将试件放入试验机的夹具中，以 5mm/min 的速度施加拉力，测定拉伸粘结强度。图 4-28 为试件与夹具装配的示意图，夹具与试验机的连接宜采用球铰活动连接。检验时如砂浆试件发生破坏，且数据在该组试件平均值的±20%以内，则认为该数据有效。

4. 浸水处理的拉伸粘结强度

将试件在标准检验条件下养护 7d，然后完全浸没于（23±2)℃的水中 6d 后将试件从水中取出并用布擦干表面水渍，用适宜的高强度粘结剂粘结拉拔接头，7h 后将试件浸没于（23±2)℃的水中，24h 后将试件取出，擦干表面水渍，测定拉伸粘结强度。

5. 热处理的拉伸粘结强度

将试件在标准检验条件下养护 7d，然后在（100±2)℃的烘箱中放置 7d，到规定的时间后将试件从烘箱中取出冷却 4h，用适宜的高强度粘结剂粘结拉拔接头，24h 后测定拉伸粘结强度。

6. 冻融循环处理的拉伸粘结强度

将试件在标准检验条件下养护 7d，然后将试件浸入（23±2)℃的水中 1d。将试件取出，进行 25 次冻融循环。每次循环步骤下：

将试件从水中取出，用布擦干表面水渍，在（−15±3)℃保持 2h±20min；

将试件浸入（23±2)℃的水中 2h±20min。

最后一次循环后将试件放置在标准检验条件下 4h，用适宜的高强度粘结剂结拉拔接头，24h 后测定拉伸粘结强度。

7. 碱处理的拉伸粘结强度

将试件在标准检验条件下养护 7d，然后再按以下规定的碱溶液中浸泡 6d，取出并用布擦干表面水渍，用适宜的高强度粘结剂粘结拉拔接头，7h 后将试件再浸没于碱溶液中，24h 后将试件取出测定拉伸粘结强度。

碱溶液（饱和氢氧化钙）的配制，于（23±2)℃条件下 100mL 蒸馏水中加入 0.12g 氢氧化钙并进行充分搅拌，使溶液的 pH 值达到 12～13。

8. 结果计算

拉伸粘结强度按式（4-28）计算

$$\sigma = \frac{F_t}{A_t}$$ （4-28）

式中　σ——拉伸粘结强度，MPa；

　　F_t——最大荷载，N；

　　A_t——粘结面积，mm^2。

单个试件的拉伸粘结强度值精确至 0.01MPa。如单个试件的强度值与平均值之差大于 20%，则逐次剔除偏差最大的检验值，直至各检验值与平均值之差不超过 20%，如剩余数据不少于 5 个，则结果以剩余数据的平均值表示，精确至 0.1MPa；如剩余数据少于 5 个，则本次检验结果无效，应重新制备试件进行检验。

4.9.4 晾置时间

在 70mm×70mm×20 mm 和 40mm×40mm×10 mm 的砂浆试件上各均匀地涂一层拌和好的界面剂，在标准检验条件下放置 10min，或更长时间例如 15min、20min 等，然后二者对放，轻轻按压，刮去边上多余的界面剂。将试件水平放置，在试件上加重（16±0.15）N，保持 30s。试件在标准检验条件下养护 14d。每一时间间隔为一组，每组准备不少于 10 个按上述方法制备的试件。

在到规定的养护龄期 24h 前，用适宜的高强度粘结剂将拉拔接头（图 4-28）粘贴在 40mm×40mm×10 mm 的砂浆试件上。24h 后，测定拉伸粘结强度。

计算每一时间间隔的拉伸粘结强度。

晾置时间是指拉伸粘结强度不低于 0.5MPa 的最大时间间隔，用 min 表示。

4.10 水泥基自流平砂浆

4.10.1 检验条件

规定的检验条件：环境温度（23±2）℃，相对湿度 50%±5%，检验区的循环风速低于 0.2m/s。

待检样品应在贮存期内，所有检验材料应在标准检验条件下放置至少 24h。

4.10.2 检验仪器

1. 天平

量程 1kg，精确度为 10mg。

2. 行星式水泥胶砂搅拌机

符合 JC/T 681《行星式水泥胶砂搅拌机》标准要求。

3. 流动度试模和测试板

试模：内径 30mm±0.1 mm，高 50 mm±0.1 mm 的金属或塑料空心圆柱体。

测试板：面积大于 300mm×300mm 的平板玻璃。

4. 拉伸粘结强度测试仪器

拉伸粘结强度使用的测试仪器应有足够的灵敏度及量程，应能通过适宜的连接方式并不产生任何弯曲应力，加荷速度（250±50）N/s，仪器精度 1%，破坏荷载在其量程的 20%～80%。

5. 拉伸粘结强度成型框

拉伸粘结强度成型框由硅橡胶或硅酮密封材料制成（图 4-31），表面平整光滑，并保证砂浆不从成型框与混凝土板之间流出。孔尺寸精确至±0.2mm。

6. 拉拔接头

尺寸为（50±1）mm×（50±1）mm 并有足够强度的正方形钢板，最小厚度 10mm，有与测试仪器相连接的部件。

7. 耐磨试验机

Taber 型或同等的磨耗试验机，工作台转速（60±2）r/min。

8. 耐磨性试件的试模

测定耐磨性的试模：最小内径 105mm，高 5mm 的金属或塑料模具。

9. 砂布

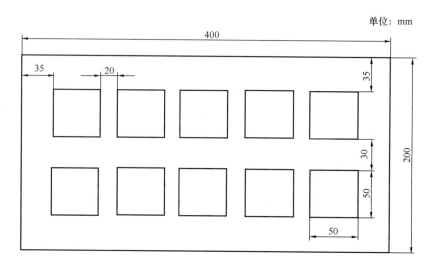

图 4-31　拉伸粘结强度成型框

注 1. 厚度：5mm　2. 孔尺寸：50mm×50mm

棕刚玉 P60 干磨砂布或同等粒径自粘型砂布。

10. 收缩仪

符合 JGJ 70《建筑砂浆基本性能试验方法》要求的立式砂浆收缩仪，标准杆长度（176±1）mm，测量精度为 0.01mm。

11. 尺寸变化率试模和收缩头

尺寸变化率试模：内部尺寸为 10mm×40mm×160 mm 的金属或塑料模具，且在试模的两个端面中心各开一个直径 6.5mm 的孔洞。

收缩头：黄铜或不锈钢加工而成，符合 JGJ 70《建筑砂浆基本性能试验方法》标准要求。

12. 落锤装置

由装有水平调节旋钮的钢基和一个悬挂着电磁铁的竖直钢架，一个导管和（1±0.015）kg 金属落锤组成。锤头如图 4-32 所示：

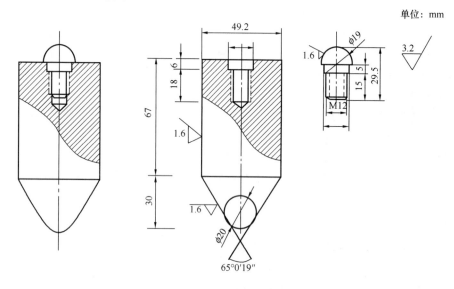

图 4-32　锤头示意图

13. 抗冲击性试件的试模

测定抗冲击性的试模：内框 75mm×75mm，高 5mm 的金属或塑料模具。

4.10.3　试样制备

1. 按产品生产商提供的使用比例称取样品，若给出一个值域范围，则采用中间值，并保证在整个检验过程中按同一比例进行。

2. 按产品生产商规定的比例称取对应于 2kg 粉状组分的用水量或液体组分用量，倒入搅拌器，将 2kg 粉料样品在 30s 内匀速放入搅拌器内，低速拌合 1min；

3. 停止搅拌后，30s 内用刮刀将搅拌叶和料锅壁上的不均匀拌和物刮下；

4. 高速搅拌 1min，静停 5min，再继续高速搅拌 15s，拌和物不应有气泡，否则再静停 1min 使其消泡，然后立即对该砂浆拌合物进行测试；

5. 产品生产商如有特殊要求，可参考产品生产商要求进行制备。

4.10.4　流动度

1. 将流动度试模水平放置在测试板中央，测试板表面平整光洁、无水滴，把制备好的试样灌满流动度试模后，开始计时，在 2s 垂直向上提升 5~10cm，保持 10~15s 使试样自由流下。

2. 4min 后，测两个垂直方向的直径，取两个直径的平均值。流动度检验对同一产品进行两次，流动度为两次检验结果的平均值，精确至 1mm。

3. 将同批试样在搅拌锅内静置 20min 后测试砂浆流动度，则为 20min 流动度。

4.10.5　拉伸粘结强度

1. 试件制备：将成型框放在混凝土板（应符合本章中陶瓷砖胶粘剂用混凝土板的性能）成型面上，将制备好的试样倒入成型框中，抹平，放置 24h 后出模，10 个试件为一组（图 4-33）。

2. 脱模后的试件在标准检验条件下放置到 27d 龄期后，用砂纸打磨掉表面的浮浆，然后用适宜的高强粘结剂将拉拔接头粘结在试样成型面上，在标准检验条件下继续放置 24h 后检验。

3. 粘结强度按式（4-29）计算

$$P = \frac{F}{S} \qquad (4\text{-}29)$$

式中　P——拉伸粘结强度，MPa

F——最大破坏荷载，N；

S——粘结面积，2500mm^2

检验结果计算精确至 0.1MPa。

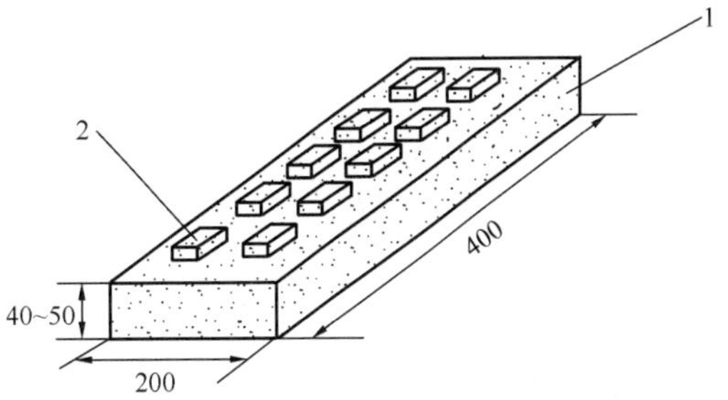

图 4-33　拉伸粘结强度试件成型示意图

1—混凝土板；2—自流平砂浆试件

4. 检验结果评定

求 10 个数据的平均值：舍弃超出平均值±20% 范围的数据，如仍有 5 个或更多数据被保留，求新的平均值；如保留数据少于 5 个则重新检验；如果破坏模式为高强粘结剂与拉拔头之间界面破坏应重进行测定。

4.10.6　耐磨性

1. 试件制备

将制备好的试样倒入耐磨试模内，无需振动，24h 后脱模，在标准状态下继续放置 27d 后测定。

2. 研磨轮的制作

（1）将棕刚玉 P60 干磨砂布裁成与橡胶轮厚度的规格；

（2）用聚醋酸乙烯乳液将裁好的砂布粘在橡胶轮上，防止胶液污染砂粒，如果是自粘型砂布则直接粘结；

（3）保证砂布接头处应即不重叠又不离缝，每条砂布只能用一次，试件调换时必须更换；

（4）将粘了砂布后的研磨轮在标准检验条件下放置 24h 以上备用。

3. 检验步骤

（1）将试件表面用脱脂纱布擦净并称量，精确至 10mg。

（2）将试件接触空气成型的一面向上安装在磨耗试验机上，并将研磨轮安装在支架上，在每个砂磨轮上加砝码 500g 条件下磨耗 100r，取下试件，除去表面附灰并称重。

（3）每个试件测试一次，取二个试件的平均值为检验结果，精确至 10mg。两个试件的相对误差不得大于 5%，否则应重新检验。

4. 耐磨性计算

耐磨性计算按式（4-30）计算

$$F = G_0 - G_1 \tag{4-30}$$

式中　F——磨耗值，g；

　　　G_0——试件磨前质量，g；

　　　G_1——试件磨后质量，g。

4.10.7　尺寸变化率

1. 在收缩模具内表面涂一薄层脱模油，将收缩头固定在试模两端面的孔洞中，使收缩头露出试件端面（8±1）mm。

2. 将制备好的试样倒入收缩试模内，无需振动，用金属刮刀清除多余砂浆，使砂浆完全充满模具并使表面平整，三个试件为一组。

3. 在标准检验条件下放置 24h 后拆模、编号、标明测试方向，脱模后 30min 内按标明的测量方向测定试件长度，即为试件的初始长度。测定前，用标准杆调整收缩仪的百分表原点。

4. 然后将试件在标准检验条件下放置 27d 后，按标明的测试方向测定试件长度，即为自然干燥后长度。

5. 检验结果

试件尺寸变化率应表述为试件养护后相对于试件刚脱模时基准长度的负（收缩）或正（膨胀）变化，用百分数表示，尺寸变化率按式（4-31）进行计算，精确至 0.01%。

$$\varepsilon = \frac{L_t - L_0}{L - L_d} \times 100 \tag{4-31}$$

式中　ε——尺寸变化率，%；

　　　L_0——试件成型后 1d 的长度即初始长度，mm；

　　　L_t——试件成型后 28d 的长度即自然干燥后长度，mm；

　　　L——试件长度 160mm；

　　　L_d——两个收缩头埋入砂浆中长度之和，即（20±20）mm。

6. 检验结果评定

尺寸变化率按三个试件的算术平均值来确定，若单个数值与平均值偏差大于 20%，应剔除，然后取其平均值。若一组中有二个数据与平均值偏差大于 20%，则检验需重新进行。

4.10.8　抗冲击性

1. 将制备好的试样倒入抗冲击性试模内，无需振动，24h 后脱模，三个试件为一组。在标准检验条件下放置 27d 后测定。26d 用适宜的高强粘结剂将砂浆（成型面向上）粘在 75mm×75mm 混凝土板（应符合本章中陶瓷砖胶粘剂用混凝土板的性能）上，在标准检验条件下继续放置 24h 后测定。

2. 将试件水平放置在冲击设备的底座上，保证落锤落在试件的中心部分。将 1kg±0.015 kg 落锤固定 1m 高度并自由落下，目测试件表面是否有开裂或脱离底板现象。

3. 检验结果评定

每个试件冲击一次，3 个试件均无开裂或脱离底板时判定为合格。

4.11　灌浆砂浆

4.11.1　粒径

1. 称取 500g 水泥基灌浆材料，精确至 1g。将试样倒入 4.75mm 筛中。4.75mm 筛应满足 GB/T 6003.2《金属穿孔板试验筛》规定，采用手筛，筛至每分钟通过量小于试样重量 0.1% 为止。

2. 检验结果

水泥基灌浆材料试样筛余百分数式（4-32）计算

$$F = \frac{R}{W} \times 100 \tag{4-32}$$

式中　F——水泥基灌浆材料试样筛余百分数，%；

　　　R——水泥基灌浆材料筛余物质量，g；

　　　W——水泥基灌浆材料试样的质量，g。

4.11.2　泌水率

1. 泌水检验应按下列步骤进行：

(1) 应用湿布湿润试样筒内壁后立即称量，记录试样筒的质量。再将砂浆试样装入试样筒，砂浆的装料及捣实方法有两种：

① 方法 A：用振动台振实。将试样一次装入试样筒内，开启振动台，振动应持续到表面出浆为止，且应避免过振；并使砂浆拌合物表面低于试样筒筒口（30±3）mm，用抹刀抹平。抹平后立即计时并称量，记录试样筒与试样的总质量。

② 方法 B：用捣棒捣实。采用捣棒捣实时，砂浆拌合物应分两层装入，每层的插捣次数应为 25 次；捣棒由边缘向中心均匀地插捣，插捣底层时捣棒应贯穿整个深度，插捣第二层时，捣棒应插透本层至下一层的表面；每一层捣完后用橡皮锤轻轻沿容器外壁敲打 5～10 次，进行振实，直至拌合物表面插捣孔消失并不见大气泡为止；并使砂浆拌合物表面低于试样筒筒口 30±3mm，用抹刀抹平。抹平后立即计时并称量，记录试样筒与试样的总质量。

(2) 在以下吸取砂浆拌合物表面泌水的整个过程中，应使试样筒保持水平、不受振动；除了吸水操作外，应始终盖好盖子；室温应保持在（20±2）℃。

（3）从计时开始后 60min 内，每隔 10min 吸取 1 次试样表面渗出的水。60min 后，每隔 30min 吸 1 次水，直至认为不再泌水为止。为了便于吸水，每次吸水前 2min，将一片 35mm 厚的垫块垫入筒底一侧使其倾斜，吸水后平稳地复原。吸出的水放入量筒中，记录每次吸水的水量并计算累计水量，精确于 1mL。

2. 泌水率的结果计算及其确定应按下列方法进行：

泌水率应按式（4-33）、式（4-34）计算：

$$B = \frac{V_W}{(W/G)G_W} \times 100 \tag{4-33}$$

$$G_W = G_1 - G_0 \tag{4-34}$$

式中　B——泌水率，%；

　　　V_W——泌水总量，mL；

　　　G_W——试样质量，g；

　　　W——砂浆拌合物总用水量，mL；

　　　G——砂浆拌合物总质量，g；

　　　G_1——试样筒及试样总质量，g；

　　　G_0——试样筒质量，g。

计算应精确至 1%。泌水率取三个试样测值的平均值。三个测值中的最大值或最小值，如果有一个与中间值之差超过中间值的 15% 时，则以中间值为检验结果；如果最大值和最小值与中间值之差均超过中间值的 15% 时，则此次检验无效。

4.11.3　流动度

1. 仪器设备：

（1）水泥砂浆搅拌机；

（2）截锥形圆模：高度（60±0.5）mm；上口内径（70±0.5）mm；下口内径（100±0.5）mm；下口外径 120mm，内壁光滑无接缝的金属制品；

（3）玻璃板：400 mm×400 mm×5 mm；

（4）钢直尺：300 mm；

（5）刮刀；

（6）秒表，时钟；

（7）药物天平：称量 100g；感量 1g；

（8）电子天平：称量 50g；感量 0.05g。

2. 检测方法：

（1）将玻璃板放置在水平位置，用湿布将玻璃板、截锥圆模、搅拌器及搅拌锅均匀擦过，使其表面湿而不带水滴；

（2）将截锥圆模放在玻璃板中央，并用湿布覆盖待用；

（3）称取砂浆 2000g，倒入搅拌锅内；

（4）加入生产厂家推荐的用水量，搅拌 4min；

（5）将拌好的砂浆迅速注入截锥圆模内，用刮刀刮平，将截锥圆模按垂直方向提起，同时，开启秒表计时，至 30s 用直尺量取流淌砂浆互相垂直的两个方向的最大直径，取平均值作为水泥基灌浆砂浆流动度。

4.11.4　竖向膨胀率

竖向膨胀率按以下规定进行（图4-34）。将水泥基灌浆材料倒入试模后2h盖玻璃板安装千分表读初始值。

1. 灌浆操作步骤：

（1）灌浆砂浆用水量按流动度为（250±10）min的用量。

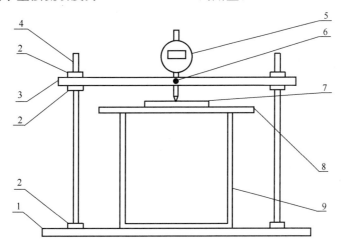

图4-34　竖向膨胀率测量装置示意图

1—测量支架垫板；2—测量支架紧固螺母；3—测量支架横梁；4—测量支架立杆；
5—千分表；6—紧固螺钉；7—钢质压板；8—玻璃板；9—试膜

（2）灌浆砂浆加水搅拌均匀后立即灌模。从玻璃板的一侧灌入。当灌到50mm左右高度时，用捣板在试模的每一侧插捣6次，中间部位也插捣6次。灌到90mm高度时，和前面相同再做插捣，尽量排出气体。最后一层灌浆砂浆要一次灌至两侧流出灌浆砂浆为止。要尽量减少灌浆砂浆对玻璃板产生的向上冲浮作用。

（3）玻璃板两侧灌浆砂浆表面，用小刀轻轻抹成斜坡，斜坡的高边与玻璃相平。斜坡的低边与试模内侧顶面相平。抹斜坡的时间不应超过30s。成型温度、养护温度均为（20±3）℃；

（4）做完斜坡，把百分表测量头垂放在玻璃板上，在30s内记录百分表读数h_0，为初始读数；

（5）测定初始读数后30s内，玻璃板两侧灌浆砂浆表面盖上二层湿棉布；

（6）从测定初始读数起，每隔2h浇水1次，连续浇水4次，以后每隔4h浇水1次。保湿养护至要求龄期，测定3d、7d试件高度读数；

（7）从测定初始读数开始，测量装置和试件应保持静止不动，并不受振动。

2. 竖向膨胀率应按式（4-35）进行计算

$$\varepsilon_t = \frac{h_t - h_0}{h} \times 100 \tag{4-35}$$

式中　ε_t——竖向膨胀率，%；

h_t——试件龄期为t时的高度读数，mm；

h_0——试件高度的初始读数，mm；

h——试件基准高度100mm。

检验结果取一组三个试件的算术平均值。

4.11.5　钢筋握裹强度

1. 检验步骤

（1）检验用光面钢筋，其计算直径为 20mm。为了具有足够的长度可供万能机夹持和装置量表，一般长度可取 500mm，钢筋埋入长度 200mm 检验中采用的钢筋尺寸、形状和螺纹均应相同。成型前钢筋应用钢丝刷刷净，并用丙酮擦拭，不得有锈屑和油污存在。钢筋的自由端顶面应光滑平整，并与试模预留孔吻合。

（2）按砂浆试件的成型与养护方法的有关规定制作试件。以 6 个试件为一组。

（3）试件成型后直至检验龄期，特别在拆模时，不得碰动钢筋，拆模时间以两昼夜为宜。拆模时应先取下橡皮固定圈，再将套在钢筋上的试模小心取下。

（4）到检验龄期时，将试件从养护室取出，擦拭干净，检查外观（试件不得有明显缺损或钢筋松动、歪斜），并应尽快检验。

（5）将试件套上中心有孔的垫板，然后装入已安装在万能机的试验夹具上，使万能机的下夹头将试件的钢筋夹牢。

（6）在试件上安装量表固定架和千分表，使千分表杆端垂直向下，与略伸出试件表面的钢筋顶面相接触。

（7）加荷前应检查千分表量杆与钢筋顶面接触是否良好，千分表是否灵活，并进行适当的调整。

（8）记下千分表的初始读数后，开动万能试验机，以不超过 400N/s 的加荷速度拉拔钢筋。每加一定荷载（1000～5000N），记录相应的千分表读数。

（9）到达下列任何一种情况时应停止加荷：

① 钢筋达到屈服点；

② 混凝土发生破裂；

③ 钢筋的滑动变形超过 0.1mm。

2. 检验结果处理

（1）将各级荷载下的千分表读数减去初始读数，即得荷载下的滑动变形。

（2）当采用带肋钢筋时，以 6 个试件在各级荷载下滑动变形的算术平均值为横坐标，以荷载为纵坐标，绘出荷载-滑动变形关系曲线。取滑动变形 0.01mm、0.05mm、0.10mm，在曲线上查出相应的荷载。

钢筋握裹强度按式（4-36-1）算（准至 0.01MPa）

$$\tau = \frac{P_1 + P_2 + P_3}{3A} \tag{4-36-1}$$

$$A = \pi DL \tag{4-36-2}$$

式中　τ——钢筋握裹强度，MPa；

P_1——滑动变形为 0.01mm 时的荷载，N；

P_2——滑动变形为 0.05mm 时的荷载，N；

P_3——滑动变形为 0.10mm 时的荷载，N；

A——埋入混凝土的钢筋表面积（$A = \pi DL$），mm²；

D——钢筋的计算直径，mm；

L——钢筋埋入的长度，mm。

3. 当采用光面钢筋时，可取 6 个试件拔出检验时最大荷载的平均值除以埋入混凝土中的钢筋表面积得钢筋握裹强度。

4. 光面钢筋拔出检验可绘出荷载-滑动变形关系曲线供分析。

5. 采用工程中实际使用的其他钢筋时，应注明钢筋的类型和直径等条件。

4.11.6　对钢筋锈蚀作用

钢筋锈蚀采用钢筋在新拌或硬化砂浆中阳级电位曲线来表示，测定方法按以下规定进行。

1. 钢筋锈蚀快速检验方法（新拌砂浆法）

（1）制作钢筋电极

将Ⅰ级建筑钢筋加工制成直径 7mm，长度为 100mm，表面粗糙度 R_a 的最大允许值为 $1.6\mu m$ 的试件，用汽油、乙醇、丙酮依次浸擦除去油脂，并在一端焊上长 130～150mm 的导线，再用乙醇仔细擦去焊油，钢筋两端浸涂热熔石蜡松香绝缘涂料，使钢筋中间暴露长度为 80mm，计算其表面积。经过处理后的钢筋放入干燥器内备用，每组试件三根。

（2）砂浆及电极入模

将拌制好的砂浆浇入试模中，先浇一半（厚 20mm 左右）。将两根处理好经检查无锈痕的钢筋电极平行放在砂浆表面，间距 40mm，拉出导线，然后灌满砂浆抹平，并轻敲几下侧板，使其密实。

（3）连接试验仪器

按图 4-36 连接试验装置，以一根钢筋作为阳极接仪器的"研究"与"＊号"接线孔，另一根钢筋为阴极（即辅助电极）接仪器的"辅助"接线孔，再将甘汞电极的下端与钢筋阳极的正中位置对准，与新鲜砂浆表面接触，并垂直于砂浆表面。甘汞电极的导线接仪器的"参比"接线孔。在一些现代新型钢筋锈蚀测量仪或恒电位/恒电流仪上，电极输入导线通常为集束导线，只须按规定将三个夹子分别接阳极钢筋、阴极钢筋或甘汞电极即可。

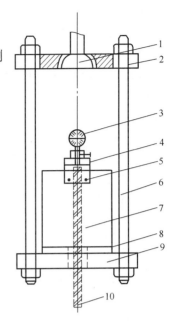

图 4-35　握裹力试验装置示意图
1—带球座拉杆；2—上端钢板；
3—千分表；4—量表固定架；
5—止动螺丝；6—钢杆；7—试件；8—垫板；9—下端钢板；
10—埋入试件的钢筋

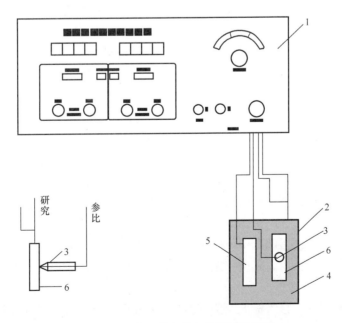

图 4-36　新鲜砂浆极化电位测试装置图
1—钢筋锈蚀测量仪或恒电位/恒电流仪；2—硬塑料模；3—甘汞电极；4—新拌砂浆；5—钢筋阴极；6——钢筋阳极

（4）测试

① 未通外加电流前，先读出阳极钢筋的自然电位 V（即钢筋阳极与甘汞电极之间的电位差值）。

② 接通外加电流，并按电流密度 $50 \times 10^{-2} A/m^2$（即 $50\mu A/cm^2$）调整 μA 表至需要值。同时，开始计算时间，依次按 2、4、6、8、10、15、20、25、30、60min，分别记录阳极极化电位值。

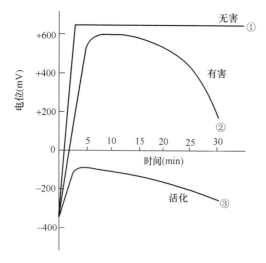

图 4-37　恒电流、电位-时间曲线分析图

（5）检验结果处理

① 以三个检验电极测量结果的平均值，作为钢筋阳极极化电位的测定值，以时间为横坐标，阳极极化电位为纵坐标，绘制电位-时间曲线（图 4-37）。

② 根据电位-时间曲线判断砂浆对钢筋锈蚀的影响。

A. 电极通电后，阳极钢筋电位迅速向正方向上升，并在 1~5min 内达到析氧电位值，经 30min 测试，电位值无明显降低，如图 4-34 中的曲线①，则属钝化曲线。表明阳极钢筋表面钝化膜完好无损，所测砂浆对钢筋是无害的。

B. 通电后，阳极钢筋电位先向正方向上升，随着又逐渐下降，如图 4-37 中的曲线②，说明钢筋表面钝化膜已部分受损。而图 4-37 中的曲线③属活化曲线，说明钢筋表面钝化膜破坏严重。两种情况均表明钢筋钝化膜已遭破坏。但这时对检验砂浆对钢筋锈蚀的影响仍不能作出明确的判断，还必须再作硬化砂浆阳极极化电位的测量，以进一步判别砂浆对钢筋有无锈蚀危害。

C. 通电后，阳极钢筋电位随时间的变化有时会出现图 4-37 中曲线①和②之间的中间态情况，即电位先向正方上升至较正电位值（例如 $\geqslant +600mV$），持续一段稳定时间，然后渐呈下降趋势，如电位值迅速下降，则属第②项情况。如电位值缓降，且变化不多，则检验和记录电位的时间再延长 30min，继续 35，40，45，50，55，60min 分别记录阳极极化电位值，如果电位曲线保持稳定不再下降，可认为钢筋表面膜已破损而转变为活化状态，对于这种情况，还必须再作硬化砂浆阳极极化电位的测量，以进一步判别砂浆对钢筋有无锈蚀危害。

2. 钢筋锈蚀快速检验方法（硬化砂浆法）

（1）制备埋有钢筋的砂浆电极

① 制备钢筋

采用 I 级建筑钢筋经加工成直径 7mm，长度 100mm，表面粗糙度 R_3 的最大允许值为 $1.6\mu m$ 的试件，使用汽油、乙醇、丙酮依次浸擦除去油脂，经检查无锈痕后放入干燥器中备用，每组三根。

② 成型砂浆电极

将钢筋插入试模两端的预留凹孔中，位于正中。将称好的砂浆放入搅拌锅内搅拌。将拌匀的砂浆灌入预先按放好钢筋的试模内，置搅拌振动台上振 5~10s，然后抹平。

③ 砂浆电极的养护及处理

试件成型后盖上玻璃板，移入标准养护室养护，24h 后脱模，用水泥净浆将外露的钢筋两头覆盖，继续标准养护 2d。取出试件，除去端部的封闭净浆，仔细擦净外露钢筋头的锈斑。在钢筋的一端焊上长 130~150mm 的导线，用乙醇擦去焊油，并在试件两端浸涂热石蜡松香绝缘，使试件中间暴露长度为80mm，如图4-38所示。

（2）测试

① 将处理好的硬化砂浆电极置于饱和氢氧化钙溶液中，浸泡数小时，直至浸透试件，其表征为监测硬化砂浆电极在饱和氢氧化钙溶液中的自然电位至电位稳定且接近新拌砂浆中的自然电位，由于存在欧姆电压降可能会使两者之间有一个电位差。检验时应注意不同类型的试件不得放置在同一容器内浸泡，以防互相干扰。

② 把一个浸泡后的砂浆电极移入盛有饱和氢氧化钙溶液的玻璃缸内，使电极浸入溶液的深度为8cm，以它作为阳极，以不锈钢片作为阴极（即辅助电极），以甘汞电极作参比。按图4-39要求接好试验线。

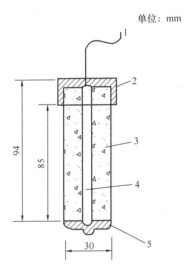

图4-38　钢筋砂浆电极

1—导线；2和5—石蜡；3—砂浆；4—钢筋

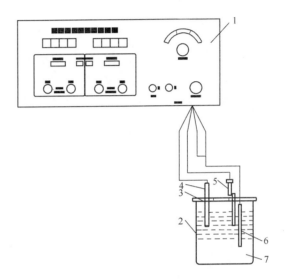

图4-39　硬化砂浆极化电位测试装置图

1—钢筋锈蚀测量仪或恒电位/恒电流仪；2—烧杯1000mL；3—有机玻璃盖；4—不锈钢片（阴极）；5—甘汞电极；6—硬化砂浆电极（阳极）；7—饱和氢氧化钙溶液

③ 未通外加电流前，先读出阳极（埋有钢筋的砂浆电极）的自然电位 V。

④ 接通外加电流，并按电流密度 50×10^{-2} A/m²（即 50μA/cm²）调整 μA 表至需要值。同时，开始计算时间，依然按2、4、6、8、10、15、20、25、30min，分别记录埋有钢筋的砂浆电极阳极极化电位值。

（3）检验结果处理

① 取一组三个埋有钢筋的硬化砂浆电极极化电位的测量结果的平均值作为测定值，以极化电位为纵坐标，时间为横作标，绘制阳极极化电位-时间曲线。

② 根据电位-时间曲线判断砂浆中的水泥、外加剂等对钢筋锈蚀的影响。

A. 电极通电后，阳极钢筋电位迅速向正方向上升，并在1～5 min内达到析氧电位值，经30min测试，电位值无明显降低，如图4-37中的曲线①，则属钝化曲线。表明阳极钢筋表面钝化膜完好无损，所测砂浆对钢筋是无害的。

B. 通电后，阳极钢筋电位先向正方向上升，随着又逐渐下降，如图4-37中的曲线②，说明钢筋表面钝化膜已部分受损。而如图4-37中的曲线③活化曲线，说明钢筋表面钝化膜破坏严重。这两种情况均表明钢筋钝化膜已遭破坏，所测砂浆对钢筋是有锈蚀危害的。

4.12 饰面砂浆

4.12.1 可操作时间

在标准检验条件下将搅好的砂浆存放在搅拌锅中，30min后用抹刀对砂浆进行梳理，握住抹刀与混凝土板约成60°的角度，与混凝土板一边成直角，平行地抹至混凝土板另一边（直线移动）。

4.12.2 初期干燥抗裂性

1. 仪器

（1）石棉水泥平板：符合 JC/T 412《建筑用石棉水泥平板》的要求；

（2）风洞：符合 GB/T 9779—2005《复层建筑涂料》的要求。

2. 检验步骤

按生产厂商提出的方法，将产品说明书中规定用量的饰面砂浆涂布于石棉水泥平板表面，指触干后，将其置于风洞内的试架上面，试件与气流方向平行，放置6h后取出，用肉眼观察试件表面有无裂纹出现。

4.12.3 吸水量

1. 仪器

（1）三联试模：符合 GB/T 17671《水泥胶砂强度检验方法（ISO 法）》的要求；

（2）平底盘子：最小深度20mm，能够容纳3个待测试件的平底盘子；

（3）隔板：三个1mm厚的硬质塑料片（例如聚四氟乙烯），尺寸为（40±0.1）mm×（40±0.1）mm。

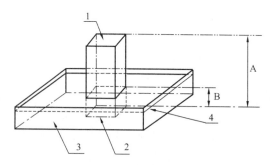

图 4-40　吸水量试验示意图

1—试件；2—试件断面；3—平底盘子；4—水面；
A—约80mm；B—浸入深度（5～10）mm

2. 试件制备

把隔板插入三联试模的中间，与三联模较小的面相平行。成型六个饰面砂浆试件，在标准检验条件下养护5d后脱模，继续养护16d，用中性的密封材料涂抹于试件的四个长方形面上加以密封。再在标准检验条件下养护7d。

3. 检验步骤

称取每个试件的质量，精确到0.01g。之后，把试件垂直放在平底盘子里，使未密封的中间成型面朝下，浸入水中5～10mm，如图4-40所示。试件互相独立。30min时，从水中取出试件，用挤干的湿布迅速地擦去表面的水分，称量并记录。之后，把试件再放入盘子里，240min时重复上述操作。

4. 计算结果

每个试件的吸水量按式（4-37）计算

$$W_{ab} = m_t - m_d \tag{4-37}$$

式中　W_{ab}——吸水量，g；

　　　m_d——浸水前试件的质量，g；

　　　m_t——规定的时间浸水后试件的质量，g。

吸水量取六个检验结果的算术平均值，精确到 0.1g。

4.12.4　拉伸粘结强度

1. 粘结强度成型框

由钢制材料制成的厚度为 5mm 的钢制平板（图 4-41），表面平整光滑，孔尺寸：（50×50）mm。孔尺寸精确至±0.1mm。

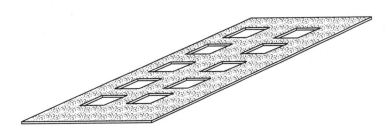

图 4-41　粘结强度成型框

2. 试件制备

将成型框放在标准混凝土板成型面上，将制备好的砂浆倒入成型框中，抹平，10 个试件为一组。

3. 拉伸粘结原强度

脱模后的试件在标准检验条件下养护至 27d 龄期，用适宜的高强胶粘剂将拉伸接头粘结在砂浆成型面上，继续养护 24h 后测定拉伸粘结原强度。

4. 老化循环后的粘结强度

制备好的试件，在标准检验条件下养护至 7d 龄期。将试件在下述两种检验条件下分别进行四次循环。两项检验之间，试件至少在标准检验条件中放置 48h。

（1）冷热循环检验步骤

① 将试件表面温度加热达到（60±2）℃，保持 8h±15mim；

② 将试件在标准检验条件下放置（30±2）min；

③ 将试件放置在空气温度为（-15±1）℃的冰柜中保持 15h±15min；

④ 将试件在标准检验条件下放置（30±2）min。

（2）冻融循环检验步骤

① 将试件的成型面浸入（20±2）℃水中约 5mm，保持 8h±15min；

② 将试件在标准检验条件下放置（30±2）min；

③ 将试件放置在空气温度为（-15±1）℃的冰柜中保持 15h±15min；

④ 将试件在标准检验条件下放置（30±2）min。

在最后一次循环后取出试件，在标准检验条件下用适宜的高强胶粘剂将拉拔接头粘在成型面上。取出试件后的 24h 内，测定老化循环后的拉伸粘结强度。

5. 结果计算与评定

拉伸粘结强度按式（4-38）计算

$$P = \frac{F}{S}$$
（4-38）

式中　P ——拉拔粘结强度，MPa；

　　　F ——最大破坏荷载，N；

S——粘结面积，$2500mm^2$。

将 10 个数据的算术平均值舍弃超出平均值±20％范围的数据；若仍有 5 个或更多数据被保留，求新的平均值；若少于 5 个数据被保留，重新检验；如果破坏模式为高强胶粘剂与拉拔头之间界面破坏，应重新进行测定。检验结果计算精确至 0.1MPa。

4.12.5 抗泛碱性

1. 仪器设备与材料

（1）电热鼓风干燥箱：温控器灵敏度为±1℃。

（2）电控淋水装置：水平安装的内径为 30mm 的 PVC 管，沿 PVC 管长度方向每隔 40mm 带有一个直径为 3mm 的径向圆孔，所有圆孔均排列在一条直线上，PVC 管通过定时电磁阀与自来水管连接。

（3）封闭材料：采用固体含量约 33％、玻璃化温度（－7～6）℃、pH 值 6.0～7.0 的苯乙烯丙烯酸酯乳液。

（4）标准混凝土板：符合本章中陶瓷砖胶粘剂用混凝土板的性能规定。

2. 检验步骤

用封闭材料横遮竖盖封闭标准混凝土板表面（除背面外），晾干备用。

按生产厂商提供的涂覆量，将饰面砂浆涂布于两块标准混凝土板表面，在标准检验条件下养护 24h 后，将试件安放到电控淋水装置的下方，放置的倾斜角为（60±5）°，PVC 管的开孔方向和流量与试件表面基本垂直，水管与试件的垂直距离为（15±2）cm，将自来水的流量调节到 300mL/s，连续喷淋 10min，然后将试件放到（50±2）℃电热鼓风干燥箱中烘干 4h，取出放在标准检验条件下冷却至室温，再连续喷淋 10min，循环 21 次后，检查试件表面有无可见泛碱，用干净的手指轻搓表面，检查是否掉粉。

4.12.6 耐沾污性

将饰面砂浆涂布于石棉水泥平板表面，尺寸为 150mm×70mm×（4～6）mm，在标准检验条件下养护 28d 后，按照以下规定的浸渍法进行测试。涂覆量按生产厂商提供的用量进行。

用天平称取适量配制灰，按配制灰：水＝1：0.9（质量比）搅拌均匀制成悬浮液，将污染源悬浮液倒入平底托盘中。取涂层试板，将涂层面朝下，水平放入盘中浸渍 5s 后取出，在温度（23±2）℃，相对湿度（50±5）％条件下，放置 2h 后，放在冲洗装置（图 4-42）的样板架上，将已注满 15L 水的冲洗装置阀门打开至最大，冲洗涂层试板。冲洗时应不断移动涂层试板，使水流能均匀冲洗各部位，冲洗 1min 后关闭阀门，将涂层试板在温度（23±2）℃，相对湿度（50±5）％条件下，放至第二天，此为一个循环，约 24h。按上述浸渍和冲洗方法继续试验至五次循环，每次冲洗涂层试板前均应将水箱中的水添加至 15L。

试验用污染源采用以石墨粉为主要成分制成的配制灰，其

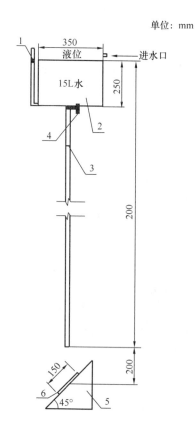

单位：mm

图 4-42　冲洗装置示意图

1—液位计；2—水箱；3—ϕ8 的水管；
4—阀门；5—样板架；6—涂层试板

参数为：

　　——细度：0.045mm 方孔筛筛余量（5.0±2.0）%；

　　——烧失量：（12±2）%；

　　——密度：（2.70±0.20）g/cm³；

　　——比表面积：（440±20）m²/kg；

　　——反射系数：（37±3）%。

采用 0~4 级共五个等级来评定试验结果，分别与基本灰卡（GB 250）5、4、3、2、1 五个等级相对应（表 4-4）。

取两块试验后的涂层试板分别与一块未经试验的涂层试板按（GB/T 9761—1988《色漆和清漆 色漆的目视比色》中 7.1 目视比色法中的常规法与基本灰卡的色差进行比色评定等级。

表 4-4　评定等级

耐沾污性等级	污染程度	观感色差	灰卡等级
0	无污染	无可觉察的色差	5
1	很轻微	有刚可觉察的色差	4
2	轻微	有较明显的色差	3
3	中等	有很明显的色差	2
4	严重	有严重的色差	1

4.13　修补砂浆

4.13.1　检验条件

1. 本教材中规定的标准检验条件：环境温度（23±2）℃，相对湿度 50%±5%，试验区的循环风速低于 0.2m/s。

2. 所有检验材料（包括试验用水等）检验前应在标准检验条件下放置至少 24h。

4.13.2　检验材料

包括以下材料：

1. 基准水泥：符合 GB/T 8077《混凝土外加剂匀质性试验方法》附录 A 的要求。

2. 标准砂：符合 GB/T 17671《水泥胶砂强度检验方法（ISO 法）》的要求。

3. 拌合用水：符合 JGJ 63《混凝土用水标准（附条文说明）》的要求。

4. 基底水泥砂浆块：符合 JGJ/T 70《建筑砂浆基本性能试验方法标准》的要求。

4.13.3　检验配合比

按生产厂家推荐的配合比，并在各项检验中保持一致。

4.13.4　搅拌

采用符合 JC/T 681《行星式水泥胶砂搅拌机》的搅拌机，拌合按下列步骤进行（生产厂商有具体说明的除外）：

1. 将水或液料倒入锅中；

2. 将干粉撒入搅拌锅内低速搅拌 60s;

3. 高速搅拌 30s;

4. 取出搅拌叶;

5. 停置 90s,清理搅拌叶和搅拌锅壁上的砂浆;

6. 重新放入搅拌叶,再高速搅拌 60s 完成。

4.13.5 抗压强度与抗折强度

1. 按 GB/T 17671《水泥胶砂强度检验方法（ISO 法)》规定的方法测定,在标准条件下养护 6h、24h 或 28d。其中,6h 强度为 6h 后脱模测定 6h 强度;24h 强度为 24h 后脱模测定 24h 强度。

2. 压折比

压折比按式（4-39）计算

$$压折比 = \frac{R_c}{R_f} \tag{4-39}$$

式中　R_c——抗压强度的平均值,MPa;

　　　R_f——抗折强度的平均值,MPa。

压折比计算结果应精确到 0.1。

4.13.6 拉伸粘结强度

按本章普通砂浆检验中拉伸粘结强度的规定方法,在基底水泥砂浆块上成型厚度为 10mm 的受检砂浆。若修补砂浆与界面剂配套使用,按照生产厂商提供的方法制样。

1. 拉伸粘结强度（未处理）

测定 1d 或 14d 拉伸粘结强度。其中,1d 拉伸粘结强度为 6h 后脱模,用适宜的高强胶粘剂将拉拔接头粘在试件上,继续将试件在标准检验条件下养护至 24h,测定 1d 拉伸粘结强度。

2. 拉伸粘结强度（浸水）

试件在标准检验条件下养护 7d,然后浸入（23±2）℃的水中养护 6d,从水中取出并用布擦干表面水渍,用适宜的高强胶粘剂粘结拉拔接头,7h 后将试件浸没于（23±2）℃的水中,17h 后将试件取出,擦干表面水渍后测定拉伸粘结强度。

3. 拉伸粘结强度（热老化）

试件在标准检验条件下养护 7d,然后将试件放入（70±2）℃鼓风烘箱中 6d。从烘箱中取出,晾置至室温,用适宜的高强胶粘剂将拉拔接头粘在试件上。继续将试件在标准检验条件下养护 24h,测定拉伸粘结强度。

4. 拉伸粘结强度（冻融循环）

试件在标准检验条件下养护 7d,然后浸入（23±2）℃的水中养护 1d。将试件取出,进行冻融检验,每次循环步骤如下:

(1) 将试件从水中取出,用布擦干表面水渍,在（-15±2）℃中保持 2h±20min;

(2) 试件浸入（23±2）℃的水中 2h±20min;

(3) 重复 25 次循环。在最后一次循环后,将试件放置在标准检验条件下 4h,用适宜的高强度胶粘剂粘结拉拔接头,继续将试件在标准检验条件下养护至 14d 后,测定拉伸粘结强度。

4.13.7 干缩率

修补砂浆的干缩检验需成型一组三条 25mm×25mm×280mm 试体。

（1）将制备好的砂浆，分两层装入两端已装有钉头的试模内。

（2）第一层胶砂装入试模后，先用小刀来回划实，尤其是钉头两侧，必要时可多划几次，然后用 23mm×23mm 方捣棒从钉头内侧开始，从一端向另一端顺序地捣 10 次，返回捣 10 次，共捣压 20 次，再用缺口捣棒在钉头两侧各捣压 2 次，然后将余下砂浆装入模内，同样用小刀划匀，深度应透过第一层胶砂表面，再用 23mm×23mm 捣棒从一端开始顺序地捣压 12 次，往返捣压 24 次（每次捣压时，先将捣棒接触砂浆表面再用力捣压。捣压应均匀稳定，不得冲压）。

（3）捣压完毕，用小刀将试模边缘的砂浆拨回试模内，并用三棱刮刀将高于试模部分的砂浆断成几部分，沿试模长度方向将超出试模部分的砂浆刮去（刮平时不要松动已捣实的试体，必要时可以多刮几次），刮平表面后，编号。

（4）将试体带模放入温度（20±1）℃，相对湿度不低于 90% 的养护箱或雾室内养护。

（5）砂浆脱模时间以试件的抗压强度达到（10±2）MPa 时的时间确定，试件脱模后在 30min 内测量试件的初始长度。测量完初始长度的试件立即放入标准检验条件下养护，养护时应注意不损伤试件测头，试件之间应保持 15mm 以上间隔，测量第 28d 的长度。结果按式（4-40）计算

$$S = \frac{(L_0 - L_{28}) \times 100}{250} \tag{4-40}$$

式中　S_{28}——水泥胶砂试体 28d 龄期干缩率，%；

　　　L_0——初始测量读数，mm；

　　　L_{28}——28d 龄期的测量读数，mm；

　　　250——试体有效长度，mm。

4.13.8　界面弯拉强度

制作三个尺寸为 40mm×40mm×80mm 的挤塑聚苯乙烯泡沫块（密度 22～35kg/m³），将泡沫块放入 40mm×40mm×160mm 的三联模（图 4-43），然后浇筑砂浆（采用基准水泥：标准砂：水 ＝1∶3∶0.5 的配合比），脱模后形成 40mm×40mm×80mm 的基准水泥砂浆块，在标准养护条件下养护至 28d 备用。

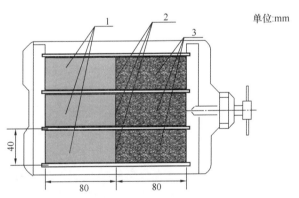

图 4-43　基准水泥砂浆块成型示意图

1—挤塑聚苯乙烯泡沫块；2—挤塑聚苯乙烯泡沫块与基准水泥

砂浆块接触界面（不应有脱模剂）；3—基准水泥砂浆块

将养护 28d 以上的基准水泥砂浆块放入 40mm×40mm×160mm 的三联模中，倒入修补砂浆，制成新旧砂浆的粘结试件（图 4-44）。修补砂浆与基准水泥砂浆块接触界面不应有脱模剂。

将新旧砂浆的粘结试件在标准条件下养护 28d 后测试其抗折强度，用抗折强度来表示修补砂浆的界面弯拉强度。每组 6 个试件，结果中舍去最大值与最小值，取其余四个值的平均值，计算结果

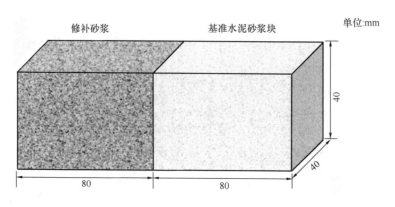

图 4-44　界面弯拉强度试件示意图

应精确到 0.01MPa。

4.13.9　吸水量

1. 制备 6 个规格为 40mm×40mm×80mm 的修补砂浆试件，其中一个 40mm×40mm 的面为检验面，不应沾有脱模剂。脱模后放入标准检验条件下养护至 28d，然后将试件放入 70℃鼓风干燥箱烘干至试件恒重，冷却至室温后用中性密封材料涂抹于除检验面外其他的五个面上加以密封，称取每个待测试件的质量（m_a），精确到 0.1g。之后，把试件垂直放在吸满水的饱和聚氨酯海绵（25～30g/L）上，使未密封的检验面朝下（图 4-45）。

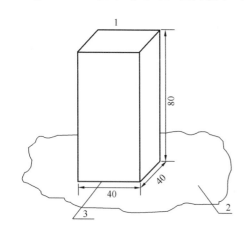

图 4-45　吸水量示意图

1—修补砂浆试件；2—吸满水的饱和聚氨酯海绵（25～30g/L）；3—未密封的检验面

2. 注意防止试件因移动而相互接触，必要时加水以保持试件跟水面完全接触，使试件测试面与水面基本保持在同一水平面上。6h 时，从水中取出试件，用挤干的湿布迅速地擦去表面的水分，称量并记录（m_b）。之后，把试件再放在海绵上，72h 时重复上述操作。

按式（4-41）计算每个试件的吸水量

$$W_{ab} = \frac{m_b - m_a}{1.6} \qquad (4\text{-}41)$$

式中　W_{ab}——6h 或 72h 吸水量，kg/m²；

　　　m_a——浸水前试件的质量，g；

　　　m_b——浸水后试件的质量，g。

3. 吸水量取 6 个检验结果的算术平均值，精确到 0.01kg/m²。当单个试件的值与平均值之差大于 20% 时，应逐次舍弃偏差最大的检验值，直至各检验值与平均值之差不超过 20%，当 6 个试件中有效数据不足 4 个时，此组检验结果应为无效，并应重新制备试件进行检验。

4.13.10　抗蚀系数

1. 试体的养护与侵蚀

（1）脱模后的试块放入 50℃水中（高铝水泥在 20℃水中）养护 7d，取出分成两组。一组 9 块放入 20℃水中养护，一组 9 块放入硫酸盐浸蚀溶液中浸泡。

（2）人工配制的硫酸盐溶液，采用 3％化学纯无水硫酸钠（SO_4^{2-}，20250mg/L）。

注：根据要求，可以采用天然环境水，也可变更硫酸钠的浓度。

（3）试体在浸泡过程中，每天一次用 $1NH_2SO_4$ 滴定以中和试体在溶液中放出的 $Ca(OH)_2$，边滴定边搅拌，使溶液的 pH 保持在 7.0 左右。

（4）指示剂可采用酚红。

注：允许试体放入硫酸盐溶液中静止浸泡。

（5）试体在容器中浸泡时，每条试体需有 200mL 的侵蚀溶液，液面至少高出试体顶面 10mm，为避免蒸发，容器必须加盖。

2. 试体破型

（1）试体经 20℃水中养护 28d，及在硫酸盐溶液中浸泡 28d 后，取出用小型抗折机进行抗折检验，支点跨距 50mm，支撑圆柱直径 5mm，加荷速度控制在 80g/s。

注：侵蚀龄期可根据实际情况增加。

（2）破型前，须擦去试体表面的水分和砂粒，清除支点圆柱表面粘着的杂物，试体放在抗折支点上时，应使侧面与圆柱接触。

3. 结果的计算

（1）试体的极限抗折强度（kg/cm^2），由破坏荷重乘以 7.5 即得，抗折强度计算到 0.1kg。

（2）试体抗折强度的计算，由 9 块试体的破坏荷重剔去最大值和最小值以其余 7 块取平均值。

（3）各种水泥在侵蚀溶液中的抗蚀性能是以抗蚀系数大小来比较。抗蚀系数是指同龄期的水泥胶砂试体分别在硫酸盐溶液中浸泡和在 20℃水中养护的抗折强度之比，以 k 表示，计算精确到 0.01，并按式（4-42）计算

$$k = \frac{R_\text{液}}{R_\text{水}} \quad\quad\quad (4\text{-}42)$$

式中　k——抗蚀系数；

　　　$R_\text{液}$——试体在溶液中浸泡 28d 抗折强度，kg/cm^2；

　　　$R_\text{水}$——试体在 20℃水中养护同龄期抗折强度，kg/cm^2。

4.13.11　膨胀系数

1. 按 JC/T 313—2009《膨胀水泥膨胀率试验方法》，并按如下补充规定进行。

每组试体制做两板，每板 3 条，脱模时间按终凝后 2h±30min 脱模，并将钉头擦干净，立即测量试体的初始长度值。初始长度值测定后放入淡水中养护，其中 3 条试体在淡水中养护到 35d 时测定其淡水的膨胀量；另 3 条试体在淡水中养护到 7d 时移入侵蚀溶液中，在侵蚀溶液中浸泡到 28d 时测定其侵泡膨胀量。

2. 采用化学纯试剂配制水溶液，侵蚀溶液为 5％Na_2SO_4；用户要求时也可用 NaCl 60g/L，Mg_4SO_4 4.8g/L，$MgCl_2$ 5.6 g/L，$CaSO_4$ 2.4g/L，$KHCO_3$ 0.4g/L 水溶液静止浸泡试体。浸泡试体的侵蚀溶液与试体质量比为 10：1，液面至少高于试体 20mm，容器必须加盖，避免蒸发。

3. 按式（4-43）计算淡水中试体的膨胀率（E_x）和侵蚀溶液中试体的膨胀率（E_{xr}）。

4. 膨胀系数为试体在侵蚀溶液中的膨胀率与淡水中的膨胀率之比值（E），按式（4-44）计算，计算结果精确至 0.01。

$$E_x = \frac{L_2 - L_1}{L} \times 100 \quad\quad\quad (4\text{-}43)$$

式中　E_x——试体各龄期的膨胀率，％；

　　　L_1——试体初始长度读数，mm；

L_2——试体各龄期长度读数,mm;

L——试体的有效长度,250mm;

从 3 条试体膨胀值中,取大的两个数字的平均值,作为膨胀率的测定结果。计算应精确至 0.01%。

$$E = \frac{E_{xr}}{E_x} \tag{4-44}$$

式中 E——试体在侵蚀溶液中的膨胀系数;

E_{xr}——试体在淡水中 7d 和侵蚀溶液中 28d 的膨胀率,%;

E_x——试体在淡水中 35d 的膨胀率,%。

第五章　预拌砂浆应用技术规程

5.1　定义和符号

5.1.1　定义

1. 预拌砂浆

专业生产厂生产的湿拌砂浆或干混砂浆。

2. 验收批

由同种材料、相同施工工艺、同类基体或基层的若干个检验批构成，用于合格性判定的总体。

3. 薄层砂浆施工法

采用专用砂浆施工，砂浆厚度不大于5mm的施工方法。

5.1.2　符号

C_v——砂浆细度离散系数；

C_v'——砂浆抗压强度离散系数；

T——砂浆细度均匀度；

T'——砂浆抗压强度均匀度；

W_i——75μm筛的筛余量；

X——75μm筛的通过率；

$\overline{X}$——各样品的75μm筛通过率的平均值；

$\overline{X}'$——各样品的砂浆试块抗压强度的平均值；

σ——各样品的75μm筛通过率的标准差；

σ'——各样品的砂浆试块抗压强度的标准差。

5.2　基本规定

1. 预拌砂浆的品种选用应根据设计、施工等要求确定。

2. 不同品种、规格的预拌砂浆不应混合使用。

3. 预拌砂浆施工前，施工单位应根据设计和工程要求及预拌砂浆产品说明书等编制施工方案，并应按施工方案进行施工。

4. 预拌砂浆施工时，施工环境温度宜为5~35℃。当温度低于5℃或高于35℃施工时，应采取保证工程质量的措施。五级风及以上、雨天和雪天的露天环境条件下，不应进行预拌砂浆施工。

5. 施工单位应建立各道工序的自检、互检和专职人员检验制度，并应有完整的施工检查记录。

6. 预拌砂浆抗压强度、实体拉伸粘结强度应按验收批进行评定。

5.3 预拌砂浆进场检验、储存与拌合

5.3.1 进场检验

1. 预拌砂浆进场时，供方应按规定批次向需方提供质量证明文件。质量证明文件应包括产品型式检验报告和出厂检验报告等。

2. 预拌砂浆进场时应进行外观检验，并应符合下列规定：

（1）湿拌砂浆应外观均匀，无离析、泌水现象。

（2）散装干混砂浆应外观均匀，无结块、受潮现象。

（3）袋装干混砂浆应包装完整，无受潮现象。

3. 湿拌砂浆应进行稠度检验，且稠度允许偏差应符合表 5-1 的规定。

表 5-1 湿拌砂浆稠度偏差

规定稠度/mm	允许偏差/mm
50、70、90	±10
110	+5 −10

4. 预拌砂浆外观、稠度检验合格后，应按表 5-2 的规定进行复验。

5. 预拌砂浆进场时，应按表 5-2 的规定进行进场检验。

表 5-2 预拌砂浆进场检验项目和检验批量

砂浆品种		检验项目	检验批量
湿拌砌筑砂浆		保水率、抗压强度	同一生产厂家、同一品种、同一等级、同一批号且连续进场的湿拌砂浆，每250m³为一个检验批，不足250m³时，应按一个检验批计
湿拌抹灰砂浆		保水率、抗压强度、拉伸粘结强度	
湿拌地面砂浆		保水率、抗压强度	
湿拌防水砂浆		保水率、抗压强度、抗渗压力、拉伸粘结强度	
干混砌筑砂浆	普通砌筑砂浆	保水率、抗压强度	干混砌筑砂浆 干混抹灰砂浆
	薄层砌筑砂浆	保水率、抗压强度	
干混抹灰砂浆	普通抹灰砂浆	保水率、抗压强度、拉伸粘结强度	
	薄层抹灰砂浆	保水率、抗压强度、拉伸粘结强度	
干混地面砂浆		保水率、抗压强度	
干混普通防水砂浆		保水率、抗压强度、抗渗压力、拉伸粘结强度	
聚合物水泥防水砂浆		凝结时间、耐碱性、耐热性	同一生产厂家、同一品种、同一等级、同一批号且连续进场的砂浆，每50t为一个检验批，不足50t时，应按一个检验批计
界面砂浆		14d常温常态拉伸粘结强度	同一生产厂家、同一品种、同一等级、同一批号且连续进场的砂浆，每30t为一个检验批，不足30t时，应按一个检验批计
陶瓷砖粘结砂浆		常温常态拉伸粘结强度、晾置时间	同一生产厂家、同一品种、同一批号且连续进场的砂浆，每50t为一个检验批，不足50t时，应按一个检验批计

6. 当预拌砂浆进场检验项目全部符合第四章的规定时，该批产品可判定为合格；当有一项不符合要求时，该批产品应判定为不合格。

5.3.2　湿拌砂浆储存

1. 施工现场宜配备湿拌砂浆储存容器，并应符合下列规定：
(1) 储存容器应密闭、不吸水；
(2) 储存容器的数量、容量应满足砂浆品种、供货量的要求；
(3) 储存容器使用时，内部应无杂物、无明水；
(4) 储存容器应便于储运、清洗和砂浆存取；
(5) 砂浆存取时，应有防雨措施；
(6) 储存容器宜采取遮阳、保温等措施。

2. 不同品种、强度等级的湿拌砂浆应分别存放在不同的储存容器中，并应对储存容器进行标识，标识内容应包括砂浆的品种、强度等级和使用时限等。砂浆应先存先用。

3. 湿拌砂浆在储存及使用过程中不应加水。砂浆存放过程中，当出现少量的泌水时，应拌合均匀后使用。砂浆用完后，应立即清理其储存容器。

4. 湿拌砂浆储存地点的环境温度宜为 5～35℃。

5.3.3　干混砂浆储存

1. 不同品种的散装干混砂浆应分别储存在散装移动筒仓中，不得混存混用，并应对筒仓进行标识。筒仓数量应满足砂浆品种及施工要求。更换砂浆品种时，筒仓应清空。

2. 筒仓应符合现行行业标准 SB/T 10461《干混砂浆散装移动筒仓》的规定，并应在现场安装牢固。

3. 袋装干混砂浆应储存在干燥、通风、防潮、不受雨淋的场所，并应按品种、批号分别堆放，不得混堆混用，且应先存先用。配套组分中的有机类材料应储存在阴凉、干燥、通风、远离火和热源的场所，不应露天存放和曝晒，储存环境温度应为 5～35℃。

4. 散装干混砂浆在储存及使用过程中，当对砂浆质量的均匀性有疑问或争议时，应按本教材第四章中的"散装干混砂浆均匀性检验"的规定检验其均匀性。

5.3.4　干混砂浆拌合

1. 干混砂浆应按产品说明书的要求加水或其他配套组分拌合，不得添加其他成分。

2. 干混砂浆拌合水应符合现行行业标准 JGJ 63《混凝土用水标准》中对混凝土拌合用水的规定。

3. 干混砂浆应采用机械搅拌，搅拌时间除应符合产品说明书的要求外，尚应符合下列规定：
采用连续式搅拌器搅拌时，应搅拌均匀，并应使砂浆拌合物均匀稳定。
采用手持式电动搅拌器搅拌时，应先在容器中加入规定量的水或配套液体，再加入干混砂浆搅拌，搅拌时间宜为 3～5min，且应搅拌均匀。应按产品说明书的要求静停后再拌合均匀。
搅拌结束后，应及时清洗搅拌设备。

4. 砂浆拌合物应在砂浆可操作时间内用完，且应满足工程施工的要求。

5. 当砂浆拌合物出现少量泌水时，应拌合均匀后使用。

5.4 砌筑砂浆施工与质量验收

5.4.1 一般规定

1. 适用于砖、石、砌块等块材砌筑时所用预拌砌筑砂浆的施工与质量验收。

2. 砌筑砂浆的稠度可按表 5-3 选用。

表 5-3 砌筑砂浆的稠度

砌体种类	砂浆稠度/mm
烧结普通砖砌体 粉煤灰砖砌体	70～90
混凝土多孔砖、实心砖砌体 普通混凝土小型空心砌块砌体 蒸压灰砂砖砌体 蒸压粉煤灰砖砌体	50～70
烧结多孔砖、空心砖砌体 轻集料混凝土小型空心砌块砌体 蒸压加气混凝土砌块砌体	60～80
石砌体	30～50

注：1. 砌筑其他块材时，砌筑砂浆的稠度可根据块材吸水特性及气候条件确定。

　　2. 采用薄层砂浆施工法砌筑蒸压加气混凝土砌块等砌体时，砌筑砂浆稠度可根据产品说明确定。

　　3. 砌体砌筑时，块材应表面清洁，外观质量合格，产品龄期应符合国家现行有关标准的规定。

5.4.2 块材处理

1. 砌筑非烧结砖或砌块砌体时，块材的含水率应符合国家现行有关标准的规定。

2. 砌筑烧结普通砖、烧结多孔砖、蒸压灰砂砖、蒸压粉煤灰砖砌体时，砖应提前浇水湿润，并宜符合国家现行有关标准的规定。不应采用干砖或处于吸水饱和状态的砖。

3. 砌筑普通混凝土小型空心砌块、混凝土多孔砖及混凝土实心砖砌体时，不宜对其浇水湿润；当天气干燥炎热时，宜在砌筑前对其喷水湿润。

4. 砌筑轻集料混凝土小型空心砌块砌体时，应提前浇水湿润。砌筑时，砌块表面不应有明水。

5. 采用薄层砂浆施工法砌筑蒸压加气混凝土砌块砌体时，砌块不宜湿润。

5.4.3 施工

1. 砌筑砂浆的水平灰缝厚度宜为 10mm，允许误差宜为 ±2mm。采用薄层砂浆施工法时，水平灰缝厚度不应大于 5mm。

2. 采用铺浆法砌筑砖砌体时，一次铺浆长度不得超过 750mm；当施工期间环境温度超过 30℃时，一次铺浆长度不得超过 500mm。

3. 对砖砌体、小砌块砌体，每日砌筑高度宜控制在 1.5m 以下或一步脚手架高度内；对石砌体，每日砌筑高度不应超过 1.2m。

4. 砌体的灰缝应横平竖直、厚薄均匀、密实饱满。砖砌体的水平灰缝砂浆饱满度不得小于80%；砖柱水平灰缝和竖向灰缝的砂浆饱满度不得小于90%；小砌块砌体灰缝的砂浆饱满度，按净面积计算不得低于90%，填充墙砌体灰缝的砂浆饱满度，按净面积计算不得低于80%。竖向灰缝不应出现瞎缝和假缝。

5. 竖向灰缝应采用加浆法或挤浆法使其饱满，不应先干砌后灌缝。

6. 当砌体上的砖或砌块被撞动或需移动时，应将原有砂浆清除再铺浆砌筑。

5.4.4　质量验收

1. 对同品种、同强度等级的砌筑砂浆，湿拌砌筑砂浆应以 50m³ 为一个检验批，干混砌筑砂浆应以 100t 为一个检验批；不足一个检验批的数量时，应按一个检验批计。

2. 每检验批应至少留置 1 组抗压强度试块。

3. 砌筑砂浆取样时，干混砌筑砂浆宜从搅拌机出料口、湿拌砌筑砂浆宜从运输车出料口或储存容器随机取样。砌筑砂浆抗压强度试块的制作、养护、试压等应符合第四章的规定，龄期应为 28d。

4. 砌筑砂浆抗压强度应按验收批进行评定，其合格条件应符合下列规定：

（1）同一验收批砌筑砂浆试块抗压强度平均值应大于或等于设计强度等级所对应的立方体抗压强度的 1.10 倍；且最小值应大于或等于设计强度等级所对应的立方体抗压强度的 0.85 倍；

（2）当同一验收批砌筑砂浆抗压强度试块少于 3 组时，每组试块抗压强度值应大于或等于设计强度等级所对应的立方体抗压强度的 1.10 倍。

5.5　抹灰砂浆施工与质量验收

5.5.1　一般规定

1. 适用于墙面、柱面和顶棚一般抹灰所用预拌抹灰砂浆的施工与质量验收。

2. 抹灰砂浆的稠度应根据施工要求和产品说明书确定。

3. 砂浆抹灰层的总厚度应符合设计要求。

4. 外墙大面积抹灰时，应设置水平和垂直分格缝。水平分格缝的间距不宜大于 6m，垂直分格缝宜按墙面面积设置，且不宜大于 30m²。

5. 施工前，施工单位宜和砂浆生产企业、监理单位共同模拟现场条件制作样板，在规定龄期进行实体拉伸粘结强度检验，并应在检验合格后封存留样。

6. 天气炎热时，应避免基层受日光直接照射。施工前，基层表面宜洒水湿润。

7. 采用机械喷涂抹灰时，应符合现行行业标准 JGJ/T 105《机械喷涂抹灰施工规程》的规定。

5.5.2　基层处理

1. 基层应平整、坚固，表面应洁净。上道工序留下的沟槽、孔洞等应进行填实修整。

2. 不同材质的基体交接处，应采取防止开裂的加强措施。当采用在抹灰前铺设加强网时，加强网与各基体的搭接宽度不应小于 100mm。门窗口、墙阳角处的加强护角应提前抹好。

3. 在混凝土、蒸压加气混凝土砌块、蒸压灰砂砖、蒸压粉煤灰砖等基体上抹灰时，应采用相配套的界面砂浆对基层进行处理。

4. 在混凝土小型空心砌块、混凝土多孔砖等基体上抹灰时，宜采用界面砂浆对基层进行处理。

5. 在烧结砖等吸水速度快的基体上抹灰时，应提前对基层烧水湿润。施工时，基层表面不得有明水。

6. 采用薄层砂浆施工法抹灰时，基层可不做界面处理。

5.5.3 施工

1. 抹灰施工应在主体结构完工并验收合格后进行。

2. 抹灰工艺应根据设计要求、抹灰砂浆产品说明书、基层情况等确定。

3. 采用普通抹灰砂浆抹灰时，每遍涂抹厚度不宜大于 10mm；采用薄层砂浆施工法抹灰时，宜一次成活，厚度不应大于 5mm。

4. 当抹灰砂浆厚度大于 10mm 时，应分层抹灰，且应在前一层砂浆凝结硬化后再进行后一层抹灰。每层砂浆应分别压实、抹平，且抹平应在砂浆凝结前完成。抹面层砂浆时，表面应平整。

5. 当抹灰砂浆总厚度大于或等于 35mm 时，应采取加强措施。

6. 室内墙面、柱面和门洞口的阳角做法应符合设计要求。

7. 顶棚宜采用薄层抹灰砂浆找平，不应反复赶压。

8. 抹灰砂浆层在凝结前应防止快干、水冲、撞击、振动和受冻。抹灰砂浆施工完成后，应采取措施防止玷污和损坏。

9. 除薄层抹灰砂浆外，抹灰砂浆层凝结后应及时保湿养护，养护时间不得少于 7d。

5.5.4 质量验收

1. 抹灰工程检验批的划分应符合下列规定：

（1）相同材料、工艺和施工条件的室外抹灰工程，每 1000m² 应划分为一个检验批；不足 1000m² 时，应按一个检验批计。

（2）相同材料、工艺和施工条件的室内抹灰工程，每 50 个自然间（大面积房间和走廊按抹灰面积 30m² 为一间）应划分为一个检验批；不足 50 间时，应按一个检验批计。

2. 抹灰工程检查数量应符合下列规定：

（1）室外抹灰工程，每检验批每 100m² 应至少抽查一处，每处不得小于 10m²。

（2）室内抹灰工程，每检验批应至少抽查 10%，并不得少于 3 间；不足 3 间时，应全数检查。

3. 抹灰层应密实，应无脱层、空鼓，面层应无起砂、爆灰和裂缝。

4. 抹灰表面应光滑、平整、洁净、接槎平整、颜色均匀，分格缝应清晰。

5. 护角、孔洞、槽、盒周围的抹灰表面应整齐、光滑；管道后面的抹灰表面应平整。

6. 室外抹灰砂浆层应在 28d 龄期时，按现行行业标准 JGJ/T 220《抹灰砂浆技术规程》的规定进行实体拉伸粘结强度检验，并应符合下列规定：

（1）相同材料、工艺和施工条件的室外抹灰工程，每 5000m² 应至少取一组试件，不足 5000m² 时，也应取一组；

（2）实体拉伸粘结强度应按验收批进行评定。当同一验收批实体拉伸粘结强度的平均值不小于 0.25MPa，可判定为合格；否则，应判定为不合格。

7. 当抹灰砂浆外表面粘贴饰面砖时，应按现行行业标准 JGJ 126《外墙饰面砖工程施工及验收规程》、JGJ 110《建筑工程饰面砖粘结强度检验标准》的规定进行验收。

5.6 地面砂浆施工与质量验收

5.6.1 一般规定

1. 适用于建筑地面工程的找平层和面层所用预拌地面砂浆的施工与质量验收。

2. 地面砂浆的强度等级不应小于 M15，面层砂浆的稠度宜为（50±10）mm。

3. 地面找平层及面层砂浆的厚度应符合设计要求，且不应小于 20mm。

5.6.2 基层处理

1. 基层应平整、坚固，表面应洁净。上道工序留下的沟槽、孔洞等应进行填实修整。

2. 基层表面宜提前洒水湿润，施工时表面不得有明水。

3. 光滑基面宜采用相匹配的界面砂浆进行界面处理。

4. 有防水要求的地面，施工前应对立管、套管和地漏与楼板节点之间进行密封处理。

5.6.3 施工

1. 面层砂浆的铺设宜在室内装饰工程基本完工后进行。

2. 地面砂浆铺设时，应随铺随压实。抹平、压实工作应在砂浆凝结前完成。

3. 做踢脚线前，应弹好水平控制线，并应采取措施控制出墙厚度一致。踢脚线凸出墙面厚度不应大于 8mm。

4. 踏步面层施工时，应采取保证每级踏步尺寸均匀的措施，且误差不应大于 10mm。

5. 地面砂浆铺设时宜设置分格缝，分格缝间距不宜大于 6m。

6. 地面面层砂浆凝结后，应及时保湿养护，养护时间不应少于 7d。

7. 地面砂浆施工完成后，应采取措施防止玷污和损坏。面层砂浆的抗压强度未达到设计要求前，应采取保护措施。

5.6.4 质量验收

1. 地面砂浆检验批的划分应符合下列规定：

（1）每一层次或每层施工段（或变形缝）应作为一个检验批。

（2）高层及多层建筑的标准层可按每 3 层作为一个检验批，不足 3 层时，应按一个检验批计。

2. 地面砂浆的检查数量应符合下列规定：

（1）每检验批应按自然间或标准间随机检验，抽查数量不应少于 3 间，不足 3 间时，应全数检查。走廊（过道）应以 10 延长米为 1 间，工业厂房（按单跨计）、礼堂、门厅应以两个轴线为 1 间计算。

（2）对有防水要求的建筑地面，每检验批应按自然间（或标准间）总数随机检验，抽查数量不应少于 4 间，不足 4 间时，应全数检查。

3. 砂浆层应平整、密实，上一层与下一层应结合牢固，应无空鼓、裂缝。当空鼓面积不大于 400mm² 且每自然间（标准间）不多于 2 处时，可不计。

4. 砂浆层表面应洁净，并应无起砂、脱皮、麻面等缺陷。

5. 踢脚线应与墙面结合牢固、高度一致、出墙厚度均匀。

6. 砂浆面层的允许偏差和检验方法应符合表 5-4 的规定。

表 5-4　砂浆面层的允许偏差和检验方法

项目	允许偏差/mm	检验方法
表面平整度	4	用 2m 靠尺和楔形塞尺检查
踢脚线上口平直	4	拉 5m 线和用钢尺检查
缝格平直	3	拉 5m 线和用钢尺检查

7. 对同一品种、同一强度等级的地面砂浆，每检验批且不超过 1000m² 应至少留置一组抗压强度试块。抗压强度试块的制作、养护、试压等应符合第四章的规定，龄期应为 28d。

8. 地面砂浆抗压强度应按验收批进行评定。当同一验收批地面砂浆试块抗压强度平均值大于或等于设计强度等级所对应的立方体抗压强度值时，可判定该批地面砂浆的抗压强度为合格；否则，应判定为不合格。

5.7　防水砂浆施工与质量验收

5.7.1　一般规定

1. 适用于混凝土或砌体结构基层上铺设预拌普通防水砂浆、聚合物水泥防水砂浆作刚性防水层的施工与质量验收。

2. 防水砂浆的施工应在基体及主体结构验收合格后进行。

3. 防水砂浆施工前，相关的设备预埋件和管线应安装固定好。

4. 防水砂浆施工完成后，严禁在防水层上凿孔打洞。

5.7.2　基层处理

1. 基层应平整、坚固，表面应洁净。当基层平整度超出允许偏差时，宜采用适宜材料补平或剔平。

2. 防水砂浆施工时，基层混凝土或砌筑砂浆抗压强度应不低于设计值的 80%。

3. 基层宜采用界面砂浆进行处理；当采用聚合物水泥防水砂浆时，界面可不做处理。

4. 当管道、地漏等穿越楼板、墙体时，应在管道、地漏根部做出一定坡度的环形凹槽，并嵌填适宜的防水密封材料。

5.7.3　施工

1. 防水砂浆可采用抹压法、涂刮法施工，且宜分层涂抹。砂浆应压实、抹平。

2. 普通防水砂浆应采用多层抹压法施工，并应在前一层砂浆凝结后再涂抹后一层砂浆。砂浆总厚度宜为 18～20mm。

3. 聚合物水泥防水砂浆的厚度，对墙面、室内防水层，厚度宜为 3～6mm；对地下防水层，砂浆层单层厚度宜为 6～8mm，双层厚度宜为 10～12mm。

4. 砂浆防水层各层应紧密结合，每层宜连续施工，当需留施工缝时，应采用阶梯坡形槎，且离阴阳角处不得小于 200mm，上下层接槎应至少错开 100mm。防水层的阴阳角处宜做成圆弧形。

5. 屋面做砂浆防水层时，应设置分格缝。分格缝间距不宜大于 6m，缝宽宜为 20mm，分格缝应嵌填密封材料，且应符合现行国家标准 GB 50345《屋面工程技术规范》的规定。

6. 砂浆凝结硬化后，应保湿养护，养护时间不应少于14d。

7. 防水砂浆凝结硬化前，不得直接受水冲刷。储水结构应待砂浆强度达到设计要求后再注水。

5.7.4 质量验收

1. 对同一类型、同一品种、同施工条件的砂浆防水层，每100m²应划分为一个检验批，不足100m²时，应按一个检验批计。

2. 每检验批应至少抽查一处，每处应为10m²。同一验收批抽查数量不得少于3处。

3. 砂浆防水层各层之间应结合牢固、无空鼓。

4. 砂浆防水层表面应平整、密实，不得有裂纹、起砂、麻面等缺陷。

5. 砂浆防水层的平均厚度应符合设计要求，最小厚度不得小于设计值的85%。

5.8 界面砂浆施工与质量验收

5.8.1 一般规定

1. 适用于对混凝土、蒸压加气混凝土、模塑聚苯板和挤塑聚苯板等表面采用界面砂浆进行界面处理的施工与质量验收。

2. 界面处理时，应根据基层的材质、设计和施工要求、施工工艺等选择相匹配的界面砂浆。

3. 界面砂浆的施工应在基层验收合格后进行。

5.8.2 施工

1. 基层应平整、坚固，表面应洁净、无杂物。上道工序留下的沟槽、孔洞等应进行填实修整。

2. 界面砂浆的施工方法应根据基层的材性、平整度及施工要求等确定，并可采用涂抹法、滚刷法及喷涂法。

3. 在混凝土、蒸压加气混凝土基层涂抹界面砂浆时，应涂抹均匀，厚度宜为2mm，并应待表干时再进行下道工序施工。

4. 在模塑聚苯板、挤塑聚苯板表面滚刷或喷涂界面砂浆时，应刷涂均匀，厚度宜为1～2mm，并应待表干时再进行下道工序施工。当预先在工厂滚刷或喷涂界面砂浆时，应待涂层固化后再进行下道工序施工。

5.8.3 质量验收

1. 界面砂浆层应涂刷（抹）均匀，不得漏涂（抹）。

2. 除模塑聚苯板和挤塑聚苯板表面涂抹界面砂浆外，涂抹界面砂浆的工程应在28d龄期进行实体拉伸粘结强度检验，检验方法可按现行行业标准 JGJ/T 220《抹灰砂浆技术规程》的规定进行，也可根据对涂抹在界面砂浆外表面的抹灰砂浆层实体拉伸粘结强度的检验结果进行判定，并应符合下列规定：

（1）相同材料、相同施工工艺的涂抹界面砂浆的工程，每5000m²应至少取一组试件；不足5000m²时，也应取一组。

（2）当实体拉伸粘结强度检验时的破坏面发生在非界面砂浆层时，可判定为合格；否则，应判定为不合格。

5.9 陶瓷砖粘结砂浆施工与质量验收

5.9.1 一般规定

1. 适用于在水泥基砂浆、混凝土等基层采用陶瓷砖粘结砂浆粘贴陶瓷墙地砖的施工与质量验收。

2. 陶瓷砖粘结砂浆的品种应根据设计要求、施工部位、基层及所用陶瓷砖性能确定。

3. 陶瓷砖的粘贴方法及涂层厚度应根据施工要求、陶瓷砖规格和性能、基层等情况确定。陶瓷砖粘结砂浆涂层平均厚度不宜大于 5mm。

4. 粘贴外墙饰面砖时应设置伸缩缝。伸缩缝应采用柔性防水材料嵌填。

5. 天气炎热时，贴砖后应在 24h 内对已贴砖部位采取遮阳措施。

6. 施工前，施工单位应和砂浆生产单位、监理单位等共同制作样板，并应经拉伸粘结强度检验合格后再施工。

5.9.2 基层要求

1. 基层应平整、坚固，表面应洁净。当基层平整度超出允许偏差时，宜采用适宜材料补平或剔平。

2. 基体或基层的拉伸粘结强度不应小于 0.4MPa。

3. 天气干燥、炎热时，施工前可向基层浇水湿润，但基层表面不得有明水。

5.9.3 施工

1. 陶瓷砖的粘贴应在基层或基体验收合格后进行。

2. 对有防水要求的厨卫间内墙，应在墙地面防水层及保护层施工完成并验收合格后再粘贴陶瓷砖。

3. 陶瓷砖应清洁，粘结面应无浮灰、杂物和油渍等。

4. 粘贴陶瓷砖前，应按设计要求，在基层表面弹出分格控制线或挂外控制线。

5. 陶瓷砖粘贴的施工工艺应根据陶瓷砖的吸水率、密度及规格等确定。

6. 采用单面粘贴法粘贴陶瓷砖时，应按下列程序进行：

(1) 用齿形抹刀的直边，将配制好的陶瓷砖粘结砂浆均匀地涂抹在基层上。

(2) 用齿形抹刀的疏齿边，以与基面成 60°的角度，对基面上的砂浆进行梳理，形成带肋的条纹状砂浆。

(3) 将陶瓷砖稍用力扭压在砂浆上。

(4) 用橡皮锤轻轻敲击陶瓷砖，使之密实、平整。

7. 采用双面粘贴法粘贴陶瓷砖时，应按下列程序进行：

(1) 在基层上制成带肋的条纹状砂浆。

(2) 将陶瓷砖粘结砂浆均匀涂抹在陶瓷砖的背面，再将陶瓷砖稍用力扭压在砂浆上。

(3) 用橡皮锤轻轻敲击陶瓷砖，使其密实、平整。

8. 陶瓷砖位置的调整应在陶瓷砖粘结砂浆晾置时间内完成。

9. 陶瓷砖粘贴完成后，应擦除陶瓷砖表面的污垢、残留物等，并应清理砖缝中多余的砂浆。72h 后应检查陶瓷砖有无空鼓，合格后宜采用填缝剂处理陶瓷砖之间的缝隙。

10. 施工完成后，应自然养护 7d 以上，并应做好成品的保护。

5.9.4　质量验收

1. 饰面砖工程检验批的划分应符合下列规定：

（1）同类墙体、相同材料和施工工艺的外墙饰面砖工程，每 1000m² 应划分为一个检验批；不足 1000m² 时，应按一个检验批计。

（2）同类墙体、相同材料和施工工艺的内墙饰面砖工程，每 50 个自然间（大面积房间和走廊按施工面积 30m² 为一间）应划分为一个检验批；不足 50 间时，应按一个检验批计。

（3）同类地面、相同材料和施工工艺的地面饰面砖工程，每 1000m² 应划分为一个检验批；不足 1000m² 时，应按一个检验批计。

2. 饰面砖工程检查数量应符合下列规定：

（1）外墙饰面砖工程，每检验批每 100m² 应至少抽查一处，每处应为 10m²。

（2）内墙饰面砖工程，每检验批应至少抽查 10%，并不得少于 3 间；不足 3 间时，应全数检查。

（3）地面饰面砖工程，每检验批每 100m² 应至少抽查一处，每处应为 10m²。

3. 陶瓷砖应粘贴牢固，不得有空鼓。

4. 饰面砖墙面或地面应平整、洁净、色泽均匀，不得有歪斜、缺棱掉角和裂缝现象。

5. 饰面砖砖缝应连续、平直、光滑，嵌填密实，宽度和深度一致，并应符合设计要求。

6. 陶瓷砖粘贴的尺寸允许偏差和检验方法应符合表 5-5 的要求。

表 5-5　陶瓷砖粘贴的尺寸允许偏差和检验方法

检验项目	允许偏差/mm	检验方法
立面垂直度	3	用 2m 托线板检查
表面平整度	2	用 2m 靠尺、楔形塞尺检查
阴阳角方正	2	用方尺、楔形塞尺检查
接缝平直度	3	拉 5m 线，用尺检查
接缝深度	1	用尺量
接缝宽度	1	用尺量

7. 对外墙饰面砖工程，每检验批应至少检验一组实体拉伸粘结强度。试样应随机抽取，一组试样应由 3 个试样组成，取样间距不得小于 500mm，每相邻的三个楼层应至少取一组试样。

8. 拉伸粘结强度的检验评定应符合现行行业标准 JGJ 110《建筑工程饰面砖粘结强度检验标准》的规定。

第六章　仪器设备校验方法及操作规程

6.1　仪器设备校验方法

6.1.1　容量筒校验方法

容量筒分为 10L、20L、30L 三种规格的圆筒，主要用于测定砂、石等散状材料的密度。

1. 技术要求

（1）量筒必须用金属制成；两旁装有把手，要求外观平整光滑。

（2）三种容量筒的尺寸要求为：

10L：内径(108±1.0)mm，净高(109±1.0)mm；

20L：内径(208±1.0)mm，净高(294±1.0)mm；

30L：内径(294±1.0)mm，净高(294±1.0)mm。

2. 校验项目及校验方法

（1）用直尺测量三种规格容量筒尺寸；

（2）目测检查量筒表面是否平滑；

（3）用水校验体积。分别称干燥容器和平板玻璃总重 G_1，精确至 50g，向容器加水至接近上缘，然后边加水边推移平板玻璃直至把容器口盖住，并使平板玻璃下不夹任何气泡。擦净容器及板的外部余水，称其总重 G_2，精确至 50g，容量筒的实际容积：$V=(G_2-G_1)/\rho$，其中，ρ 为试验温度下水的密度。

（4）校验合格后准许使用

（5）校验周期：半年。

6.1.2　砂浆抗压强度试模校验方法

砂浆抗压强度试模用来成型抗压强度标准试件。

1. 技术要求

（1）立方体试模用铸铁或钢制成；

（2）试模内部表面应经过刨光，并可拆卸；

（3）试模内部尺寸误差不应大于±1mm；

（4）试模组装后其相邻侧面和各侧面与底板上表面之间的夹角应为直角，直角的误差不应大于±0.3°（即每100mm，其间隙为0.5mm）；

（5）试模组装后，其边接面的缝隙不得大于0.5mm。

2. 校验项目及校验方法

（1）试模内部尺寸应采用分度值小于0.05mm 的游标卡尺和深度尺进行测量，试模两侧相对侧板内表面的距离，应用游标卡尺对称测量，其高度应在每个边长上取3个点，用深度尺对称测量。棱柱体试模，在长度方向应相应增加2～4个高度测点；

（2）垂直度应采用精度为0级的刀口直尺和塞规测量。试模侧板各相邻面的垂直度应在其高度的 1/2 处测量。侧板与底板上表面的垂直度，应在侧板长度方向 1/2 处测量；

（3）试模组装后，各边接面的缝隙应用塞规测量；

（4）外观检查，应在明亮处目测。

3. 校验结果

（1）合格后准许使用；

（2）校验周期：半年。

6.1.3　砂浆抗渗试模校验方法

砂浆抗渗试模用来成型抗渗试件，以测定其抗渗等级来评定砂浆的抗渗能力。

1. 技术要求

（1）试模用铸铁或钢制成；

（2）试模内表面光滑；

（3）试模内部尺寸的允许偏差：

顶面直径：70mm，不超过±1%；

底面直径：80mm，不超过±1%；

高度：30mm，不超过±1%。

2. 校验项目及校验方法

（1）卡尺测量试模尺寸是否符合要求；

（2）试模内表面是否光滑，在明亮处目测；

（3）试模装配和缝隙应在 1mm 以内。

3. 校验结果

（1）合格后准许使用。

（2）校验周期：半年。

6.1.4　水泥稠度凝结测定仪（维卡仪）校验方法

1. 技术要求

（1）目测试杆表面应光滑平整，能靠自重自由下落。不得有紧涩和晃动现象，试针不得弯曲。

（2）此测定仪用于测定水泥净浆的标准稠度及凝结时间。

（3）各部件尺寸

用分度值为 0.02mm 的游标卡尺检测以下尺寸：

① 标准稠度试杆：高度(50 ± 1)mm；直径 $\phi(10\pm0.05)$mm；

② 初凝针：长(50 ± 1)mm；直径 $\phi(1.13\pm0.05)$mm；

③ 终凝针：长(30 ± 1)mm；直径 $\phi(5\pm0.1)$mm；

④ 试模上部内径：$\phi(65\pm0.5)$mm；

⑤ 试模下部内径：$\phi(75\pm0.5)$mm；

⑥ 试模高度：(40 ± 0.2)mm。

（4）滑动部分质量

用架盘天平称量，滑动部分总质量为(300 ± 1)g。

（5）标尺

标尺读数的刻度范围 S 为 0～70mm，标尺读数刻线应清晰、无明显目测误差，并能与指针平行，标尺应按规定位置牢固安装。

2. 校验项目及校验方法

(1)目测试杆表面应光滑平整,能靠自重自由下落。不得有紧涩和晃动现象;

(2)试针不得弯曲;

(3)校验周期:半年。

6.1.5　水泥试模校验方法

水泥试模及下料漏斗是成型水泥强度试块的专用设备。

1. 技术要求

试模与可装卸的三联模由隔板、端板、底座组成,隔板和端板应有编号,组装后内壁各接触面应互相垂直。试模尺寸为:

长度:(160±1)mm;

宽度:(40±0.2)mm;

高度:(40±0.2)mm。

下料漏斗由漏斗和模套组成,漏斗用0.5mm的铁皮制做,下料口宽度一般为4～5mm,模套高度为25mm。试模和下料漏斗总质量为(8.5±0.4)kg;

模壁内应无残损、砂眼、生锈等缺陷。

2. 校验项目及校验方法

(1)用肉眼检查模内应无残损、砂眼、生锈等缺陷。隔板和端板应对号组装,隔板与底板接触应无间隙;

(2)每条模的长、宽、高用游标卡尺测量,每条测两个点;

(3)试模和下料漏斗用电子秤称重,用游标卡尺检测下料口宽度;

(4)校验结果试模尺寸符合技术要求即为合格;

(5)校验周期:半年。

6.1.6　砂浆稠度仪校验方法

砂浆稠度仪用来测定砂浆的流动性(流动性又称为稠度)。砂浆的稠度是用一定几何形状和重量的标准圆锥体以其自身的重量自由地沉入砂浆混合物中,用沉入量的厘米数来表示。

1. 技术要求

(1)锥体几何参数:

圆锥角:30°;

高度:145mm;

锥底直径:75mm;

锥体与滑杆合重:(300±2)g。

(2)盛砂浆的容器(圆锥筒)为截头圆锥形,其高为180mm、锥底内径为150mm。

2. 校验项目及校验方法

(1)用游标卡尺校验标准圆锥体的外锥高度和直径;

(2)校验稠度仪滑杆的灵敏度,特别注意滑杆的垂直度和不出现滑丝的现象;

(3)校验合格后准许使用;

(4)校验周期:一月一次。

6.1.7　温度计校验方法

1. 在同一方位并行排放标准温度计和被检温度计;

2. 检查门窗是否关闭完好，需要时打开空调，调整至合适温度，并计时。30min 后，记录标准温度计和被检温度计显示温度；

3. 校验结果评定：当被测温度计与标准温度计结果相差小于或等于 1℃时，认为合格；

4. 校验周期：三个月，特殊需要时，应及时校验。

6.1.8　水泥、粉煤灰标准筛校验方法

（1）筛框直径 125mm；高度 80mm；筛座直径 137mm；

（2）目测检查：筛布应绷紧，不允许有孔纹歪斜、皱褶、堵塞或断丝等缺陷；

（3）校验合格后准许使用，否则应予以调修或更换；

（4）校验周期：三个月。

6.1.9　滴定管、容量瓶、移液管、量筒校检方法

外观完整，无破损；充分洗涤干净、干燥并编号。滴定管必须分别按酸、碱滴定管的要求备好。容许误差如表 6-1 所示：

表 6-1　容许误差

容积/mL	容许误差/mL							
	滴定管		移液管		容量瓶		量筒	
	1级	2级	1级	2级	1级	2级	1级	2级
2			±0.006	±0.015				
5	±0.01	±0.03	±0.01	±0.03			±0.01	±0.03
10	±0.02	±0.04	±0.02	±0.04			±0.02	±0.04
25	±0.03	±0.06	±0.04	±0.10			±0.03	±0.06
50	±0.05	±0.10	±0.05	±0.12	±0.05	±0.10	±0.05	±0.10
100			±0.08	±0.16	±0.10	±0.20	±0.10	±0.20
250					±0.10	±0.20	±0.10	±0.20
500					±0.15	±0.30	±0.15	±0.30
1000					±0.30	±0.60	±0.30	±0.60
2000							±0.60	±1.20

1. 滴定管的校验方法

（1）加入与室温相同的蒸馏水，并记录水的温度；

（2）按被校滴定管的容积分成五等份，每次放出一份至已称至恒量的具塞三角瓶中称量，重复放出蒸馏水、称量直至完毕；

（3）根据水温查表，计算实际容积、校准值、总校准值。

2. 容量瓶的校验方法

（1）按容量瓶的容量称量，其称量精度如表 6-2 所示：

表 6-2　容量瓶称量精度

容积/mL	50	100	250	500	1000
称准值/g	0.015	0.015	0.01	0.02	0.05

（2）以蒸馏水充满容量瓶，准确至标线，同时记录水温，切不可将水弄到容量瓶的外壁；

（3）将充满水的容量瓶放置约 10min，检查容量瓶中的水是否准确至标线。若高于标线，应用干净的吸管将多余的水吸出；

（4）在同一天平上称量后，记录、计算容量瓶实际容积。

3. 移液管的校验方法

校验方法同滴定管，只是无须将移液管容积等分成五等份，一次称量即可。

4. 量筒的校验方法

其校验方法同容量瓶。

5. 校验结果处理

（1）经校验符合技术要求者准予使用，不合格者报废。

（2）校验周期：半年一次。

6.2 仪器设备操作规程及注意事项

6.2.1 砂浆渗透仪

1. 操作规程

（1）旋下压力容器上的注水嘴螺栓，在工作台面上同时打开 7 只阀门，将洁净的清水注入压力容器内，观察 0 号控制阀放水管出水流畅，然后关闭 0 号控制阀，直至注满溢出为止，再将螺栓装上拧紧；

（2）向进水箱注满清水；

（3）将水泵上二异柱螺母拆下，拔出上挡板及水泵柱塞，向泵内注满清水，再按原方向装上即能开机正常工作；

（4）调节电接点压力表至 1.5MPa 位置上；

（5）通电，启动电源开关，使水泵能正常运行（应无冲击现象），观察 6 个试模座出水是否正常，直至无气泡为止；

（6）逐个关闭控制阀，观察压力表压力是否上升，排除一切泄漏故障，使压力能稳定在所调节的范围内；

（7）按标准试验方法，将试模逐个安装就位，初步不可拧紧，打开各个试模控制阀门，观察各个试模座泄出水为止，拧紧螺母，调整好欲按要求试验压力的电接点压力表，即可正常工作。

2. 注意事项

（1）齿轮箱内应注入一定量的机油，使齿轮浸入机油内 1.5cm 为宜，在正常使用情况下每年更换一次；

（2）水泵的活塞及两个导柱，每天工作前加机油润滑一次，以延长水泵的使用寿命；

（3）每次试验完毕后，应将压力容器，管道阀内的水通过排污阀排出；

（4）试模及试模座擦净，并涂防锈油脂保护。

6.2.2 砂浆搅拌机

1. 操作规程

（1）起动前应首先检查旋转部分与料筒是否有刮碰现象，如有刮碰现象，应及时调整；

（2）减速箱应注入机油后方能使用，卸料涡轮处及滑动轴承处注入机油（40♯机械）；

（3）启动前将筒体限位装置锁紧，然后再启动；

（4）启动后发现运转方向不符合要求时，应切断电源，将导线的任意两根相线互换位置再重新启动；

（5）根据搅拌时间调整时间继电器的定时，注意在断电情况下调整；

（6）按动启动按钮，主轴便带动搅拌铲运转，达到调定时间后自动停车；

（7）搅拌时如因砂浆拌合料的阻力作用过大而使电机停转，可用点动，使电机反转，以减小其阻力，再按启动即可；

（8）出料时先停机，然后将筒体位置手柄松开，再旋转手轮，由涡轮付带动料筒旋转到便于出料的位置，停止转动，然后启动机器使主轴运转方向方可排出物料，直至将料排净停止主轴运转旋转手轮使料筒复位。清洗料筒，将水倒入料筒内使主轴运转将料筒和铲片冲洗干净。

2. 注意事项

（1）根据使用情况对轴承部件要定期进行润滑。采用钙基润滑脂，减速箱采用40♯机油；

（2）经常检查机器的密封情况，发现有漏浆处应及时检查密封垫的质量；

（3）要经常检查机器紧固情况，如有松动应及时拧紧；

（4）经常检查电器控制系统是否接触良好和干燥；

（5）搅拌机经长期使用后，搅拌铲片与筒要被磨损，要注意检查及调整铲片与筒壁的间隙；

（6）在搅拌过程中，切勿将手和棒状物从装料口插入料筒内，以免发生凶险。

6.2.3　砂浆稠度仪

1. 操作规程

应先采用少量润滑油轻擦滑杆，再将滑杆上多余的油用吸油纸擦净，使滑杆能自由滑动：

（1）先采用湿布擦净盛浆容器和试锥表面，再将砂浆拌合物一次装入容器；砂浆表面低于容器口约10mm，用捣棒自容器中心向边缘均匀地插捣25次，然后轻轻地将容器摇动或敲击5～6下，使砂浆表面平整，随后将容器置于稠度测定仪的底座上；

（2）拧开制动螺丝，向下移动滑杆，当试锥尖端与砂浆表面刚接触时，应拧紧制动螺丝，使齿条测杆下端刚接触滑杆上端，并将指针对准零点上；

（3）拧开制动螺丝，同时计时间，10s时立即拧紧螺丝，将齿条测杆下端接触滑杆上端，从刻度盘上读出下沉深度（精确至1mm），即为砂浆的稠度值；

（4）盛装容器内的砂浆，只允许测定一次稠度，重复测定时，应重新取样测定。

2. 注意事项

每次试验完毕后，应将仪器擦洗干净，并涂防锈油脂保护。

6.2.4　砂浆振动台

1. 操作规程

（1）将试模对称地放置在振动台上；

（2）接通电源，启动振动台；

（3）振动完毕后，关闭电源，取下试模；

（4）清洁振动台。

2. 注意事项

（1）振动台使用380V电源，振动电机应有良好的可靠地线；

（2）振动台在作业过程中如发现噪声不正常，应立即停止运行，切断电源，全面检查紧固零件是否松动。必要时检查振动电机内偏心块是否松动或零件损坏。拧紧松动零件，调换损坏零件，但不允许偏心块变动；

（3）每振完一组试件均要清洁震动台，防止砂浆等杂质影响震动台与试模的吸合。

6.2.5　砂浆贯入阻力仪

1. 操作规程

（1）将制备好的砂浆拌合物装入盛浆容器内，砂浆应低于容器上口 10mm，轻轻敲击容器，并予以抹平，盖上盖子，放在（20±2）℃的试验条件下保存；

（2）砂浆表面的泌水不得清除，将容器放到压力表座上，然后通过下列步骤来调节测定仪：

① 调节螺母，使贯入试针与砂浆表面接触；

② 拧开调节螺母，已确定压入砂浆内部的深度为 25mm 后再拧紧螺母；

③ 旋动调节螺母，使压力表指针调到零位；

④ 测定贯入阻力值，用截面为 30mm² 的贯入试针与砂浆表面接触，在 10s 内缓慢而均匀地垂直压入砂浆内部 25mm 深，每次贯入时记录仪表读数 N_p，贯入杆离开容器边缘或已贯入部位应至少 12mm；

⑤ 在（20±2）℃的试验条件下，实际贯入阻力值应在成型后 2h 开始测定，并应每隔 30min 测定一次，当贯入阻力值达到 0.3MPa 时，应改为每 15min 测定一次，直至贯入阻力值达到 0.7MPa 为止。

2. 注意事项

（1）每测定一个应及时将测针擦干净，再进行下一个测试；

（2）贯入时不要用力过大，以免损坏阻力仪。

6.2.6　水泥胶砂振实台

1. 操作规程

（1）取下模套，将空试模和模套固定在振实台上，用一个适当勺子直接从搅拌锅里将胶砂分二层装入试模，装第一层时，每个槽里约放入 300g 胶砂，用大播料器，垂直架在模套顶部沿每个模槽来回一次将料层播平，接着振实 60 次。再装入第二层胶砂，用小播料器播平，再振实 60 次。

注意：接电源前带锁开关 SW 处于闭关状态（即按钮弹出位置）。按下开关并锁住，电机运转，电子计数器从零计数，当到 60 次时停转。再次操作，可按放两次 SW，即能重复执行。

（2）移走模套，从振实台上取下试模，用一金属直尺以近似 90°的角度架在试模模顶的一端，然后沿试模长度方向以横向锯割动作慢慢向另一端移动，一次将超过试模部分的胶砂刮去，并用同一直尺以近乎水平的情况下将试体表面抹平。

（3）接近终凝时，在试模上作标记或加字条示明试件编号。

（4）使用后切断电源，将振实台擦试干净，保持外观清洁无尘，并将定位套放于原位，以免台面受力而影响中心位置。

2. 注意事项

（1）安装后应加注润滑油开机空转，检查各运动部件是否运动自如，电控部分是否正常，一切正常后方可使用。

（2）用秒表检查振动 60 次所需的时间，应在（60±1）s 范围内。

（3）电路由于不用电源变压器，出路部分都与电源电压有关，外壳必须保证安全接地。

（4）有油杯的地方加注润滑油，凸轮表面涂薄机油以减少磨损。

（5）工作时，卡具一定要锁紧，以免发生意外。

（6）控制器开有散热孔，要注意防潮。

6.2.7　水泥净浆搅拌机

1. 操作规程

搅拌锅和搅拌叶片先用湿棉布擦过，将拌合用水倒入搅拌锅内，然后在 $5\sim10s$ 内小心将称好的水泥加入水中，并将搅拌锅装入支座定位孔中，顺时针转动至锁紧，再搬动手柄，使搅拌锅向上移动处于搅拌工作定位位置，接通电源。

2. 操作分手动与自动两种：

（1）自动：把三位开关置于"停止"，再将程控开关拨至"程控"，按控制器上启动按钮，搅拌机自动操作，即完成慢搅 $120s$，停 $10s$ 后报警 $5s$ 共停 $15s$、快搅 $120s$ 的动作，然后自动停止。若有异常现象，可按控制器上停止键；

（2）手动：将程控键拨至手动位置，再根据需要，将三位开关拨至低速、停止、快速位置，搅拌机即分别完成各个动作，人工计时；

（3）搬动手柄使滑板带动搅拌锅沿立柱的导轨向下移动，卸下搅拌锅；

（4）每次试验后或更换水泥品种时，应将叶片、锅壁的净浆擦洗干净；

（5）试验完毕，关闭电源，清扫飞溅在机器台面上的杂物并揩干。

3. 注意事项

（1）搅拌叶片与搅拌锅之间的工作空隙保持在 $1.5mm$ 左右，否则要进行调整；

（2）应保持工作场地清洁，每次使用后应彻底清除搅拌叶片与搅拌锅内外残余净浆，清扫散落和飞溅在机器上的灰浆及脏物，揩干后套上护罩，防止落入灰尘。

6.2.8　电动抗折试验机

1. 操作规程

（1）使用前先将游码移至"0"刻度处，检查杠杆是否处于水平，若不水平，则应调整平衡锤至水平；

（2）接通电源，打开机器开关，检查有无漏电现象；

（3）左旋夹具手轮使夹头上升，将试件放入抗折夹具内摆正；

（4）右旋夹具手轮使夹头下降，将试件夹紧，并使标尺杠杆离开水平位置向上扬起一定的角度，角度大小视试件龄期及预计破坏强度的高低，由操作经验判定；

（5）按启动按钮，抗折机开始工作，直至试体破坏；

（6）取下抗折试件，记录破坏荷载，把游码移回"0"位；

（7）试验完后，必须切断电源，清除机器上碎屑，打扫工作场所。

2. 注意事项

（1）在加压过程中，禁止离试件太近，以免试件碎裂伤人；

（2）经常保持设备仪器的清洁，无电镀或喷漆的部位应经常加机油擦净，防止灰尘进入刀口等活动部位，影响其灵敏度；

（3）电动抗折机试验机经常不用时，应用防尘罩罩住。

6.2.9　负压筛析仪

1. 操作规程

（1）将试验筛置于筛析仪上，检查密封性能；

（2）将样品按要求称量，倒入试验筛内，盖上筛盖；

（3）插头插入电源座（注意：电源座必须接地线）；

（4）按所需要筛分时间开启开关，筛析仪开始工作；

（5）旋动调压旋钮，将负压调节至所需范围（－4000～－6000Pa）；

（6）自动停机后，将筛余物称量，就可以得出筛分测试结果；

（7）关闭电源。

2. 注意事项

（1）筛析仪每次使用后，整个设备应保持清洁、干燥；

（2）试验筛每次使用后，应用刷子从筛网正反两面轻轻清刷。及时清除积灰，并将筛网保存在干燥的容器或塑料袋内；

（3）筛网堵塞现象严重时，可先将筛网在水中浸一段时间进行刷洗；

（4）若发现收尘瓶中的细粉快满时，应将收尘瓶从旋风筒上拨下来（顺时针方向）倒掉后再装上，应注意定期将吸尘器取出（逆时针方向转过一个角度，使其与底座脱开）清灰，以保持收尘袋清洁，负压值达国标要求；

（5）仪器连续使用时间过长时需停机散热，以延长吸尘器寿命。

6.2.10　沸煮箱

1. 操作规程

（1）接通电源，按电源开关，指示灯亮；

（2）将水封槽注满水，箱内加水至180mm处，将经过养护的试饼或雷氏夹由玻璃板上取下放在箅板上；

（3）接通电气控制箱电源，启动"自动"开关，沸煮箱内的水于30min左右后沸腾，一组3kW电热器自动停止工作，指示灯灭。再煮3h沸煮箱内另一组1kW电热器自动停止工作，指示灯灭。此时数字显示为210min，电气控制箱内蜂鸣器发出声响，表示工作结束，将水由热水嘴放出，打开箱盖，待箱体冷却至室温，取出试件进行检测；

（4）清除箱内脏物，洗干净，待余留水分自然蒸发后，再盖上箱盖，并经常保持内外清洁无尘；

（5）如沸煮箱内充水温度低于20℃时，可先将电气控制箱上手动/自动切换开关放在手动位置，升温/恒温开关放在升温位置。将水升温至20℃左右，将手动/自动开关切换到自动位置即可自动运行。

2. 注意事项

（1）仪器开始工作时，请勿打开箱盖，以防烫伤；

（2）工作前应检查控制器和沸煮箱是否漏电；

（3）箱内水未加到指定水位时，严禁仪器工作，以防电热管干烧，损坏电热管及发生其他事故；

（4）沸煮箱内必须用洁净淡水，设备久用后，箱内可能累积水垢，需定期清洗。

6.2.11　鼓风电热恒温干燥箱

1. 操作规程

（1）接上电源，开启电源开关，当所需温度高于150℃时可开高温档，否则不必开高温，再将数显调节仪的温度控制值调至所需的温度值，同时打开鼓风机开关，绿灯亮，加热器开始工作；

（2）箱内达到设定温度时，绿灯转至红灯，此后温控仪不断翻转工作，红绿灯交替明灭，即为恒温状态。将试样放入箱内试品搁板上（切勿放置于散热板上），关上箱门；

（3）恒温时可关闭一组加热开关，只留一组电热器工作，以免功率过大，影响箱体灵敏度；

（4）烘干结束后，切断电源，待试样冷却至室温后取出试验；

（5）使用完毕须关闭电源，把箱内打扫干净，关好箱门。

2. 注意事项

（1）开关应单独使用，箱体外壳必须有效接地；

（2）取放试样时，勿撞击工作室内的传感器，以防损及传感器的测温头，导致控制失灵；

（3）试品搁板的平均负荷为 $15kg/m^2$，放置试品时切勿过密与超载，同时散热板上不能放置试品或其他东西影响空气对流；

（4）箱内不得烘塑料、橡胶等易燃、易爆、易挥发、有腐蚀性的物品，严禁烘烤个人食物；

（5）当温度升到 300℃ 左右时，禁止立即打开箱门；

（6）必须定期检查电路及控温系统，使烘箱经常处于正常状态；

（7）切勿损坏漆层，以免收起箱体之腐蚀。

6.2.12　震击式两用摆筛选机

1. 操作规程

（1）将试验筛按孔径由大到小的顺序上下叠放，加上底盘，然后将待筛分物料倒入最上面的筛中；

（2）将紧固筛夹上的手柄反时针方向旋转并上提到顶，同时顺时针方向旋紧，然后把筛组放在机上，再将固筛夹连同筛盖上滑到筛组上，将筛固定在机上；

（3）接通电源，将定时器旋钮调到筛分所需时间的刻线上，即开始工作到所规定时间自行停止；

（4）停机后，反时针旋转固筛夹上的手柄提到顶，同时顺时针方向旋紧，取下筛组。可自动或手动停止工；

（5）筛分完毕后切断电源，进行试验。

2. 注意事项

（1）筛盖一定要扭紧，防止样品或粉末飞溅出来；

（2）筛组装放按规格顺序与数量保管好，严禁敲击、触水；

（3）定期观察并保证示油针刻线液面（油箱内所装油为 20♯ 机械油）；

（4）机器长时间不用时必须擦干净，并加盖防尘罩；

（5）为防止漏电，接电线时必须接入地线，安全可靠；

（6）必须注意防潮、防腐蚀，使用两年左右需清洗加油一次。

6.2.13　电子天平

1. 操作规程

（1）开机。接通电源，按［开/关］键开机，液晶约以 0.4s 的速率依次显示 0～9 及全部称量点亮；然后，显示"0"，蜂鸣器"嘟"一声，开机完成，接下来应通电预热 15min；

（2）置零操作。在正常状态下，按［置零/去皮］键，天平显示零；

（3）去皮操作。称容器重后，按［置零/去皮］键，天平显示零；

（4）称重操作。将被称物品置于容器内，显示物品的重量；

（5）关机。按［开/关］键关机，拨出电源。

2. 注意事项

（1）秤体应安置在平整台面上使用，防止碰摔、超载行为；

（2）不宜在阳光直射、高温潮湿、高粉尘或高振动环境下使用；

（3）交流电源（220±20）V，（50±5）Hz，直流电源按机内标定为准，一般为 12V；

（4）注意电子秤使用中的定期校验，或自备砝码自检；

（5）经常保持秤体清洁。

6.2.14 折抗压试验机

1. 操作规程

（1）接通电源；

（2）关闭送油阀打开回油阀，按电机启动按钮，使测力仪及油泵预热 10min 以上；

（3）选择设定组号及所定试体型号；

（4）均匀加油使活塞匀速上升，当油塞的下压板接触试测件上压面时，关小送油阀，减少冲击，当力值显示 5kN 后，表明两受压面已全部接触，按试体相应的强度等级，保证加荷速度，直到试体被破坏，即加荷速度出现负值时，打开回油阀，关闭送油阀，此时仪表自动记录峰值，压完一组后，仪度表将自动打印结果；

（5）试体压完后，等最后一组试体的结果打印完毕后，关闭控制仪电源清理杂物，清扫破损的粉末。

2. 注意事项

（1）注意防水防尘，控制温湿度，尽量避免高温开机或长时间工作；

（2）发现异常，关掉电源；

（3）每 2～3 年更换油箱中的液压油，清理油箱中的杂物。

6.2.15 水泥快速养护箱

1. 操作规程

（1）将箱体安放平稳，连接好与控制器的插件，按要求接好地线，以确保安全使用；

（2）先把水放入水箱、水槽，水位不得低于电热管 40mm，并检查是否漏水，放水嘴是否关闭，以免漏水后加热元件脱水烧坏；

（3）打开箱盖，将试件平行安放在工作架子上，间隔不小于 50mm；

（4）接通电源，拨扭开关于开处，这时温控指示灯亮，开始工作；

（5）用户可以根据自己所需调节温度和时间（水泥养护时，温度设为 55℃，时间设为 19.5h），控制器自动控制箱内温度，当低于或高于设定值时即加热或停止，自动保持恒温状态；

（6）达到养护时间后，控制器将自动终止养护箱工作；

（7）关闭电源，取出试件进行强度测试；

（8）使用一段时间后，箱内应冲洗一次，以保持工作室干净。

2. 注意事项

（1）箱体应置于通风、干燥、无腐蚀介质的环境中；

（2）箱内须采用洁净淡水，水位不宜过高或过低，过高则 1.5h 内达不到 55℃，过低则易加热脱水烧坏；

（3）用久后加热元件表面会产生水垢，应经常清理干净，以免影响加热效果。如不常用，须将水排净擦干。

6.2.16　养护室温湿度自动控制仪

1. 操作规程

（1）打开加湿器水阀，将测温干湿盒内塑料盒装满水并把纱布泡入水中；

（2）检查设定值是否是（20±2）℃，湿度大于90%。若有误差时，按住 SET 键 3s，温度设定处的数字即会闪烁，此时就可以对温度进行设定。按▲键闪烁处的数字可以从 1～9 变换，按要求设定值；

（3）修改好设定值后按 SET 键一次，即保存修改温度及温度设定值，控制仪即可按设定值工作。

2. 注意事项

（1）加湿器内严禁缺水，以免将加湿器烧坏，进水阀不应关闭也不要开的过大；

（2）如果加热装置不升温时，每次工作超过半小时说明该养护室保温不良或容积太大，需要配加热器；

（3）控制仪应置于通风、干燥平整、无腐蚀性介质的环境中使用。

6.2.17　砂浆含气量测定仪

1. 操作规程

（1）用湿布擦净量钵与上筒内表面，并使量钵呈水平放置；

（2）将新拌砂浆均匀地装入量钵内，使砂浆高出量钵少许。装料时可用捣棒稍加插捣，装好后，可用振动台［振动台频率 50Hz，空载时振幅（0.5±0.1）mm］振实，在振动过程中如砂浆沉落到低于内口，则应随时添加砂浆，振动至砂浆表面平整、呈现釉光时，即停止振动；

（3）不用振动台而换用捣棒捣实时，将砂浆分三层装入，每层捣实后约为量钵高度的 1/3，插捣底层时捣棒应贯穿整个深度。插捣上层时，捣棒应插入下层 10～20mm。每层捣实后，可把捣棒垫在钵底部，将量钵左右交替地颠击地面 15 次；

（4）捣实完毕后，应立即用刮尺刮去表面多余的砂浆，表面如有凹陷应予填补，然后用镘刀抹平，并使其表面光滑无气泡；

（5）拉出校正管，擦净钵体和钵盖边缘，将密封圈放于钵体边缘的凹槽内盖上钵盖，用夹子夹紧，使之气密良好；

（6）打开进水旋塞和排气阀，用吸水球从进水旋塞处往量钵中注水，直至水从排气阀出口流出，再关紧进水旋塞和排气阀；

（7）关好所有阀门，用手泵打气加压，使表压稍大于 0.1MPa，用指尖轻弹表面，然后微调准确地将表压调到 0.1MPa；

（8）按下调整气阀 2～3 次，待表压指针稳定后，测得压力表读数，并根据仪器标定的含气量与压力表读数关系曲线得到所测砂浆样品的仪器测定含气量 A_1 值。

（9）清洗量钵，并擦干净放置干燥处存放。

2. 注意事项

当所测试样两次测量值相差 0.2% 以上时，应重作该试验。

6.2.18　水泥胶砂流动度测定仪

1. 操作规程

（1）接通电源，将制备好的胶砂拌和几次，同时用湿布抹擦测定仪玻璃面板、截锤圆模、模套内壁和圆柱捣棒，将它们置于玻璃中心并盖上湿布；

（2）将拌好的水泥胶砂迅速地分两层装入模内，第一层装在试模高的 2/3 处，用小刀在相互垂直两个方向各划 5 次；再用捣棒自边缘到中心均匀捣压 15 次，接着装第二层，并高出圆模约 2cm；同样用小刀在相互垂直两个方向各划 5 次，再用捣棒自边缘至中心捣压 10 次；

（3）在捣实过程中用手将截锤圆模扶持不使移动，捣压完毕用小刀将高出圆模的胶砂刮去并抹平，抹平后轻轻提起圆模，按动绿色按钮，测定仪可自动振 25 次后停止；

（4）跳动完毕后用 300mm 的卡尺或直接在刻度板上的精密刻线测量水泥胶砂底部的扩散直径，取垂直两直径的平均值为该水泥胶砂流动度，用 mm 表示。

2. 注意事项

（1）使用前后用柔软织物，保持玻璃面板之光滑透明；

（2）定期更换润滑油，保持机的清洁和润滑；

（3）长期停用应涂油防锈，封存保管。

6.2.19 雷氏夹测定仪

1. 操作规程

（1）将测定仪上的弦线固定于雷氏夹一指针根部，另一指针根部挂上 300g 砝码，在左侧标尺上读数。两根指针的针尖距离增加应在 (17.5±2.5)mm 范围以内；

（2）将已备好的标准稠度水泥净浆填入雷氏夹环模中，用小刀抹平放入温度 (20±1)℃、湿度不小于 90％ 的养护室中养护 (24±2)h 后。放入沸煮箱沸煮一定时间；

（3）将已沸煮好的带试件的雷氏夹放入垫块上，指针朝上，放平后在上端标尺读数。然后根据 GB 1346—2011《水泥标准稠度用水量、凝结时间、安定性校验方法》计算值。

2. 注意事项

（1）定期检查左臂架与支架杆的垂直和各紧固件是否松动；

（2）垫块上不得有锈斑、污垢等物；

（3）用完后将标尺涂油防锈并妥善保管，避免生锈和碰伤。

6.2.20 马沸炉

1. 操作规程

（1）将电炉平放在工作台上，把测温热电偶放入电炉预留孔内，用石棉填塞好缝隙；

（2）检查热电偶的连接是否相反，待一切就绪，将试件放入炉内，接通电源，仪表绿灯亮，电炉开始工作；

（3）为了维护电炉的使用寿命，温度不得超过极限温度，禁止向炉膛内灌注各种液体，并经常清理炉膛内的氧化物；

（4）1300℃的电阻发热元件硅碳棒使用一个时期后会慢慢老化，当电压升至最高时也达不到额定功率时，应及时更换相应大小电阻值的硅碳棒。

2. 注意事项

（1）须远离怕热易燃的东西；

（2）为了安全，电炉炉体和控制器的外壳必须可靠接地；

（3）电炉在第一次使用时必须进行烘炉干燥，烘炉时间为室温至 200℃ 烘 4h，200～600℃ 烘 4h。

6.2.21　水泥恒温恒湿标准养护箱

1. 操作规程

（1）养护箱应安放在通风干燥处，环境温度 2～38℃，相对湿度不大于 85%，周围无强烈震动及强电磁场影响的室内；使用前必须检查箱门开关是否灵活、密封，电器、制冷等部件是否完好无损。

（2）将箱内水箱加水至末层搁架以下、电热管以上 4cm处，打开侧门，将加湿器水箱注满蒸馏水，并把湿球温度计的塑料盒注满水，将纱布泡入水中。

（3）将电源插头插入良好接地的 220V 电源插座中，启动电源开关，养护箱自动进入工作状态。

（4）制冷机是否正常工作，可人为给干球温度传感器头部加温至高于设定温度 10～15℃，加大干湿球温度差，如制冷机和加湿器工作，表示正常。

2. 注意事项

（1）养护箱使用前必须检查电源是否接在电源稳压器上，以避免由于电压拨动造成制冷机和仪表损坏。

（2）必须经常检查并确保加湿器、水箱和干湿盒内不要断水，而且要每月更换湿球温度计的纱布。

（3）非有关人员不得擅自更改控制程序数据，以免仪器损坏。

6.2.22　游离氧化钙测定仪

1. 操作规程

（1）使用时需将仪器放平；

（2）放置锥形瓶前，先用手向上推活动杆，再放置锥形瓶于炉盘上，然后手慢慢往下移，冷凝管应与锥形瓶相接；

（3）水桶内的水应达到 3/4 处，约 1500mL（水桶置于仪器内，给水桶加水，先用改锥拧开螺丝，打开仪器上半部后盖，给水桶加水，然后装好后盖）；

（4）接通电源后，如果要先预热、搅拌、冷却，可以直接按［加热］键、［搅拌］键、［冷却］键，如要转到自动，要先设定好运行时间，然后按［启动/停止］键。

2. 注意事项

（1）仪器使用时应有良好的接地装置；

（2）仪器不可长时间空载加热；

（3）仪器长时间不用时应拔掉电源插头；

（4）电机不可转速过高。

6.2.23　不锈钢电热蒸馏水器

1. 操作规程

（1）先将放水阀关闭；

（2）开启水源阀，使自来水从进水控制阀进入冷却器再从回水管流入漏斗，后注入蒸发锅。直至水位上升到玻璃水位窗中心处，待水位放水管流出且其水位停止上升时，可暂时将水源阀关闭；

（3）接通电源，等到锅内的水已沸腾，再开启水源阀。但应注意水流不宜过大过小，应从小到大逐渐开启水源阀门，调整到蒸馏水出水量最大、加水杯有小量溢出为宜。蒸馏水的温度为 40℃

左右；

（4）蒸馏水出水皮管不宜过长，并切勿插入蒸馏水容器中，皮管使用前应洗刷洁净并用蒸馏水重洗，且应保持畅通以防止室塞蒸气而造成漏水溢水；

（5）冷凝器外壁有烫手感，为正常；否则将无蒸馏水流出。

2. 注意事项

（1）每天使用前应洗刷内部一次，且将存水排尽，更换新鲜水以免产生的水垢降低水质，影响使用效果；

（2）桶壁、电热管表面、冷凝器外壳的内壁、回水管等地方的水垢宜经常加以清洗，洗刷时切勿用力过猛，以免损坏零件；

（3）蒸馏水器的发热元件必须浸没在水中使用；

（4）蒸馏水器必须有专人负责操作，调换新操作人员时必须详细交代清楚；

（5）电器部分应定期检查，并有可靠接地；

（6）如须维修而更换电热管时，接头处垫圈必须垫衬完好，保证不漏水；

（7）新购蒸馏水器应先清洗，并经过 8h 以上的通电蒸发，使内部清洁。

6.2.24 砂浆试件标准养护箱

1. 操作规程

（1）箱体就位静止 24h 后，接好地线调节好水平，向水箱加清洁凉水，水位必须超过加热管，并向湿控仪传感器茧型塑料盒内加蒸馏水，将纱布一头放入盒内；

（2）打开侧门拿掉增湿器喷嘴，取下透明水箱，逆时针旋下水箱底盖，加满蒸馏水，旋紧盖后放回增湿器上，打开电源开关，将喷雾量旋钮调节到最大位置；

（3）检查湿控仪给定值，出厂时温度给定值已调好（上限 21℃、下限 19℃）；

（4）设定湿度控制值 70%（控制范围 60%～80%）；

（5）接通电源，打开电源开关，使仪器开始工作，待箱内温、湿度达到给定值后再放入试件。

2. 注意事项

（1）通电使用 5h 以上，箱体内的温度、湿度才能在控制仪表上显示正常；

（2）箱体应置于通风、干燥、平整、无腐蚀介质的环境中使用；

（3）箱体就位后，需静止 24h 方能通电开机，停电重新启动，必须间隔 3min 以上，以保证压缩机的正常使用年份；

（4）开机前必须检查放水孔是否关紧，以免漏水后电热管脱水烧坏。日常使用中注意保护水箱、增湿器水箱、湿控仪传感器，以免影响正常使用。

6.2.25 酸度计

1. 操作规程

仪器选择开关置"pH"，开启电源，仪器预热 10min。

2. pH 值的测量

（1）将电极用蒸馏水清洗后，用洁净的滤纸吸干水分，插入被测溶液，即可直接读取被测溶液的 pH 值；

（2）如测量时未知溶液的温度与校正时的温度不一致，则调节"温度"旋钮至显示未知溶液温度，即可读出该溶液的 pH 值。

3. 电极电位值 mV 的测量

（1）仪器选择开关置于"mV"档，拔出测量电极插头，换上短路插头，读数应显示"000mV"（允差 1 个数字），这时即可测量；

（2）换上各种适当的离子选择电极，用蒸馏水清洗，滤纸吸干后插入被测溶液，即可读出电极的电极电位值 mV，并自动显示其正负极性。

4. 注意事项

（1）仪器的输入端（电极插口）必须保持清洁，不使用时将电极取下，插上 Q9 短路插头以保护仪器；

（2）仪器采用 CMOS 集成电路，检修时应保证电路有良好的接地；

（3）复合电极使用后，应浸泡在 3.3mol 浓度的氯化钾溶液中（在 250mol 蒸馏水中加入分析纯氯化钾 61.6g）；

（4）电极端部沾污或经长期使用电极钝化，其现象为敏感梯度降低或读数不准，此时应更换电极或以适当溶液清洗，使之复新；

（5）用缓冲溶液校正仪器时，需细心操作，保证其可靠性；

（6）当使用玻璃电极和参比电极进行测量时，玻璃电极插在 Q9 插座上，参比电极接在旁边的黑色接线柱上。

6.2.26　水泥比表面积测定仪

1. 操作规程

测定水泥密度按 GB/T 208《水泥密度测定方法》测定水泥密度。

2. 漏气检查

将透气圆筒上口用橡皮塞塞紧，接到压力计上。用抽气装置从压力计一臂中抽出部分气体，然后关闭阀门，观察是否漏气。如发现漏气，可用活塞油脂加以密封。

3. 空隙率（ε）的确定

（1）P I、P II 型水泥的空隙率采用 0.500±0.005，其他水泥或粉料的空隙率选用 0.530±0.005。

（2）当按上述空隙率不能将试样压至试料层制备规定的位置时，则允许改变空隙率。

（3）空隙率的调整以 2000g 砝码（5 等砝码）将试样压实至试料层制备规定的位置为准。

4. 确定试样量

试样量按式（6-1）计算：

$$m = \rho v(1-\varepsilon) \tag{6-1}$$

式中　　m ——需要的试样量，g；

ρ ——试样密度，g/cm³；

v ——试料层体积，按 JC/T 956《勃氏透气仪》测定，cm³；

ε ——试料层空隙率。

5. 试料层制备

（1）将穿孔板放入透气圆筒的凸缘上，用捣棒把一片滤纸放到穿孔板上，边缘放平并压紧。称取按式（6-1）$m = \rho v(1-\varepsilon)$ 确定的试样量，精确到 0.001g，倒入圆筒。轻敲圆筒的边，使水泥层表面平坦。再放入一片滤纸，用捣器均匀捣实试料直至捣器的支持环与圆筒顶边接触，并旋转 1～2 圈，慢慢取出捣器。

（2）穿孔板上的滤纸为 φ12.7mm 边缘光滑的圆形滤纸片。每次测定需用新的滤纸片。

6. 透气试验

（1）把装有试料层的透气圆筒下锥面涂一薄层活塞油脂，然后把它插入压力计顶端锥型磨口处，旋转 1～2 圈。要保证紧密连接不致漏气，并不振动所制备的试料层。

（2）打开微型电磁泵，慢慢从压力计一臂中抽出空气，直到压力计内液面上升到扩大部下端时，半闭阀门。当压力计内液体的凹月面下降到第一条刻线时开始计时，当液体的凹月面下降到第二条刻线时停止计时，记录液面从第一条刻度线到第二条刻度线所需要的时间，以秒记录，并记录下试验时的温度（℃）。每次透气试验，应重新制备试料层。

7. 注意事项

（1）试验前进行漏气检查，发现漏气处理完毕后进行试验；

（2）当环境温度低于 8℃ 或高于 34℃ 时，仪器将报警，并且显示板闪烁 HL8 或 HH34；

（3）不要将仪器放在光线直射的地方；

（4）如果电磁泵抽气速度过快或过慢，可用螺丝刀调整仪器后背面圆孔内螺丝，顺时针调为减小，逆时针调为增大；

（5）仪器有较大搬动或更换水泥品种时，必须重新标定仪器；

（6）测定时玻璃管内的水位必须和标定时玻璃管内的水位一致；如不一致，则必须重新标定仪器。水位的变化将导致结果发现很大的误差，因此做完试验后，可用胶塞将玻璃管密封，防止水分蒸发，以保证本仪器的准确性；

（7）如果测试的结果重复性不好，请检查玻璃管是不是有裂痕或漏气，然后重新标定仪器。

6.2.27　氯离子分析仪

1. 操作规程

（1）开机。连接好电源线，打开电源开关。

（2）设定温度和时间。如需重新设定温度和时间，按下设置键，数码显示器第一位闪烁，用置数键置数，再依次用设置键移位，用置数键置数。

（3）加热与蒸馏。按加热键后，仪器自动开始工作。

（4）关机。当仪器工作时间达到设定时间后，仪器自动报警，各部位停止工作，提示工作完关闭电源。

2. 注意事项

（1）试验时先检查气路是连接好，不得有漏气现象。

（2）电源应可靠接地，按电源线接头。

（3）温度传感器放在炉内时，应轻拿轻放，以免损坏降低精度。

（4）温度设定已调好、计时器已调好后不要随意调整，如需要调节时，按操作规程调节。

6.2.28　砂浆收缩仪（比长仪）

1. 操作规程

（1）将标准杆左侧一端靠在定位立柱凹槽内，标准杆搁架下平面紧贴底座的基准面，然后将标准杆另一端慢慢推入仪器的中心部位。

（2）拧松紧定螺钉，将百分表慢慢插入所选用的可调立柱孔内，使百分表测头与标准杆右端接触，然后拧紧紧定螺钉，使百分表在仪器上定位。读记此时百分表的刻度。

（3）砂浆试件的安放方法与（1）相同。

（4）砂浆试件的制作、养护及收缩试验按 JGJ/T 70《建筑砂浆基本性能试验方法标准》等有关标准进行。

2．注意事项

（1）砂浆收缩膨胀仪应安放在平整的工作台上，其 4 个脚应受力均匀，切忌三点着力，以防仪器变形而影响精度。

（2）标准杆是仪器的基准长度单位，必须轻拿轻放，防止变形。

（3）百分表为精密部件，试件放置及取出时应轻稳仔细，切勿碰撞表架及表杆。

（4）每次使用完毕，应在非油漆件表面涂少许润滑油，在百分表活动零件表面涂仪表油。

（5）粉尘浓度高的环境中或较长时间停用时，应采取防尘措施。

6.2.29　饰面砖粘结强度检测

1．操作规程

（1）粘结力测试前在标准块上安装带有万向接头的拉力杆；

（2）安装专用穿心式千斤顶，使拉力杆通过穿心千斤顶中心与标准块垂直；

（3）调整千斤顶活塞，使活塞升出 2mm 左右，使数字显示调零，再拧紧拉力杆螺母；

（4）测试饰面砖粘结力时，匀速摇转手柄升压，直至饰面砖剥离，检测仪显示的峰值，即为粘结力值；

（5）测试后降压至千斤顶复位，取下拉力杆螺母及拉杆。

2．注意事项

（1）检测仪应处于无振动、无磁场干扰、无腐蚀介质的环境中；

（2）环境温度：－10～50℃范围内；

（3）环境湿度：不大于 80％RH；

（4）大气压力在 86～106kPa；

（5）手动油泵和施加力支架应安装在稳固的实体上。

6.2.30　微机控制电子万能试验机

1．操作规程

（1）开机：试验机→打印机→计算机；

（2）双击电脑桌面 图标，进入试验软件，选择好联机的用户名和密码，如图 6-1 所示；

（3）选择对应的传感器及引伸计后击 联机 ；

（4）根据试样情况准备好夹具，若夹具已安装到试验机上，则对夹具进行检查，并根据试样的长度及夹具的间距设置好限位装置；

（5）点击 试验部分 里的新试验，选择相应的试验方案，输入试样的原始用户参数如尺寸等，多根试样直接按回车键生成新记录，如图 6-2 所示；

图 6-1　进入试验软件界面

（6）夹好试样（有需使用引伸计或大变形时也应相应正确安装），在夹好试样一端后，力值清零（点击力 清零 窗口的按钮）再夹另一端；

序号	已运行	试样标识	试样标距(Lo) /mm	试样厚度(t) /mm	试样宽度(W) /mm	设定应力 /MPa
1			25	2	6	10
2			25	2	6	10
3			25	2	6	10
4			25	2	6	10

图 6-2 试样参数输入界面

（7）点击 ▶，开始自动试验。试验自动结束后，软件显示试验结果；

（8）如有下一根试样，则重复上述（5）～（6）步骤；

（9）试验完成后，点击 生成报告，打印试验报告；

（10）关闭试验窗口及软件；

（11）关机：试验软件→试验机→打印机→计算机。

2. 注意事项

每次开机后，最好要预热 10min，待系统稳定后，再进行试验工作。若刚刚关机，需要再开机，至少保证 1min 的时间间隔。

6.2.31 微电脑控制低温箱

1. 操作规程

（1）插电源开机后，压缩机自动延迟保护启动，微电脑控制器根据低温箱的温度值和设置的各项参数，自动控制压缩机工作以获得需要的温度，压缩机工作时，运营灯亮起；

（2）温度调节操作。按下左键或右键均可显示设置温度，显示的设置温度为数字闪烁；按下左键或右键，几秒钟后数字改变，到所设置值时松开按键即可，左键升高温度，右键减低温度。

2. 注意事项

（1）低温箱环境工作温度为 -10～40℃。设置温度下限为 -25℃，设置温度上限为 30℃，温度分辨率为 1℃，全温区误差为 2℃；

（2）电源电压为 220V，环境要求无粉尘，无腐蚀性气体。

6.2.32 磨耗仪

1. 操作规程

（1）校正仪器的水平位置，开关应在"关"的位置，然后插上电源；

（2）插上吸尘器插头，并将吸尘器的软管插入主机吸尘器接口上，并调节吸尘嘴的高度（松开主机背面的螺栓），使嘴口离样品表面 1～1.5mm，以免碰坏样板，再拧紧螺栓；

（3）将修整的砂轮装上，在加压臂前端装上所需的荷重砝码；

（4）旋出转盘上的螺母，取出垫圈，将样板装上，放入垫圈旋紧螺母。再将加压臂放下，在加压臂末端的销轴上加平衡砝码；

（5）用置数器置数，选择（欲）摩擦次数，转动调速钮，选择所需转数；

（6）打开电源开关，机器开始工作，按下吸尘开关，调节风量至可连续吸去因磨耗产生的尘埃。到达预定次数后，机器自动停止，取下试样观察；

（7）机器自动停止后，只需按置数器上的"清零"按钮，机器即可再次运转。

2. 注意事项

测试结束后，应切断电源，清理仪器，将防护罩罩好。

长期不用，应将橡胶砂轮取下放好。

1～2 年必须维修加油一次。

6.2.33　滚珠轴承式耐磨试验机

1. 操作规程

（1）插上进水管并与水源接通，插上出水管，本机的四芯插头接口接上三相 380V 交流电源，并可接地；

（2）将试件的受磨面朝上，放入试件夹具架内，试件夹具架内有移动板，可根据试件不同宽度进行调整，通过水平调盘，将受磨面调整水平位置后，转动压紧螺杆夹紧试件；

（3）将磨头放在受磨面上，转动升降手柄使机架和中空转轴下降并压在磨头上，磨头的滚珠应全部对准中空转轴下端滚道，谨防中空转轴碰磨头上方传感器；

（4）继续转动升降手柄，使机架继续下降至传感器的顶部与红刻线对齐，同时，百分表的测量杆应与顶板相接触，并应有＞5mm 的里程；

（5）转紧锁紧手柄板上防护罩，开启水源，待水中空转轴内不断流向试件的受磨面时，开始试验；

（6）按下控制器的"欲动"按钮，电机开始工作，当磨头转 30r 左右时，自动停止，记下百分表的读数，按下"复位"按钮，使数码显示复零。然后再按下"启动"按钮，本机即开始运转，当磨头转至 1000r 时，自动停止记下百分表的读数；再一次按下"启动"按钮，本机继续运转后，每转 1000r，磨头就会自动停止，同时记下百分表读数，但转满 5000r 时，本机自动停转并自锁。要使本机重新运转，必须按下"复位"按钮，方可使本机正常运转，本机运转过程中，如要暂停试验，可按下"停止"按钮，即停转数据自动保存，以保证试验数据的连续性、完整性和准确性；

（7）试验结束，关闭水源和电源，取出试件。

2. 注意事项

（1）磨头在运转过程中，百分表必须固定，百分表测量头和顶板脱离接触，当运转停止，测量头与顶板接触并读数；

（2）在试验中，百分表测得磨面面深度＞1.5mm，以防磨头的轴承架磨损毁坏，不准继续试验；

（3）本机采用传感器接受系统测量磨头转数，一旦发现磨头在运转而控制器的数码显示停止，应立即停机，检查传感器的位置是否处于传感器接收区域。

参考标准名录

GB 175—2007《通用硅酸盐水泥》

GB/T 9776—2008《建筑石膏》

GB/T 14684—2011《建设用砂》

GB/T 1596—2005《用于水泥和混凝土中的粉煤灰》

GB/T 18046—2008《用于水泥和混凝土中的粒化高炉矿渣粉》

GB/T 27690—2011《砂浆和混凝土用硅灰》

GB/T 15342—2012《滑石粉》

JGJ 63《混凝土用水标准》

JC/T 2380—2016《抹灰砂浆添加剂》

JG/T 164—2004《砌筑砂浆增塑剂》

JC/T 2190—2013《建筑干混砂用纤维素醚》

JC/T 2189—2013《建筑干混砂浆用可再分散乳胶粉》

GB 8076—2008《混凝土外加剂》

JC 474—2008《砂浆、混凝土防水剂》

GB/T 25176—2010《混凝土和砂浆用再生细骨料》

GB/T 25181—2010《预拌砂浆》

GB/T 20473—2006《建筑保温砂浆》

GB/T 29906—2013《模塑聚苯板薄抹灰外墙外保温系统材料》

JC/T 547—2005《陶瓷墙地砖胶粘剂》

JC/T 907—2002《混凝土界面处理剂》

JC/T 985—2005《地面用水泥基自流平砂浆》

JC/T 986—2005《水泥基灌浆材料》

JC/T 1024—2007《墙体饰面砂浆》

JC/T 2381—2016《修补砂浆》

GB/T 1346—2011《水泥标准稠度用水量、凝结时间、安定性检验方法》

GB/T 17671—1999《水泥胶砂强度检验方法（ISO法）》

GB/T 1345—2005《水泥细度检验方法　筛析法》

GB/T 8074—2008《水泥比表面积测定方法　勃氏法》

GB/T 208—2014《水泥密度测定方法》

GB/T 2419—2005《水泥胶砂流动度测定方法》

GB/T 176—2008《水泥化学分析方法》

JC/T 2190—2013《建筑干混砂浆用纤维素醚》

JC/T 517—2004《粉刷石膏》

JC/T 992—2006《墙体保温用膨胀聚苯乙烯板胶粘剂》

JC/T 209—2012《膨胀珍珠岩》

GB/T 7531—2008《有机化工产品灼烧残渣的测定》

JC 474—2008《砂浆、混凝土防水剂》

GB/T 2419—2005《水泥胶砂流动度测定方法》

GB/T 50082—2009《普通混凝土长期性能和耐久性能试验方法标准》

JGJ/T 70—2009《建筑砂浆基本性能试验方法标准》

GB/T 20473—2006《建筑保温砂浆》

JC/T 984—2011《聚合物水泥防水砂浆》

JG/T 298—2010《建筑室内用腻子》

JG/T 157—2009《建筑外墙用腻子》

JC/T 907—2002《混凝土界面处理剂》

JC/T 985—2005《地面用水泥基自流平砂浆》

JC/T 986—2005《水泥基灌浆材料》

GB/T 5486—2008《无机硬质绝热制品试验方法》

GB/T 16777—2008《建筑防水涂料试验方法》

GB/T 50082—2009《普通混凝土长期性能和耐久性能试验方法标准》

GB/T 9268—2008《乳胶漆耐冻融性的测定》

GB/T 1728—1979《漆膜、腻子膜干燥时间测定法》

JG/T 24—2000《合成树脂乳液砂壁状建筑涂料》

GB/T 1748—1979《腻子膜柔韧性测定法》

GB/T 9265—2009《建筑涂料　涂层耐碱性的测定》

GB/T 50080—2002《普通混凝土拌合物性能试验方法标准》

GB 50119—2013《混凝土外加剂应用技术规范》

GB/T 9780—2005《建筑涂料涂层耐沾污性试验方法》

GB/T 1865—2009《色漆和清漆　人工气候老化和人工辐射曝露滤过的氙弧辐射》

GB/T 1766—2008《色漆和清漆　涂层老化的评级方法》

JC/T 603—2004《水泥胶砂干缩试验方法》

JC/T 1011—2006《混凝土抗硫酸盐类侵蚀防腐剂》

JC/T 313—1982《膨胀水泥膨胀率试验方法》

JGJ/T 223—2010《预拌砂浆应用技术规程》

SB/T 11129—2015《干混砂浆筛分设备技术规范》

SB/T 11130—2015《干混砂浆生产设备构架安全技术规范》

SB/T 10723—2012《预拌砂浆生产及其装备制造企业等级评价规范》

DBJ 13-104—2015《预拌砂浆、混凝土及制品企业试验室管理规范》

DBJ/T 15-111—2016《预拌砂浆生产与应用技术管理规程》

SB/T 10742—2012《多回程干砂滚筒》

SB/T 11186—2011《建筑施工机械与设备　干混砂浆生产成套设备（线）》

附件 预拌砂浆国家及地方政策法规性文件(部分)

部分国家政策法规性文件

一、《中华人民共和国循环经济促进法》(中华人民共和国第四号主席令)

二、《中华人民共和国大气污染防治法》(中华人民共和国第三十二号主席令)

三、商务部、公安部、建设部、交通部、质检总局、环保总局《关于在部分城市限期禁止现场搅拌砂浆工作的通知》(商改发〔2007〕205号)

四、《散装水泥管理办法》(商务部、财务部、建设部、铁道部、交通部、国家质量监督检验检疫总局、国家环境保护总局令2004第5号)

五、《国务院关于印发中国应对气候变化国家方案的通知》(国发〔2007〕17号)

六、《商务部、住房和城乡建设部关于进一步做好城市禁止现场搅拌砂浆工作的通知》(商商贸发〔2009〕361号)

七、《国务院办公厅关于转发发展改革委住房城乡建设部绿色建筑行动方案的通知》(国办发〔2013〕1号)

八、工业和信息化部、住房和城乡建设部《关于印发〈促进绿色建材生产和应用行动方案〉的通知》(工信部联原〔2015〕309号)

九、住房和城乡建设部、工业和信息化部《关于印发〈绿色建材评价标识管理办法实施细则〉和〈绿色建材评价技术导则（试行）〉的通知》(建科〔2015〕162号)

十、《国务院办公厅关于促进建材工业稳增长调结构增效益的指导意见》(国办发〔2016〕34号)

部分地方政策法规性文件

一、《湖南省散装水泥条例》(湖南省第十届人民代表大会常务委员会公告第92号)

二、《江西省促进散装水泥和预拌混凝土发展条例》(2008年5月29日江西省人民代表大会常务委员会公告第4号)

三、《浙江省促进散装水泥发展和应用条例》(浙江省人民代表大会常务委员会公告第12号)

四、《福建省促进散装水泥发展条例》(2009年9月25日福建省第十一届人民代表大会常务委员会第十一次会议通过)

五、《江苏省散装水泥促进条例》(江苏省人大常委会公告第41号)

六、《黑龙江省促进散装水泥发展条例》(黑龙江省第十一届人民代表大会常务委员会公告第36号)

七、《安徽省促进散装水泥发展和应用条例》(安徽省人民代表大会常务委员会公告第3号)

八、《云南省散装水泥促进条例》(云南省第十二届人民代表大会常务委员会公告第8号)

九、《宁夏回族自治区散装水泥促进条例》(宁夏回族自治区人民代表大会常务委员会公告第5号)

十、《河北省促进散装水泥发展条例》(2013年11月28日河北省第十二届人民代表大会常务委员会第五次会议通过)

十一、《广西壮族自治区促进散装水泥发展和应用条例》(广西壮族自治区人大常委会公告十二届第32号)

十二、《陕西省人民政府关于修订〈陕西省散装水泥管理办法〉的决定》（陕西省人民政府令第53号）

十三、《新疆维吾尔自治区散装水泥管理办法》（2002年9月29日自治区人民政府第19次常务会议通过）

十四、《湖北省发展散装水泥管理办法》（湖北省人民政府令第237号）

十五、《内蒙古自治区促进散装水泥发展办法》（内蒙古自治区人民政府令第124号）

十六、《辽宁省发展散装水泥管理规定（2003修正）》（辽宁省人民政府令第158号）

十七、《重庆市散装水泥管理办法》（2004年9月14日市人民政府第39次常务会议审议通过）

十八、《河南省发展散装水泥管理规定》（河南省人民政府令第121号）

十九、《深圳市预拌混凝土和预拌砂浆管理规定》（深圳市人民政府令第212号）

二十、《山东省促进散装水泥发展规定》（省政府令第219号）

二十一、《哈尔滨市预拌砂浆管理办法》（哈尔滨市人民政府令第219号）

二十二、《吉林省促进散装水泥和预拌混凝土、预拌砂浆发展办法》（吉政令第214号）

二十三、《武汉市预拌混凝土和预拌砂浆管理办法》（武汉市人民政府令第217号）

二十四、《青海省促进散装水泥发展办法》（青海省人民政府令第93号）

二十五、北京市住房和城乡建设委员会《关于加快推进本市散装预拌砂浆应用工作的通知》（京建发〔2014〕15号）

二十六、《山西省散装水泥促进办法（2015年修正本）》根据2015年2月7日山西省人民政府令（第241号）《山西省人民政府关于废止和修改部分政府规章的决定》修正

二十七、天津市城乡建设和交通委员会《市建设交通委关于印发天津市禁止使用黏土砖、袋装水泥和禁止施工现场搅拌混凝土、砂浆管理办法的通知》（津建科〔2013〕447号）

二十八、河北省散装水泥办公室《关于印发〈河北省预拌砂浆生产企业备案管理办法〉的通知》（冀散办〔2014〕3号）

二十九、上海市《市建设交通委、市经委、市环保局、市公安局关于本市限期禁止工程施工使用现场搅拌砂浆的通知》（沪建交联〔2007〕886号）

三十、江苏省关于印发《江苏省预拌砂浆生产企业备案管理办法》的通知（苏经信节能〔2010〕1130号）

三十一、浙江省商务厅、住房和城乡建设厅印发《关于加快发展预拌砂浆的实施办法》的通知（浙商务联发〔2015〕55号）

三十二、《关于印发江西省预拌混凝土和预拌砂浆生产企业内部试验室管理办法的通知》（赣散预发〔2012〕26号）

三十三、山东省经济和信息化委员会关于印发《山东省预拌砂浆生产企业备案管理实施细则》通知（鲁经信消字〔2016〕117号）

三十四、湖南省经济和信息化委员会关于印发《湖南省预拌砂浆生产企业质量管理规程》的通知（湘经信原材料〔2015〕400号）

三十五、陕西省工业和信息化厅《关于加快促进我省散装水泥与预拌砂浆行业持续健康发展的指导意见》（陕工信发〔2012〕56号）

三十六、宁夏回族自治区人民政府办公厅关于印发《自治区预拌砂浆推广应用工作意见》的通知（宁政办发〔2013〕37号）

三十七、《成都市城乡建设委员会关于巩固"禁现"成果进一步做好禁止施工现场搅拌砂浆（混凝土）工作的通知》（成建委〔2013〕416号）

三十八、《南宁市人民政府关于推广使用预拌砂浆的实施意见》(南府规〔2016〕12号)

部分广东省和广州市政策法规性文件

一、《广东省促进散装水泥发展和应用规定》(广东省人民政府令第156号)

二、《关于在施工现场禁止搅拌砂浆的通知》(穗建质〔2010〕997号)

三、《关于进一步扩大建设工程使用散装水泥和预拌混凝土、砂浆范围的通告》(穗建〔2011〕1号)

四、广东省住房和城乡建设厅关于印发《广东省散装水泥发展和应用规划(2014～2020)》的通知(粤建散〔2014〕122号)

五、《广东省住房和城乡建设厅关于在我省城市城区开展限期禁止现场搅拌砂浆工作的通知》(粤建散〔2014〕66号)

六、广州市城乡建设委员会关于印发《广州市预拌砂浆管理规定》的通知(穗建质〔2014〕533号)

七、广州市城乡建设委员会关于发布《广州市预拌砂浆企业诚信综合评价办法》的通知(穗建筑〔2014〕1277号)

八、《广州市城乡建设委员会关于预拌砂浆设计有关事项的通知》(穗建技〔2014〕1248号)

九、《广东省住房和城乡建设厅关于明确预拌砂浆设计标注有关问题的通知》(粤建散函〔2015〕453号)